职业教育产教融合教材

（工作页式）

可编程控制器系统应用

刘江彩　卢永霞　主编
程建忠　副主编

化学工业出版社
·北京·

内容简介

本书基于西门子 S7-1200 型 PLC 实训设备，讲解 PLC 的入门知识、编程基础、基本指令、通信方法等，对实训平台的操作、博途软件的使用、触摸屏的组态及伺服驱动的接线与参数设置等进行了流程梳理及讲解。全书分为知识库和技能库两大部分，并配有工作页，用于学生实训。本书可作为职业院校相关专业的教材，也可作为企业培训教材。

图书在版编目（CIP）数据

可编程控制器系统应用/刘江彩，卢永霞主编；程建忠副主编．—北京：化学工业出版社，2024.8
ISBN 978-7-122-45734-9

Ⅰ.①可⋯ Ⅱ.①刘⋯②卢⋯③程⋯ Ⅲ.①可编程序控制器 Ⅳ.①TP332.3

中国国家版本馆 CIP 数据核字（2024）第 107636 号

责任编辑：潘新文　　　　　　　　装帧设计：韩　飞
责任校对：张茜越

出版发行：化学工业出版社
　　　　（北京市东城区青年湖南街 13 号　邮政编码 100011）
印　　装：大厂聚鑫印刷有限责任公司
787mm×1092mm　1/16　印张 18¼　字数 477 千字
2024 年 8 月北京第 1 版第 1 次印刷

购书咨询：010-64518888　　　　　　　售后服务：010-64518899
网　　址：http://www.cip.com.cn
凡购买本书，如有缺损质量问题，本社销售中心负责调换。

定　　价：55.00 元　　　　　　　　　　　版权所有　违者必究

前言

可编程控制器技术是自动化控制的关键技术之一，是现代工业自动化的基础。近年来，伴随智能制造技术的迅速发展，工业生产模式加速变革，可编程控制器的应用场景不断延伸。职业院校是培养可编程控制器技术应用人才的摇篮，应适应当前智能制造技术发展需要，改进可编程控制器技术应用教材，推陈出新。当前，理论与实训相结合的新型工作页式教材受到职业院校师生的欢迎。本书正是在这样的背景下产生的，属于职业教育新形态工作手册式教材。本书在编写过程中吸纳当前的新技术、新工艺、新规范，严格对接"岗、课、赛、证"标准，将可编程控制器技术理论知识、实践技能、典型生产案例等融于一体，打破教育与产业之间的藩篱，知识点和技能点体系完整，工作页部分实训思路清晰，结合企业真实案例编排。所有实训任务都是基于可编程控制器应用编程职业技能等级标准设置，具有较强的适用性。

本书在编写架构上采用"知识库和技能库＋工作页"模式。知识库部分主要内容为可编程控制器技术应用必备的知识点，整体编写思路是由浅入深、循序渐进、易教易学。在知识点上设有知识索引，以方便快速查阅，提高学习效率。知识库在教学内容组织上继承了传统教材知识体系完整、知识逻辑性强的特点，结合职业教育的特点，挑选实用性强的知识点内容，作为快速提升学生技术能力的基本保障。技能库部分结合可编程控制器应用编程职业技能等级标准考核要求，对设备的相关操作流程进行了梳理，为动手实训操作提供参考。各院校可根据课程教学的需要增减、组织、穿插相关内容，以满足教学计划要求和课外拓展需要。工作页部分基于工作过程导向思路开发，是对知识点和技能点的深度利用，激发学生的兴趣和主动性，深化技能训练。

本书配备有教案、课程标准、学材、微课视频等一体化资源包，帮助学生将理论与实践相结合，提高综合职业能力。本书可作为职业院校相关专业的教材，也可作为培训用书。

本书由刘江彩、卢永霞主编，程建忠任副主编，祝俊瑶、宋广舒、崔彪、赵浩明、李依哲参加编写。由于时间仓促，书中难免存在疏漏和不足，敬请广大读者批评指正。

编者

2024.1

目录

知识库　　　　　　　　　　　　　　　　　　　　　　　　　　　1

知识点一　S7-1200 PLC 入门　　　　　　　　　　　　　2

知识点二　S7-1200 PLC 接线方法　　　　　　　　　　　11

知识点三　PLC 编程基础　　　　　　　　　　　　　　　14

知识点四　PLC 编程基本指令　　　　　　　　　　　　　25

知识点五　PLC 编程典型功能环节　　　　　　　　　　　46

知识点六　PLC 程序设计方法　　　　　　　　　　　　　50

知识点七　S7-1200 PLC 工艺功能及指令　　　　　　　　61

知识点八　S7-1200 PLC 通信方法　　　　　　　　　　　72

知识点九　S7-1200 PLC 控制设备简介　　　　　　　　　82

技能库　　　　　　　　　　　　　　　　　　　　　　　　　　106

技能点一　实训台基础硬件操作　　　　　　　　　　　107

技能点二　西门子 PLC 编程软件博途操作　　　　　　　117

技能点三　信捷触摸屏组态软件操作　　　　　　　　　143

技能点四　伺服驱动接线与参数设置　　　　　　　　　153

技能点五　PLC 控制器件接线与参数设置　　　　　　　160

技能点六　视觉软件操作　　　　　　　　　　　　　　165

技能点七　信捷编程软件 XDPPro 操作　　　　　　　　174

参考文献　　　　　　　　　　　　　　　　　　　　　　183

知识库

PLC 概述

基础知识

进阶知识

知识点一　S7-1200 PLC入门

知识索引

序号	知识库	页码	序号	知识库	页码
1	PLC 概述	2	8	S7-1200 PLC 主要型号及技术参数	5
2	PLC 控制特点	2	9	S7-1200 系列 PLC 结构	6
3	PLC 控制应用	3	10	S7-1200 PLC 外部结构	7
4	PLC 发展历史	4	11	S7-1200 PLC 类型	9
5	PLC 输入接口原理	4	12	S7-1200 PLC 主要扩展模块	9
6	PLC 输出接口原理	4	13	开关电源	10
7	PLC 主要技术参数	4	14	远程 IO 模块	10

（一）PLC 概述

PLC 是 Programmable Logic Controller（可编程逻辑控制器）的缩写，是一种用于工业自动控制的数字运算控制器，可以将控制指令随时载入内存进行储存与执行，是工业控制的主要手段和重要基础设备之一。PLC 接收输入元器件的信号，通过 PLC 程序控制输出元器件动作。PLC 常见输入元器件包括按钮、开关、传感器等；PLC 的常见输出元器件包括中间继电器、接触器、指示灯、电磁阀等。与继电控制系统相比，PLC 控制最大的优点就是利用 PLC 程序代替硬接线，建立输入元件与输出元件之间的联系，从而使控制系统更灵活小巧，维护也更加方便。PLC 的生产厂商很多，如西门子、施耐德、三菱、台达、信捷等。图 1-1 所示为 PLC 的常见输入输出元器件。本书基于西门子 S7-1200 PLC 进行介绍。

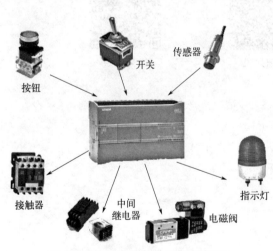

图 1-1　PLC 的常见输入输出元器件

（二）PLC 控制特点

1. 可靠性高，抗干扰能力强

PLC 采用微电子技术，利用软件程序取代传统继电控制中的众多元件和繁杂连线，因而寿命长，可靠性大大提高。此外，PLC 还采用隔离、滤波、屏蔽等抗干扰技术及先进的故障诊断技术和冗余技术，平均无故障时间达到 4 万～5 万小时。

2. 通用性强，使用方便

PLC 厂家均有各种系列化、模块化、标准化的 PLC 产品，用户可根据生产规模和控制要求灵活选用，以满足自身需求。当系统控制要求发生变化时，只需修改 PLC 程序即可满足新的要求。

3. 编程简单，容易掌握

PLC 最常用的编程语言是梯形图语言，这种编程语言形象直观，容易掌握。当生产流程发生改变时，可在线或离线修改程序，使用方便、灵活。

4. 功能强，适应面广

PLC 具有逻辑运算、计时、计数、顺序控制等功能，可实现数字和模拟量输入输出、功率驱动、通信、人机对话、自检、记录显示等功能，既可控制一台生产机械、一条生产线，又可控制一个生产过程。

5. 安装简单，维修方便

在实际应用过程中，只需将现场的各种设备与 PLC 相应的 I/O 端相连接，即可投入运行。各种模块上均有运行和故障指示装置，便于用户了解运行情况和查找故障。

6. 体积小，重量轻，功耗低

PLC 的体积较小，结构紧凑坚固，重量轻，功耗低，易于装入设备内部，是实现机电一体化的理想控制设备。复杂控制系统采用 PLC 可减少大量的中间继电器和时间继电器。

（三）PLC 控制应用

PLC 在国内外已广泛应用于钢铁、石油、化工、电力、建材、机械、汽车、轻纺、交通运输、环保及文化娱乐等各个行业。主要应用包括以下几种。

1. 开关量逻辑控制

开关量逻辑控制是现今 PLC 应用最广泛的领域，可以取代传统的继电接触控制系统，实现逻辑控制和顺序控制。

2. 模拟量控制

PLC 配上特殊模块，例如 A/D 和 D/A 转换模块后，可对温度、压力、流量、液面高度、速度等连续变化的模拟量进行控制。

3. 运动控制

PLC 可使用专用的指令或运动控制模块对伺服电机和步进电机的速度与位置进行控制，从而实现对机床、工业机器人等的运动控制。

4. 过程控制

过程控制是指对温度、压力、流量等模拟量的闭环控制，过程控制一般应用在冶金、化工、热处理、锅炉控制等场合。作为工业控制计算机，PLC 能编制各种各样的控制算法程序，完成闭环控制。PID 调节在一般闭环控制系统中最为常见。

5. 数据处理

数据处理常用于柔性制造系统及大中型控制系统中。目前 PLC 都具有数据处理指令和数据运算指令，可以方便地采集、分析和加工处理生产现场数据。

6. 通信及联网

PLC 通过网络通信模块及远程 I/O 控制模块实现 PLC 与 PLC 之间、PLC 与上位机之间、PLC 与其他智能设备（触摸屏、变频器等）之间的通信，从而实现 PLC 分散控制或集散控制，增加系统的控制规模，实现整个工厂的生产自动化。

（四）PLC发展历史

1969年，美国数字公司研制出了第一台PLC——PDP-14，在美国通用汽车公司的生产线上试用成功。20世纪70年代初，微处理器技术引入PLC，使PLC除了传统的逻辑控制和顺序控制外，增加了运算、数据传送及处理等功能，成为真正具有计算机特征的工业控制装置。20世纪80年代，PLC步入成熟阶段，在工业先进国家中已获得广泛应用。进入21世纪后，PLC向微型化、网络化、PC化和开放性方向发展。

目前，世界知名的PLC厂商主要有西门子、施耐德、三菱、欧姆龙、松下、罗克韦尔和通用电气等。国产PLC应用较广的有台达、永宏、丰炜、信捷、海为及汇川等，广泛应用在汽车、冶金、矿山、化工、造纸等行业，可实现开关量逻辑控制、运动控制、闭环过程控制、数据处理、通信与联网等。

（五）PLC输入接口原理

输入接口是连接PLC与外部输入元件的桥梁。按钮、选择开关、行程开关、接近开关和各类传感器传来的信号通过输入接口传送给PLC内部的CPU，从而改变输入继电器的状态。

PLC输入接口电路如图1-2所示，输入按钮SB闭合时，回路接通，光电耦合器T导通，发光二极管VD1或VD2点亮，输入点对应的输入映像寄存器状态置1。输入按钮SB断开时，回路断开，光电耦合器T不导通，VD1和VD2熄灭，输入点对应的输入映像寄存器状态置0。

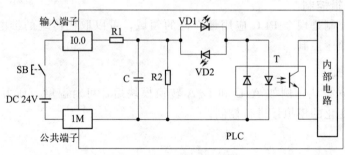

图1-2　PLC输入接口电路

（六）PLC输出接口原理

输出接口是连接PLC与外部执行元件的桥梁，用于控制继电器、接触器、电磁阀线圈等负载。PLC主要有3种输出方式：继电器输出、晶体管输出、晶闸管输出，如图1-3所示。其中继电器输出方式属于有触点的输出方式，可用于直流或低频交流负载。晶体管输出和晶闸管输出都是无触点输出方式。晶体管输出适用于高速、小功率直流负载。晶闸管输出适用于高速、大功率交流负载。

（七）PLC主要技术参数

存储器容量： 存储器容量指的是PLC所能存储用户程序的容量，一般以字节（B）为单位。

I/O点数： I/O点数通常是指PLC的外部数字量的输入和输出端子数，通常小型机有几十个点，中型机有几百个点，大型机有上千个点。

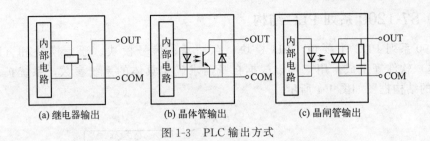

图 1-3 PLC 输出方式

扫描速度：PLC 执行用户程序的速度，一般用基本指令的执行时间来衡量，即一条基本指令的扫描速度，主要取决于所用芯片的性能。

指令种类和数量：指令系统是衡量 PLC 软件功能的主要指标。PLC 指令包括基本指令和高级指令（或功能指令）两大类，指令的种类和数量越多，其软件功能越强，编程就越灵活、方便。

内存种类和数量：PLC 内存种类包括输入继电器、输出继电器、内部辅助继电器、特殊功能内部继电器、定时器、计数器、数据存储器等，其种类和数量越多，存储和处理各种信息的能力越强。

特殊功能单元：特殊功能单元种类越多，PLC 控制功能越强大。

可扩展性：可扩展性是反映 PLC 性能的重要指标之一。PLC 除了主控模块外，还可配置各种特殊功能模块，例如 A/D 模块、D/A 模块、高速计数模块、远程通信模块等。

此外还有一些其他参数，如编程语言、编程方式、输入/输出方式、主要硬件型号、工作环境及电源等级等。

（八）S7-1200 PLC 主要型号及技术参数

S7-1200 PLC 主要型号及技术参数如表 1-1 所示。

表 1-1 S7-1200 PLC 主要型号及技术参数

技术参数	型号				
	CPU1211C	CPU1212C	CPU1214C	CPU1215C	CPU1217C
本机数字量 I/O 点数	6入/4出	8入/6出	14入/10出		
本机模拟量 I/O 点数	2入	2入	2入	2入/2出	
工作存储器/装载存储器	50KB/1MB	75KB/2MB	100KB/4MB	125KB/4MB	150KB/4MB
信号模块扩展个数	无	2	8		
最大本地数字量 I/O 点数	14	82	284	284	284
最大本地模拟量 I/O 点数	3	19	67	69	69
以太网端口个数	1			2	
高速计数器路数	最多可组态 6 个高速计数器				
脉冲输出（最多 4 路）	100kHz	100kHz 或 20kHz	100kHz 或 20kHz		1MHz 或 100kHz
上升沿/下降沿中断点数	6/6	8/8	12/12		
脉冲捕获输入点数	6	8	14		
传感器电源输出电流/mA	300		400		
外形尺寸/mm	90×100×75		110×100×75	130×100×75	150×100×75

（九）S7-1200 系列 PLC 结构

S7-1200 系列 PLC 主要由 CPU 模块、存储器、信号模块、通信模块和 TIA Portal（TIA 博途）软件等组成。用户可以根据自身需求确定具体的系统参数，系统扩展十分方便。PLC 的结构框图如图 1-4 所示。

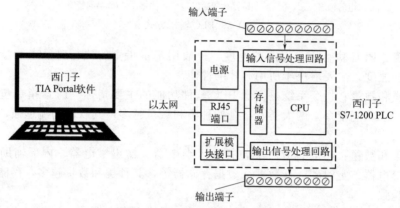

图 1-4　S7-1200 PLC 结构框图

1. CPU 模块

CPU 相当于人的大脑，它不断地采集输入信号，执行用户程序，刷新系统的输出。S7-1200 PLC 的 CPU 模块（见图 1-5）将微处理器、电源、数字量/模拟量输入输出电路、PROFINET 接口等组合到一个设计紧凑的外壳中，内可安装一块信号板（图 1-6），并且安装后不改变 CPU 模块的外形和体积。PROFINET 接口用于 PLC 与计算机、HMI（人机界面）及其他 PLC 通信，并通过开放的以太网协议支持联网。

图 1-5　S7-1200 PLC 的 CPU 模块

图 1-6　安装信号板

2. 存储器

主要有以下几类存储器：

☞ 系统程序存储器：用来存放由 PLC 生产厂家编写好的系统程序，这些程序可解释和编译用户编写的程序、监控 I/O 口的状态、对 PLC 进行自诊断等。

☞ 用户程序存储器：用来存放用户根据控制要求编制的应用程序。

☞ 随机存储器：主要用于存储中间计算结果和数据，主要包括 I/O 状态存储器和数据存储器，掉电时数据丢失。

3. 信号模块

信号模块包括数字量输入模块、数字量输出模块、模拟量输入模块、模拟量输出模块。信号模块安装在 CPU 模块的右边（见图 1-7），有的 CPU 可以扩展八个信号模块。

4. 通信模块

通信模块安装在 CPU 模块的左边（见图 1-8），S7-1200 系列 CPU 最多可以添加 3 块通信模块。

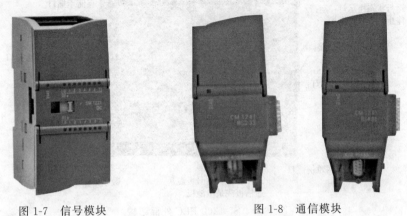

图 1-7　信号模块　　　　　　图 1-8　通信模块

5. TIA Portal 软件

TIA 是 Totally Integrated Automation（全集成自动化）的缩写，TIA Portal（TIA 博途）软件是西门子自动化工程设计软件平台。TIA 博途软件将所有的自动化软件工具都统一到一个开发环境中，是业内首个采用统一工程组态和软件项目环境的自动化软件，可在同一开发环境中组态几乎所有的西门子可编程序控制器、人机界面和驱动装置，如图 1-9 所示。S7-1200 系列 PLC 采用 TIA 博途中的 STEP 7 Basic（基本版）或 STEP 7 Professional（专业版）编程。

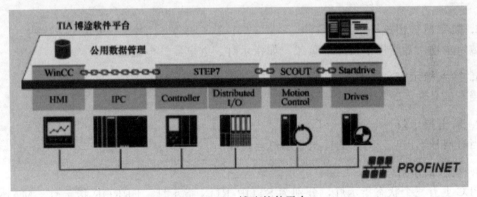

图 1-9　TIA 博途软件平台

（十）S7-1200 PLC 外部结构

S7-1200 PLC 外部结构如图 1-10 所示。

1. 供电电源

DC/DC/DC 类型或 DC/DC/RLY 类型 PLC 的 CPU 模块采用直流 24V 供电；AC/DC/RLY 类型 PLC 的 CPU 模块采用交流 220V 供电。

2. 输出电源

S7-1200 PLC 可提供直流 24V 输出电源，为传感器或者模块供电。

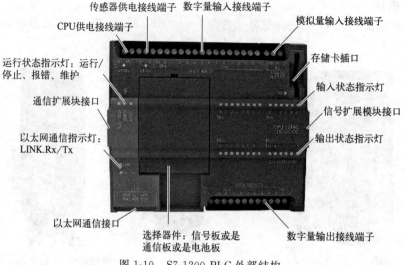

图 1-10　S7-1200 PLC 外部结构

3. 数字量输入端子

开关、按钮、传感器、编码器等发出的数字量信号或脉冲量信号可以通过数字量输入端子接入 PLC。

4. 模拟量输入端子

模拟量输入端子用来接收电位器、测速发电机、变位器等提供的连续变化的模拟量信号；当使用模拟量输入功能时，按规范将传感器接线端接到相应的模拟输入量端子即可。

5. 数字量输出端子

数字量输出端子用于接外部负载，如指示灯、继电器、电磁阀等。

6. 输入指示灯

当有信号输入时，对应的输入指示灯会点亮。

7. 输出指示灯

当有信号输出时，对应的输出指示灯会点亮。

8. 状态指示灯

PLC 上有三个状态指示灯，分别为 STOP/RUN 指示灯、ERROR 指示灯、MAINT 指示灯。STOP/RUN 指示灯为绿色表示 PLC 处于 RUN 运行模式，为橙色表示 PLC 处于 STOP 停止模式，在绿色和橙色之间交替闪烁表示 CPU 正在启动。ERROR 指示灯出现红色闪烁表示有错误，比如 CPU 内部错误、组态错误等，为红色常亮表示硬件故障。MAINT 指示灯闪烁表示在插入存储卡。

9. 网络状态指示灯

网络状态指示灯包括 LINK 指示灯和 Rx/Tx 指示灯，主要用于显示网络连接状态。如果硬件连接正常，LINK 指示灯常亮；如果在进行数据交换，Rx/Tx 指示灯闪烁。

10. 通信模块扩展口

S7-1200 PLC 最多可以扩展三个通信模块，安装在 CPU 左侧的通信模块扩展口上。

11. 信号模块扩展插槽

信号模块（包括数字量输入、数字量输出、模拟量输入、模拟量输出等模块）通过信号模块扩展插槽接到 CPU。

12. MC 卡插槽

S7-1200 PLC 提供有专用的 MC 卡，安装在 MC 卡插槽上。

13. PROFINET/IE 接口

PROFINET/IE 接口支持 PROFINET 协议、TCP/IP 协议、UDP 协议、ISO_on_TCP 协议、MODBUS TCP 协议等。

（十一）S7-1200 PLC 类型

S7-1200 PLC 有 DC/DC/DC、AC/DC/RLY 和 DC/DC/RLY 三种类型，具体意义见图 1-11。

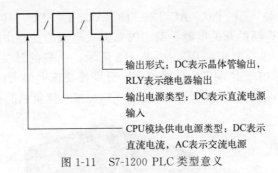

图 1-11　S7-1200 PLC 类型意义

（十二）S7-1200 PLC 主要扩展模块

S7-1200 PLC 主要扩展模块见表 1-2。

表 1-2　S7-1200 PLC 主要扩展模块

扩展模块	说明	
通信板、信号板、电池板组合：为 CPU 提供附加 I/O 和通信端口，提供长期的实时时钟备份		① 信号板上的状态 LED ② 可拆卸用户接线连接器
信号模块：连接在 CPU 右侧。包含数字量 I/O，模拟量 I/O，RTD 和热电偶		① 状态 LED ② 总线连接器 ③ 可拆卸用户接线连接器

扩展模块	说明	
通信模块:连接在CPU的左侧,提供通信功能	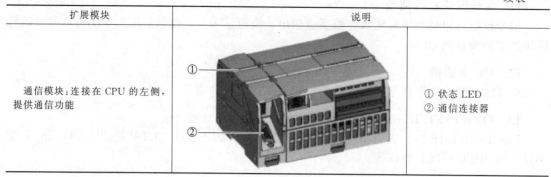	① 状态LED ② 通信连接器

(十三) 开关电源

开关电源可分为四种:AC/AC、AC/DC、DC/AC、DC/DC,其中AC/DC(交流电转换为直流电)是应用最广泛的开关电源类型。PLC开关电源的主要作用是把220V交流电源转换成24V直流电源,供控制电路用,如图1-12所示。一般的开关电源主要包含L、N、+V和-V端子,其中,L、N端子为进线端子,分别接交流电源火线端和零线端。+V和-V为输出端子,+V端接直流负载的正极端,-V端接直流负载的负极端。

图1-12 典型开关电源实物图

(十四) 远程I/O模块

远程I/O模块主要用于工业现场采集和输出模拟信号或数字信号,实现远程控制。远程控制信号通常采用RS-485总线来进行传输。一些自动化程度比较高的工厂采用工业以太网来控制远程I/O模块。远程I/O模块具有可靠度高、价格优惠、设置容易、网络布线方便等特点,可节省系统整合时间和费用。

知识点二　S7-1200 PLC接线方法

知识索引

序号	知识库	页码	序号	知识库	页码
1	数字量输入接线方法（无源触点）	11	4	数字量输出接线方法（继电器输出）	12
2	数字量输入接线方法（有源开关）	11	5	模拟量输入、输出接线方法	13
3	数字量输出接线方法（晶体管输出）	12	—		

一、数字量输入接线方法（无源触点）

数字量输入类型分源型和漏型两种。S7-1200 PLC集成的输入点和信号模块的所有输入点都既支持漏型输入又支持源型输入，而信号板的输入点只支持源型输入或者漏型输入的一种。当数字量采用无源触点（如行程开关、接点温度计、压力计）输入方式时，其接线示意图如图 2-1 所示。

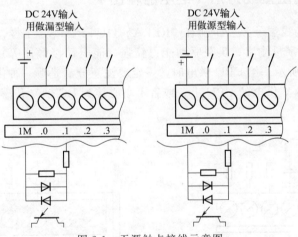

图 2-1　无源触点接线示意图

二、数字量输入接线方法（有源开关）

有源开关是需要有电源支持的开关，如接近开关、电力系统的高压断路器等。直流有源输入信号规格主要有 5V、12V、24V 等，PLC 输入点的最大电压是 30V；图 2-2 所示为有源直流输入接线示意图。

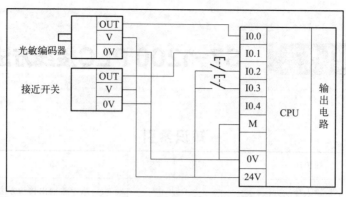

图 2-2　有源直流输入接线示意图

三、数字量输出接线方法（晶体管输出）

在 CPU 的输出点接线端子旁边印有"24V DC OUTPUTS"字样，含义是晶体管输出。对于 S7-1200 PLC，目前 24V 直流输出只有一种形式，即 PNP 型输出，也就是常说的高电平输出，这点与三菱 FX 系列 PLC 不同，三菱 FX 系列 PLC（FX3U 除外，FX3U 有 PNP 型和 NPN 型两种可选择的输出形式）为 NPN 型输出，也就是低电平输出。理解这一点十分重要，特别是利用 PLC 进行运动控制（如控制步进电动机）时，必须考虑这一点。

数字量输出采用晶体管输出形式时负载能力较弱（小型的指示灯、小型继电器线圈等），响应相对较快，其接线示意图如图 2-3 所示。

四、数字量输出接线方法（继电器输出）

CPU 的输出点接线端子旁边印刷有"RELAY OUTPUTS"字样，含义是继电器输出。继电器输出形式的数字量输出，负载驱动能力较强（能驱动接触器等），响应相对较慢，其接线示意图如图 2-4 所示。给 CPU 供电时，一定要注意分清是哪一种供电方式，如果把 AC 220V 电源接到 DC 24V 供电的 CPU 上，或者不小心接到 DC 24V 传感器的输出电源上，都会造成 CPU 的损坏。

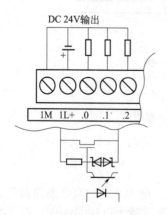

图 2-3　晶体管输出形式的数字量输出接线示意图

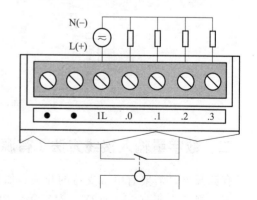

图 2-4　继电器输出形式的数字量输出接线示意图

五、模拟量输入、输出接线方法

S7-1200 PLC 的模拟量输入主要有二线制、三线制和四线制三种接线方式，如图 2-5、2-6 和 2-7 所示，模拟量输出接线比较简单，直接将控制设备的接线端对应接到 AQ（模拟量输出模块）的两个端子上就可以。

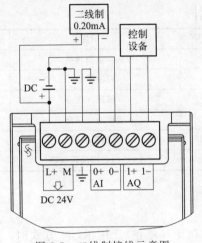

图 2-5　二线制接线示意图

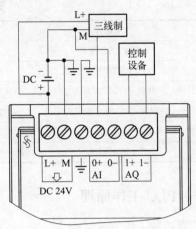

图 2-6　三线制接线示意图

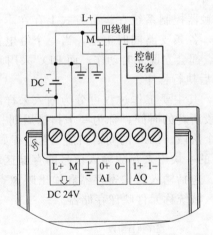

图 2-7　四线制接线示意图

二线制接线：两根线既传输电源又传输信号，电源是从外部引入的，和负载串联在一起，驱动负载。二线制电源线接 24V，信号线接 AI（模拟量输入模块）的输入端子 0+，电源的 0V 端 AI 的输入端子 0−。

三线制接线：电源正极端和信号输出的极正端分离，它们共用一个 COM 端。

四线制接线：两根电源线，两根信号线，电源和信号是分开工作的。

知识点三　PLC编程基础

知识索引

序号	知识库	页码	序号	知识库	页码
1	PLC工作原理	14	7	基本数制转换	19
2	西门子PLC数据类型	15	8	程序结构	19
3	西门子PLC寻址方式	16	9	编程方法	20
4	S7-1200 PLC的主要编程元件	17	10	编程语言简介	22
5	输入原理	18	11	梯形图概述	22
6	输出原理	18	12	PLC梯形图编程规则	22

（一）PLC工作原理

PLC有两种工作方式，即RUN（运行）和STOP（停止）。用RUN方式时，CPU执行用户程序，并输出运算结果。用STOP方式时，CPU不执行用户程序，但可将用户程序和硬件配置信息下载到PLC中。

PLC控制系统与继电接触器控制系统在运行方式上存在本质的区别。继电接触器控制系统采用"并行运行"方式，各条支路同时上电，当一个继电接触器的线圈通电或者断电时，该继电接触器的所有触点都会立即同时动作；而PLC采用"周期循环扫描"工作方式，CPU逐行扫描用户程序，然后执行程序。

一般来说，PLC运行时，其主要工作过程可分为输入采样阶段、程序执行阶段和输出刷新阶段。完成上述三个阶段所花的时间，称为一个扫描周期。PLC运行时，CPU以一定的扫描速度重复执行上述三个阶段。PLC的周期扫描工作过程如图3-1所示。输入映像寄存器是在PLC的存储器中设置的一块用来存放输入信号的存储区域，而输出映像寄存器是用来存放输出信号的存储区域。包括输入映像寄存器和输出映像寄存器在内的所有PLC梯形图中的编程元件的映像存储区域统称元件映像存储器。

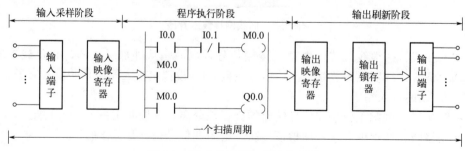

图3-1　PLC的周期扫描工作过程

1. 输入采样阶段

在输入采样阶段，PLC从输入电路中读取各输入点的状态，并将此状态写入输入映像寄存器中。输入采样阶段结束后输入映像寄存器就与外界隔离，输入映像寄存器的内容保持不变，一直到下一个扫描周期的 I/O 刷新阶段，才会写进新内容。

2. 程序执行阶段

PLC 根据最新读入的输入信号，以先左后右、先上后下的顺序逐行扫描并执行梯形图程序，结果存入输出映像寄存器中。输出映像寄存器的每个元件的状态会随着程序的执行而变化。

3. 输出刷新阶段

所有指令执行完毕后，输出映像寄存器中所有输出继电接触器的状态（1 或 0）在输出刷新阶段统一转存到输出锁存器中，然后通过输出端子输出，以驱动外部负载。

（二）西门子 PLC 数据类型

表 3-1 所示为西门子 S7-1200 的基本数据类型。

表 3-1　西门子 S7-1200 的基本数据类型

变量类型	数据类型	位数	数值范围	常数举例
位	BOOL	1	1，0	TURE，FALSE 或 1，0
字节	BYTE	8	16#0～16#FF	16#12，16#AB
字	WORD	16	16#0～16#FFFF	16#ABCD，16#0001
双字	DWORD	32	16#0～16#FFFF_FFFF	16#02468ACE
字符	CHAR	8	16#00～16#FF	'A'，'I'，'@'
无符号短整数	USINT	8	0～255	12
有符号短整数	SINT	8	－128～127	－13
无符号整数	UINT	16	0～65535	234
有符号整数	INT	16	－32768～32767	－320
无符号双整数	UDINT	32	0～4294967295	345
有符号双整数	DINT	32	－2147483648～2147483647	123456、－123456
浮点数（实数）	REAL	32	$\pm 1.175495e^{-38} \sim \pm 3.402823e^{+38}$	$3.1416, 1.0e^{-5}$
长浮点数	LREAL	64	$\pm 2.2250738585072014e^{-308} \sim$ $\pm 1.7976931348623158e^{+308}$	$1.123456789e^{40}, 1.2e^{+40}$
时间	TIME	32	T#－24d20h31m23s648ms～ T#24d20h31m23s648ms	T#1d_2h_15m_30s_45ms

1. 布尔型（Bool）数据类型

布尔型数据类型占用 1 位存储空间，取值包括 TRUE（1）和 FALSE（0）两个。

2. 整型数据类型

整型数据类型包括 BYTE、WORD、DWORD、SINT、USINT、INT、UINT、DINT 及 UDINT 等数据类型。当较长的数据类型转换为较短的数据类型时，会丢失高位信息。

3. 实型数据类型

实型数据类型包括 REAL 和 LREAL 等数据类型，用于显示有理数，其中 REAL 表示

32 位浮点数，LREAL 表示 64 位浮点数。

4. 时间型数据类型

时间型数据类型主要是 TIME 数据类型。

5. 字符型数据类型

字符型数据类型主要是 CHAR 数据类型，占用 8 位。

（三）西门子 PLC 寻址方式

西门子 PLC 可以按照位、字节、字和双字对存储单元进行寻址。位（BIT）是计算机的最小存储单位，只存储 0 或 1，可用来表示状态，如触点的断开和接通、线圈的通电和断电等。8 个连续的位组成一个字节（BYTE，B），其中第 0 位为最低位（LSB），第 7 位为最高位（MSB）。2 个字节组成一个字（WORD，W），其中第 0 位为最低位（LSB），第 15 位为最高位（MSB）。2 个字组成一个双字（DOUBLE WORD，DW），其中第 0 位为最低位（LSB），第 31 位为最高位（MSB）。图 3-2 所示为位、字节、字和双字示意图。存储单元以字节为单位表示，如图 3-3 所示。

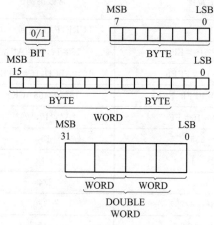

图 3-2 位、字节、字和双字示意图

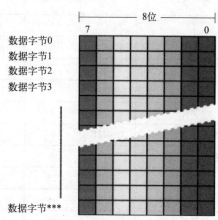

图 3-3 存储单元示意图

位的地址由字节地址号和位号组成。位的寻址举例：如 I3.2，其中区域标识符 I 表示输入映像寄存器区，3 为字节地址号，2 为位号，如图 3-4 所示。

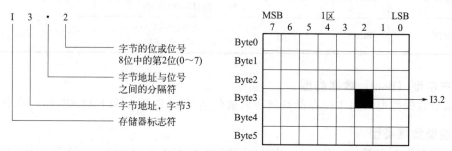

图 3-4 位寻址举例

字节的寻址如图 3-5 所示。例如寻址 MB2，其中区域标识符 M 表示内部标志位存储器，2 表示寻址单元起始字节地址为 2，B 表示寻址长度为 1 个字节，即寻址内部标志位存储器的第 2 个字节。

字的寻址如图 3-5 所示。例如寻址 MW2，其中区域标识符 M 表示内部标志位存储器，2 表示寻址单元的起始字节地址为 2，W 表示寻址长度为 1 个字（2 个字节），也就是寻址内部标志位存储器第 2 个字节开始的一个字，包含字节 2 和字节 3。需注意的是：字节 2 为高位，字节 3 为低位，即"高地址，低字节"。

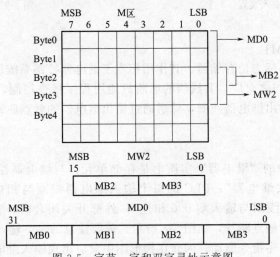

图 3-5 字节、字和双字寻址示意图

对双字的寻址（图 3-5），例如 MD0，其中区域标识符 M 表示内部标志位存储器，0 表示寻址单元起始字节地址为 0，D 表示寻址长度为 1 个双字，即 2 个字，4 个字节，因此 MD0 是寻址内部标志位存储器第 0 个字节开始的 1 个双字，包含 MB0、MB1、MB2 和 MB3。注意低字节的位于高位，而高字节的位于低位，即"高地址，低字节"规律。

特别注意：编程时要避免地址重叠现象发生。例如 MB2 由 M2.0～M2.7 这 8 位组成，MW2 表示由 MB2 和 MB3 组成的一个字，MD0 表示由 MB0～MB3 组成的双字。可以看出，M2.2、MB2、MW2 和 MD0 等地址有重叠现象，在使用时一定注意，以免引起错误。

（四）S7-1200 PLC 的主要编程元件

PLC 程序对设备内部存储单元的值按照一定的要求进行操作。为了编程方便，PLC 内部存储单元需要进行区域划分，各区域的功能不一样，为了便于继电控制技术人员理解，兼顾工程技术人员的术语习惯，PLC 厂家将这些区域用"编程元件"来描述，并用继电控制技术中的相关术语来命名这些编程元件，如输入继电器、输出继电器、辅助继电器、定时器等，因为这些元件是虚拟的，所以又称其为软继电器或软元件。

1. 输入继电器（I）

输入继电器即输入映像寄存器。PLC 输入单元的每个数字量输入点对应着 1 位输入继电器，用于输入按钮、拨码开关、限位开关、接近开关、光电传感器等传来的数字量信号。图 3-6 所示为信号输入装置。

2. 输出继电器（Q）

输出继电器即输出映像寄存器。PLC 输出单元的每个数字量输出点对应着 1 位输出继电器，用于驱动外部负载。外部负载包括指示灯、电磁阀、接触器、数字显示装置等，如

图 3-7 所示。

图 3-6 信号输入装置　　　　　　　　图 3-7 外部负载

3. 辅助继电器（M）

辅助继电器即内部标志位存储器，其作用相当于继电器控制系统的中间继电器。辅助继电器没有输入/输出端与之对应，其线圈的通断只能用程序指令控制，其触点不能直接驱动外部负载，只能驱动输出继电器线圈，然后通过输出继电器的触点驱动外部负载。

（五）输入原理

前面说过，PLC 中的"继电器"实质上是存储单元，与继电器控制系统中的继电器有本质性的差别，是"软继电器"；PLC 的每个输入继电器线圈与相应的 PLC 输入端相连（如输入继电器 I0.0 的线圈与输入端 0.0 相连）；外部开关闭合时，输入继电器线圈得电，其动合触点闭合，动断触点断开，如图 3-8 所示。需要注意的是：输入继电器线圈只能由外部信号驱动，不能用程序指令驱动，因此在梯形图中只应出现输入继电器触点，不应出现输入继电器线圈。

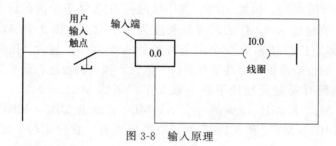

图 3-8 输入原理

（六）输出原理

PLC 每个输出继电器线圈通过输出触点与相应 PLC 输出端相连，驱动外部负载，如图 3-9 所示，输出触点有动合触点和动断触点两种。例如通过 PLC 程序使输出继电器 Q0.0 的值为 1，则 Q0.0 的输出触点闭合，输出端 0.0 与公共端 1L 导通，驱动负载。

需要注意的是：输出继电器线圈的通断状态只能用程序指令驱动。

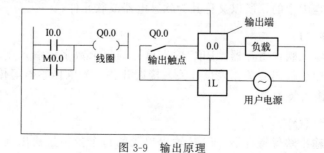

图 3-9 输出原理

（七）基本数制转换

1. 二进制数
二进制数只有 0 和 1 两种不同的取值，可用来表示开关量（或称数字量）的两种不同状态，如触点的断开和接通、线圈的通电和断电等。二进制数遵循逢二进一的运算规则，从右往左的第 n 位（最低位为第 0 位）的权值为 2^n。

2. 十六进制数
十六进制数包含 0～9 及 A～F（对应于十进制数 10～15），1 位十六进制数对应 4 位二进制数。十六进制数计数规则是"逢 16 进 1"，第 n 位的权值为 16^n。

3. BCD 码
BCD 码是二进制编码的十进制数，其用 4 位二进制数表示一位十进制数。
表 3-2 给出了基本数制的转换关系。

表 3-2 基本数制转换关系

十进制	十六进制	二进制	BCD 码	十进制	十六进制	二进制	BCD 码
0	0	0000	00000000	8	8	1000	00001000
1	1	0001	00000001	9	9	1001	00001001
2	2	0010	00000010	10	A	1010	00010000
3	3	0011	00000011	11	B	1011	00010001
4	4	0100	00000100	12	C	1100	00010010
5	5	0101	00000101	13	D	1101	00010011
6	6	0110	00000110	14	E	1110	00010100
7	7	0111	00000111	15	F	1111	00010101

（八）程序结构

S7-1200 采用了块的概念，即将程序分解成独立的自成体系的各个部分，以便于程序的阅读、调试与维护，提高可移植性。块类似于子程序，但类型更多，功能更强大。S7-1200 程序中的块包括组织块（OB）、函数块（FB）、函数（FC）、数据块（DB）。其中数据块又包含背景数据块和全局数据块两种。用户程序块见表 3-3。

表 3-3 用户程序块

块	描述
组织块（OB）	操作系统与用户程序之间的接口,用户可以对组织块编程
函数块（FB）	用户编写的包含经常使用的功能的代码块,有专用的背景数据块
函数（FC）	用户编写的包含经常使用的功能的代码块,没有专用的背景数据块
背景数据块（DB）	用于保存 FB 输入变量、输出变量和静态变量,其数据在编译时自动生成
全局数据块（DB）	存储用户数据,供所有程序享用

1. 组织块（OB）
组织块（OB）构成 PLC 的操作系统与用户程序之间的接口，由操作系统调用。OB 对

CPU 中的特定事件做出响应,并可以中断用户程序的特定执行。循环执行特定程序的默认组织块为 OB1,为用户程序提供了基本结构,而其他 OB 执行了特定的功能,如处理启动任务、处理中断和错误、按特定的时间间隔执行特定程序代码等。CPU 根据分配给各个 OB 的优先级来确定中断事件的处理顺序,每个事件都具有一个特定的处理优先级,多个中断事件可合并为一个优先级等级。

2. 函数块(FB)

函数块(FB)是用户编写的一种使用参数进行调用的程序块。其参数存储在局部数据块(背景数据块)内。FB 退出运行后,保存在背景数据块内的数据不会丢失。FB 可以多次调用,每次调用都可以分配一个独立的背景数据块,多个独立的背景数据块可以组合成一个多重背景数据块。

3. 函数(FC)

函数(FC)是另一种代码块,它不具有背景数据块,调用块将参数传送给 FC,如果用户程序的其他元素需要使用 FC 的输出值,则必须将这些值写入存储器,或使用全局数据块。

4. 数据块(DB)

数据块(DB)用来存储代码块的数据,它分为全局数据块和背景数据块。对于全局数据块中的数据,用户程序中的所有程序块都可以访问,称为共享数据块。背景数据块仅用于存储特定功能块的数据,可以将数据块定义为当前只读模式。

图 3-10 所示为 S7-1200 的程序结构框图。

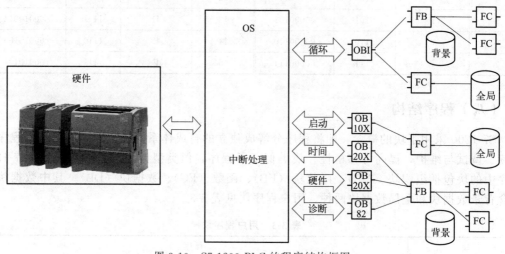

图 3-10 S7-1200 PLC 的程序结构框图

(九)编程方法

S7 提供了三种程序设计方法:线性化编程、模块化编程和结构化编程。

1. 线性化编程

线性化编程方法类似于硬件继电接触器控制方法,整个用户程序放在循环控制组织块 OB1(主程序)中,如图 3-11 所示。循环扫描时依次执行 OB1 中的全部指令。线性化编程具有不带分支的简单结构,一个简单的程序块包含系统的所有指令,程序结构简单,不涉及功能块、功能、数据块、局域变量和中断等。通常不建议用户采用线性化编程的方式，除非是程序非常简单。

2. 模块化编程

模块化编程是将程序分为不同的逻辑块，每个块中包含完成某部分任务的功能指令。组织块 OB1 中的指令决定块的调用和执行，被调用的块执行结束后，返回到 OB1 中程序块的调用点，继续执行 OB1，该过程如图 3-12 所示。模块化编程中 OB1 起着主程序的作用，函数（FC）或函数块（FB）控制着不同的过程任务，如电动机控制、电动机相关信息及其运行时间等，相当于主循环程序的子程序。模块化编程中被调用块不向调用块返回数据。

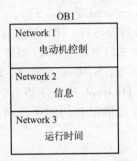

图 3-11 线性化编程示意图

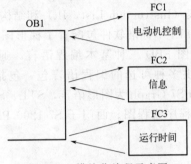

图 3-12 模块化编程示意图

模块化编程中，在主循环程序和被调用的块之间没有数据的交换。同时，控制任务被分成不同的块，易于几个人同时编程，而且相互之间没有冲突，互不影响。此外，将程序分成若干块，易于程序的调试和故障的查找。OB1 中的程序包含有调用不同块的指令，由于每次循环中不是所有的块都执行，只有需要时才调用有关的程序块，这样，将有助于提高 CPU 的利用效率。

建议用户在编程时采用模块化编程，其程序结构清晰、可读性强、调试方便。

3. 结构化编程

结构化编程是通过抽象的方式将复杂的任务分解成一些可单独解决的小任务，这些任务由相应的程序块（或称逻辑块）来表示，程序运行时所需的大量数据和变量存储在数据块中。某些程序块可以用来实现相同或相似的功能，这些程序块是相对独立的，它们被 OB1 或其他程序块调用。

在块调用中，调用者可以是各种逻辑块，包括用户编写的组织块（OB）、FB、FC 和系统提供的 SFB、SFC，被调用的块是 OB 之外的逻辑块。调用 FB 时需要为它指定一个背景数据块，后者随 FB 的调用而打开，在调用结束时自动关闭。图 3-13 所示为结构化编程示意图。

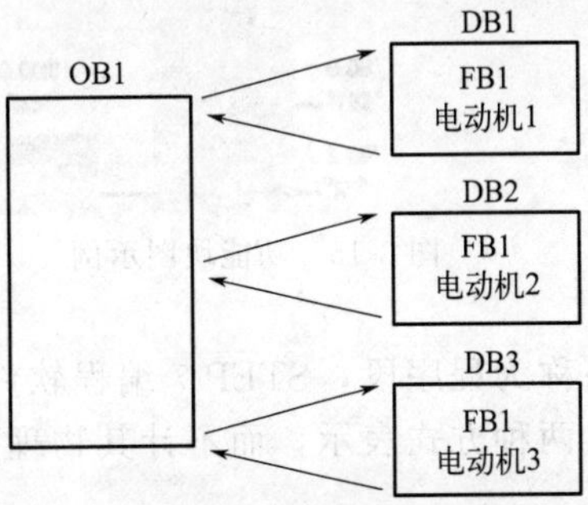

与模块化编程不同，结构化编程中通用数据和代码可以共享。结构化编程具有如下一些优点：

图 3-13 结构化编程示意图

- 各单个任务块的创建和测试可以相互独立进行。
- 通过使用参数，可将块设计得十分灵活。例如，可以创建一个钻孔程序块，其坐标和钻孔深度可以通过参数传递进来。

> 块可以根据需要在不同的地方通过不同的参数数据进行调用。
> 在预先设计的库中，能够提供用于特殊任务的"可重用"块。

用户在编程时可以根据实际工程特点采用结构化编程方式，通过传递参数使程序块重复调用，使其结构清晰、调试方便。

（十）编程语言简介

IEC（国际电工委员会）公布的可编程序控制器标准（IEC1131）的第三部分（IEC1131-3）说明了五种编程语言的表达方式，包括顺序功能图（Sequential Function Chart, SFC）、梯形图（Ladder Diagram, LAD）、功能块图（Function Block Diagram, FBD）、指令表（Instruction List, IL）和结构文本（Structured Text, ST）。

西门子 STEP 7 标准软件包配置了梯形图 LAD、语句表 STL（即 IEC1131-3 中的指令表）和功能块图 FBD 三种基本编程语言，通常它们在 STEP 7 中可以相互转换。此外，STEP 7 还提供多种可选的编程语言包，包括 CFC、SCL、S7-Graph 和 S7-Hi-Graph 等。LAD、FBD 和 S7-Graph 为图形语言，STL、SCL 和 S7-HiGraph 为文字语言，CFC 则是一种结构块控制程序流程图。西门子 S7-1200 PLC 仅支持梯形图和功能块图两种编程语言，分别见图 3-14、3-15。

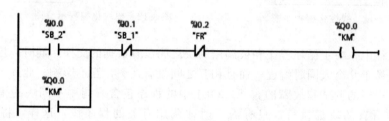

图 3-14 梯形图示例（1）

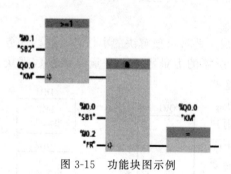

图 3-15 功能块图示例

（十一）梯形图概述

PLC 编程大多采用梯形图（LAD）语言，如图 3-16 所示。梯形图与继电接触器控制电路图相似，直观易懂，易被熟悉继电接触器控制的人员掌握。在编程软件中输入对应逻辑关系的梯形图；触点代表逻辑控制条件，有动合触点和动断触点两种形式；线圈代表逻辑"输出"结果，"能流"通过则线圈得电；功能框是代表某种特定功能指令，可实现数据运算及定时、计数等。触点和线圈组成的电路称为程序段，STEP 7 编程软件能自动为程序段编号。输入触点只用动合触点和动断触点两种方式表示，而不计其物理属性；输出线圈则用括号表示。

（十二）PLC 梯形图编程规则

（1）每一逻辑行总是起于左母线，然后是触点的连接，最后终止于线圈或右母线（右母线可以不画出）。注意：左母线与线圈之间一定要有触点，而线圈与右母线之间则不能有任何触点，见图 3-17。

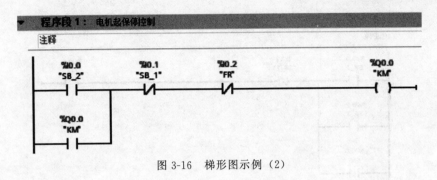

图 3-16 梯形图示例（2）

（2）梯形图中的触点可以任意串联或并联，但继电器线圈只能并联而不能串联。

（3）触点的使用次数不受限制。

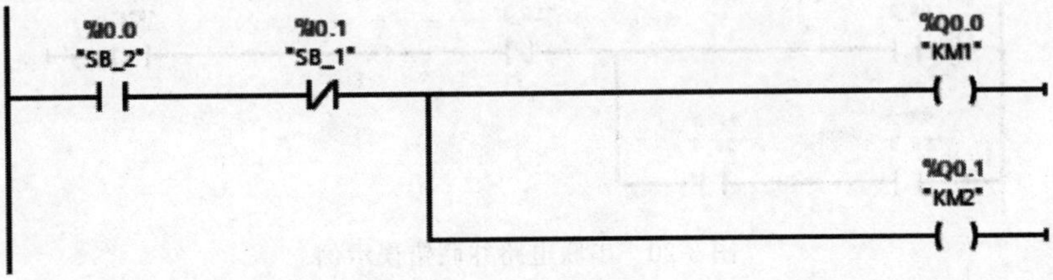

图 3-17 编程示例

（4）一般情况下，在梯形图中同一线圈只能出现一次。如果同一线圈使用了两次或多次，称为"双线圈输出"，如图 3-18 所示，有些 PLC 将其视为语法错误，而有些 PLC 则将前面的线圈输出视为无效，只有最后一个线圈输出有效。在一些特殊的含有跳转指令或步进指令的梯形图中，允许双线圈输出。图 3-19 所示为正确示例。

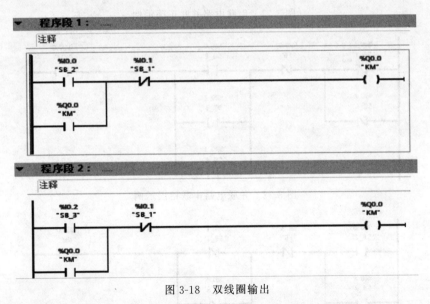

图 3-18 双线圈输出

（5）对于不可编程梯形图，必须经过等效变换，才能变成可编程梯形图。

（6）串联电路并联时，应将串联触点多的回路放在上方；并联电路串联时，应将并联触点多的回路放在左方。图 3-20 和图 3-21 分别给出了串联电路并联的错误示例和正确示例；图 3-22 和图 3-23 分别给出了并联电路串联的错误示例和正确示例。

知识库

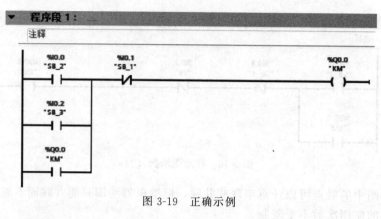

图 3-19 正确示例

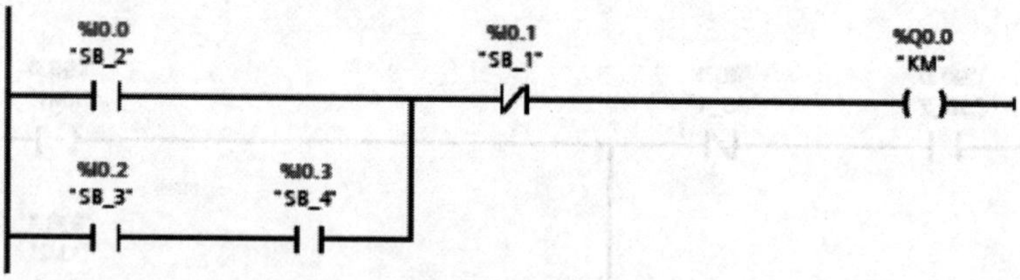

图 3-20 串联电路并联错误示例

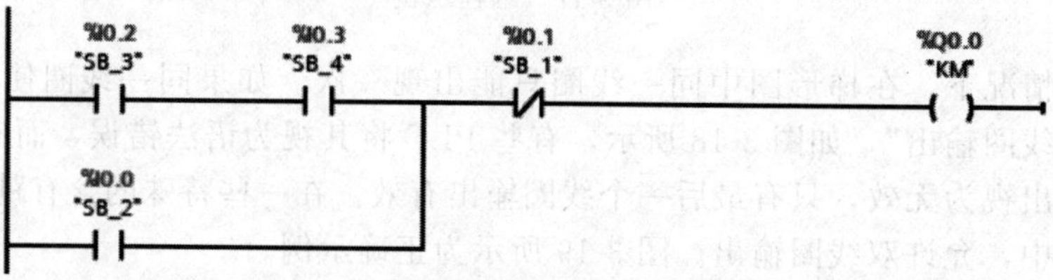

图 3-21 串联电路并联正确示例

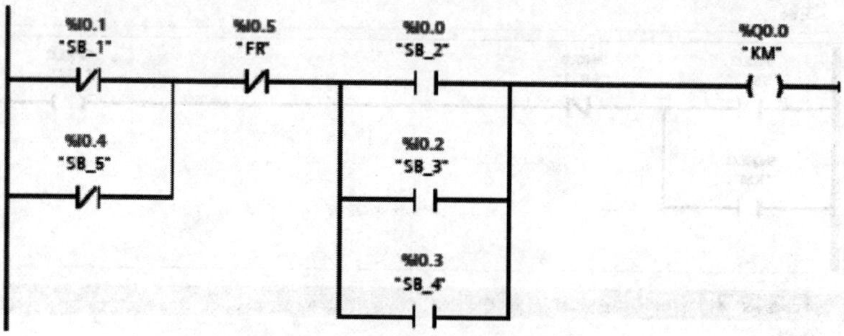

图 3-22 并联电路串联错误示例

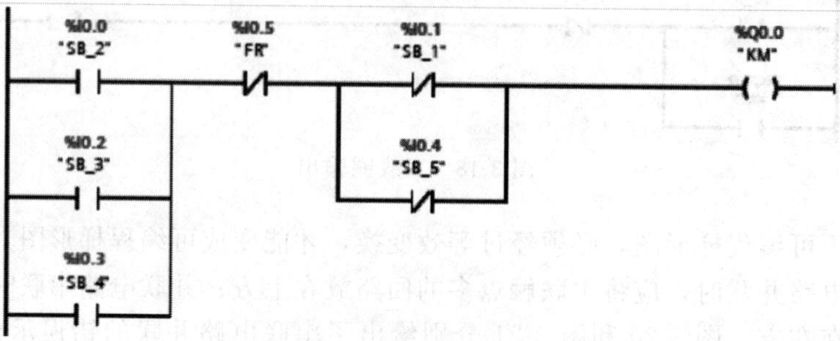

图 3-23 并联电路串联正确示例

知识点四　PLC编程基本指令

知识索引

序号	知识库	页码	序号	知识库	页码
1	基本位逻辑指令	25	7	比较指令	37
2	取反指令	26	8	运算指令	39
3	置位/复位指令	27	9	移动指令	42
4	边沿脉冲指令	29	10	移位指令	42
5	定时器指令	32	11	跳转指令	44
6	计数器指令	35	12	转换操作指令	44

（一）基本位逻辑指令

基本位逻辑指令为 PLC 最基础的逻辑指令，包含常开触点指令、常闭触点指令、输出线圈指令和反向输出线圈指令。

1. 常开触点

指令	参数	声明	数据类型	存储区 S7-1200	存储区 S7-1500	说明
<??.?> ─┤├─	<操作数>	Input	BOOL	I、Q、M、D、L 或常量	I、Q、M、D、L、T、C 或常量	当操作数的信号状态为"1"时，常开触点将闭合

2. 常闭触点

指令	参数	声明	数据类型	存储区 S7-1200	存储区 S7-1500	说明
<??.?> ─┤/├─	<操作数>	Input	BOOL	I、Q、M、D、L 或常量	I、Q、M、D、L、T、C 或常量	当操作数的信号状态为"0"时，常闭触点将闭合

3. 输出线圈

指令	参数	声明	数据类型	存储区	说明
<??.?> ─( )─	<操作数>	Output	BOOL	I、Q、M、D、L	如果线圈输入的信号状态为"1"，则将指定操作数的信号状态置位为"1"；如果线圈输入的信号状态为"0"，则指定操作数的位将复位为"0"

这里针对标准位逻辑指令给出了三个示例，分别见图 4-1、4-2、4-3。

示例一：

第一行梯形图中，当 I0.0 的状态为 0 时，Q1.0 的状态为 0；I0.0 的状态为 1 时，Q1.0

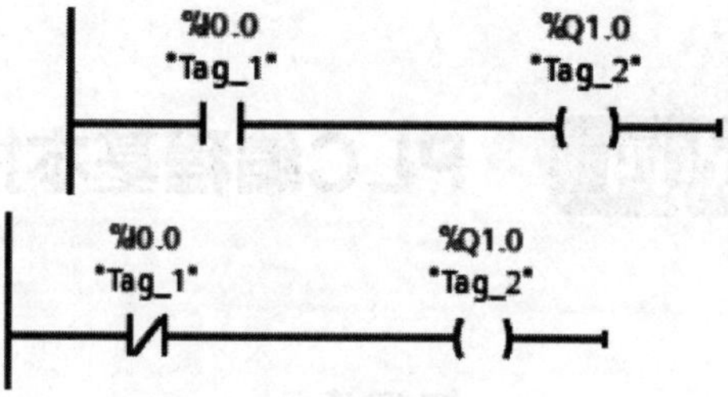

> 知识库

图 4-1　基本位逻辑指令示例一

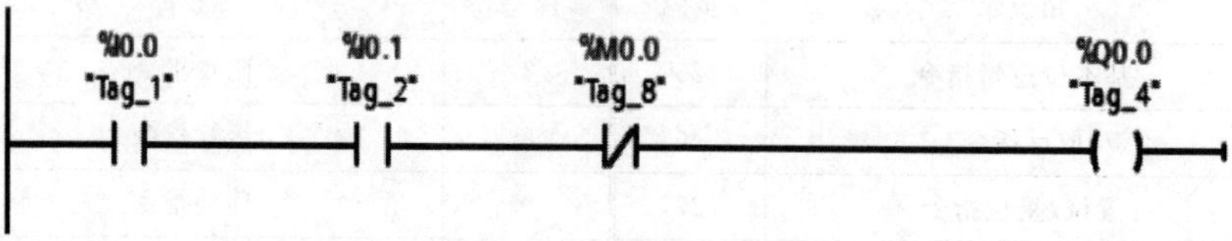

图 4-2　基本位逻辑指令示例二

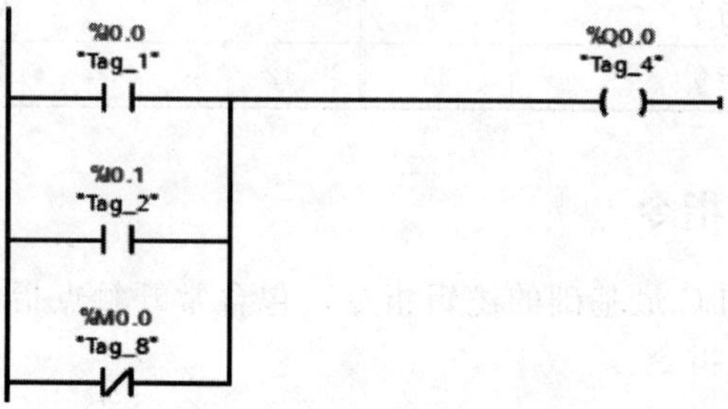

图 4-3　基本位逻辑指令示例三

的状态为 1。第二行梯形图中，当 I0.0 的状态为 0 时，Q1.0 的状态为 1；I0.0 的状态为 1 时，Q1.0 的状态为 0。

示例二：

I0.0 和 I0.1 的状态为 1 且 M0.0 的状态为 0 时，Q0.0 的状态为 1。

示例三：

I0.0 或 I0.1 状态为 1，或者 M0.0 状态为 0 时，Q0.0 的状态为 1。

4. 反向输出线圈

指令	参数	声明	数据类型	存储区	说明
<??.?> —(/)—	<操作数>	Output	BOOL	I、Q、M、D、L	如果线圈输入的信号状态为"0"，则将指定操作数的信号状态置位为"1"； 如果线圈输入的信号状态为"1"，则指定操作数的位将复位为"0"

反向输出线圈指令示例见图 4-4。

图 4-4　反向输出线圈指令示例

（二）取反指令

使用取反指令，可以对输入的信号状态取反。取反指令梯形图及说明：

指令	参数	说明
⊣ NOT ⊢	无	如果该指令输入的信号状态为"1",则指令输出的信号状态为"0"

取反指令示示例见图 4-5。

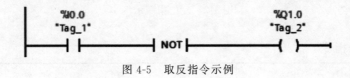

图 4-5　取反指令示例

当 I0.0 的状态为 0 时，I0.0 的常开触点断开，取反后，Q1.0 的状态为 1。

（三）置位/复位指令

使用置位或者复位指令，能够对指定操作数的状态进行置位或者复位。

1. 置位指令

指令	参数	声明	数据类型	存储区	说明
<??.?> —(S)—	<操作数>	Output	BOOL	I、Q、M、D、L	如果线圈输入的信号状态为"1",则指定的操作数置位为"1"；如果线圈输入的信号状态为"0",则指定操作数状态保持不变

置位指令示例见图 4-6。

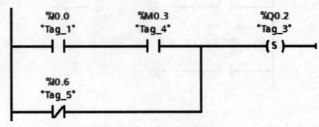

图 4-6　置位指令示例

当 I0.0 和 M0.3 信号状态都为 1，或者 I0.6 的信号状态为 0 时，置位 Q0.2 为 1。

2. 复位指令

指令	参数	声明	数据类型	存储区		说明
				S7-1200	S7-1500	
<??.?> —(R)—	<操作数>	Output	BOOL	I、Q、M、D、L	I、Q、M、D、L、T、C	如果线圈输入的信号状态为"1",则指定的操作数复位为"0"；如果线圈输入的信号状态为"0",则指定操作数状态保持不变

复位指令示例见图 4-7。

当 I0.0 和 M0.3 信号状态都为 1，或者 I0.6 的信号状态为 0 时，复位 Q0.2 为 0。

知识库

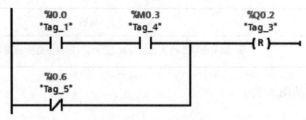

图 4-7 复位指令示例

3. 置位优先指令

指令	参数	声明	数据类型	存储区 S7-1200	存储区 S7-1500	说明
<??.?> RS —R Q— —S1	R	Input	BOOL	I、Q、M、D、L 或常量	I、Q、M、D、L 或常量	复位输入
	S1	Input	BOOL	I、Q、M、D、L 或常量	I、Q、M、D、L、T、C 或常量	置位输入,且优先级高于 R
	<操作数>	InOut	BOOL	I、Q、M、D、L	I、Q、M、D、L	待置位或复位的操作数
	Q	Output	BOOL	I、Q、M、D、L	I、Q、M、D、L	操作数的信号状态

置位优先指令示例见图 4-8。

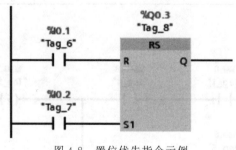

图 4-8 置位优先指令示例

当 I0.2 的信号状态为 "1" 时,置位 Q0.3 的信号状态为 "1";
当 I0.1 的信号状态为 "1" 且 I0.2 的信号状态为 "0" 时,复位 Q0.3 的信号状态为 "0"。

4. 复位优先指令

指令	参数	声明	数据类型	存储区 S7-1200	存储区 S7-1500	说明
<??.?> SR —S Q— —R1	S	Input	BOOL	I、Q、M、D、L 或常量	I、Q、M、D、L 或常量	置位输入
	R1	Input	BOOL	I、Q、M、D、L 或常量	I、Q、M、D、L、T、C 或常量	复位输入,且优先级高于 S
	<操作数>	InOut	BOOL	I、Q、M、D、L	I、Q、M、D、L	待复位或置位的操作数
	Q	Output	BOOL	I、Q、M、D、L	I、Q、M、D、L	操作数的信号状态

复位优先指令示例见图 4-9。

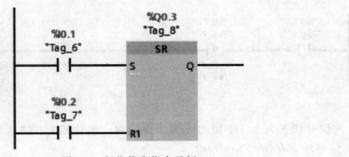

图 4-9　复位优先指令示例

I0.2 的信号状态为"1"时，置位 Q0.3 的信号状态为"1"；

I0.1 的信号状态为"1"且 I0.2 的信号状态为"0"时，复位 Q0.3 的信号状态为"0"。

（四）边沿脉冲指令

1. 扫描操作数的信号上升沿指令

指令	参数	声明	数据类型	存储区		说明
				S7-1200	S7-1500	
<??.?>─┤P├─<??.?>	<操作数1>	Input	BOOL	I、Q、M、D、L 或常量	I、Q、M、D、L、T、C 或常量	要扫描的信号
	<操作数2>	InOut	BOOL	I、Q、M、D、L	I、Q、M、D、L	保存上一次查询的信号状态的边沿存储位

扫描上升沿指令示例见图 4-10。

图 4-10　扫描上升沿指令示例

当 I0.1 的信号状态为 1，且 I0.2 出现上升沿时，Q1.1 的信号状态输出为 1，上一次扫描的 I0.2 的信号状态存储在 M5.0 中。

2. 扫描操作数的信号下降沿指令

指令	参数	声明	数据类型	存储区		说明
				S7-1200	S7-1500	
<??.?>─┤N├─<??.?>	<操作数1>	Input	BOOL	I、Q、M、D、L 或常量	I、Q、M、D、L、T、C 或常量	要扫描的信号
	<操作数2>	InOut	BOOL	I、Q、M、D、L	I、Q、M、D、L	保存上一次查询的信号状态的边沿存储位

扫描下升沿指令示例见图4-11。

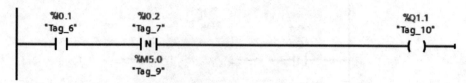

图4-11 扫描下降沿指令示例

I0.1的信号状态为1，且I0.2出现下降沿时，置位Q1.1的信号状态为1，上一次扫描的I0.2的信号状态存储在M5.0中。

3. 在信号上升沿置位操作数指令

指令	参数	声明	数据类型	存储区	说明
<??.?> ─(P)─ <??.?>	<操作数1>	Output	BOOL	I、Q、M、D、L	上升沿置位操作数
	<操作数2>	InOut	BOOL	I、Q、M、D、L	边沿存储位

上升沿置位指令示例见图4-12。

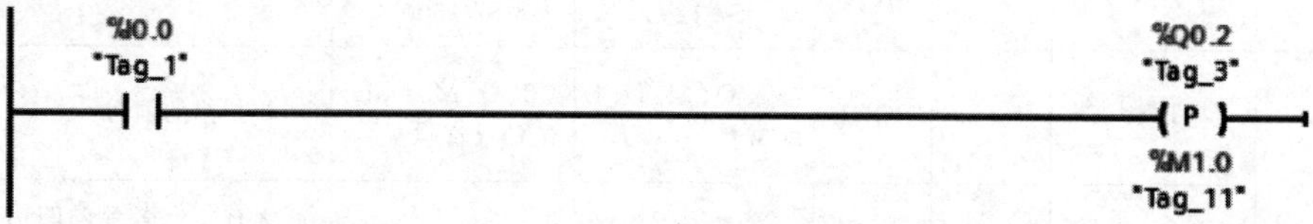

图4-12 上升沿置位指令示例

I0.0的信号状态由0变为1时，Q0.2的状态输出为1。

4. 在信号下降沿置位操作数指令

指令	参数	声明	数据类型	存储区		说明
				S7-1200	S7-1500	
<??.?> ─(N)─ <??.?>	<操作数1>	Input	BOOL	I、Q、M、D、L或常量	I、Q、M、D、L、T、C或常量	要扫描的信号
	<操作数2>	InOut	BOOL	I、Q、M、D、L	I、Q、M、D、L	保存上一次查询的信号状态的边沿存储位

下降沿置位指令示例见图4-13。

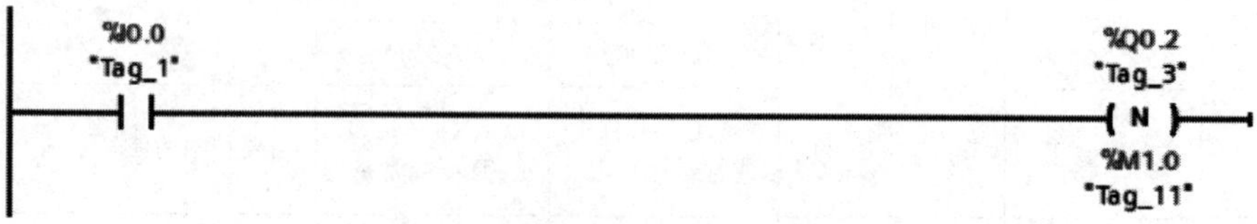

图4-13 下降沿置位指令示例

当I0.0的信号状态由1变为0时，Q0.2的状态输出为1。

5. 扫描 RLO 信号的上升沿指令

指令	参数	声明	数据类型	存储区 S7-1200	存储区 S7-1500	说明
P_TRIG —CLK Q— <??.?>	CLK	Input	BOOL	I、Q、M、D、L 或常量	I、Q、M、D、L、T、C 或常量	要扫描的信号
	<操作数>	InOut	BOOL	M、D	M、D	保存上一次查询的信号状态的边沿存储位
	Q	Output	BOOL	I、Q、M、D、L	I、Q、M、D、L	边沿检测结果

扫描 RLO 信号的上升沿指令示例见图 4-14。

图 4-14　扫描 RLO 信号的上升沿指令示例

当 I0.0 出现上升沿时，Q0.1 的信号状态输出为 1。

6. 扫描 RLO 信号的下降沿指令

指令	参数	声明	数据类型	存储区 S7-1200	存储区 S7-1500	说明
N_TRIG —CLK Q— <??.?>	CLK	Input	BOOL	I、Q、M、D、L 或常量	I、Q、M、D、L、T、C 或常量	要扫描的信号
	<操作数>	InOut	BOOL	M、D	M、D	保存上一次查询的信号状态的边沿存储位
	Q	Output	BOOL	I、Q、M、D、L	I、Q、M、D、L	边沿检测结果

扫描 RLO 信号的下降沿指令示例见图 4-15。

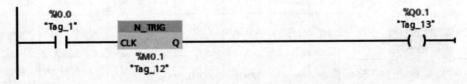

图 4-15　扫描 RLO 信号的下降沿指令示例

当 I0.0 出现下降沿时，Q0.1 的信号状态输出为 1。

（五）定时器指令

1. 接通延时定时器指令

指令	参数	声明	数据类型 S7-1200	数据类型 S7-1500	存储区 S7-1200	存储区 S7-1500	说明
TON Time IN Q <???>—PT ET—T#0ms	IN	Input	BOOL	BOOL	I、Q、M、D、L 或常量	I、Q、M、D、L、P 或常量	使能端，启动输入
	PT	Input	TIME	TIME LTIME	I、Q、M、D、L 或常量	I、Q、M、D、L、P 或常量	预置时间值
	Q	Output	BOOL	BOOL	I、Q、M、D、L	I、Q、M、D、L、P	超过时间 PT 后，置位的输出
	ET	Output	TIME	TIME LTIME	I、Q、M、D、L	I、Q、M、D、L、P	当前时间值

该指令的作用是：输入 IN 一直接通，延时到预设的时间后（PT 设定），输出（Q）才接通，置为 ON。该指令共包含 4 个参数。当输入 IN 的逻辑运算结果从"0"变为"1"时，启动该指令。指令启动时，预设的时间 PT 即开始计时。超出时间 PT 之后，输出 Q 的信号状态将变为"1"。启动输入的信号状态从"1"变为"0"时，将复位输出 Q。在启动输入检测到新的信号上升沿时，该定时器功能将再次启动。脉冲时序图见图 4-16。

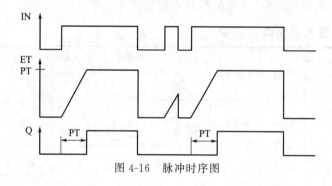

图 4-16 脉冲时序图

2. 关断延时定时器指令

指令	参数	声明	数据类型 S7-1200	数据类型 S7-1500	存储区 S7-1200	存储区 S7-1500	说明
TOF Time IN Q <???>—PT ET—T#0ms	IN	Input	BOOL	BOOL	I、Q、M、D、L 或常量	I、Q、M、D、L、P 或常量	使能端，启动输入
	PT	Input	TIME	TIME LTIME	I、Q、M、D、L 或常量	I、Q、M、D、L、P 或常量	预置时间值
	Q	Output	BOOL	BOOL	I、Q、M、D、L	I、Q、M、D、L、P	超过时间 PT 后，复位的输出
	ET	Output	TIME	TIME LTIME	I、Q、M、D、L	I、Q、M、D、L、P	当前时间值

该指令的作用是：输入 IN 断开并延时，达到预设的延时时间后（PT 设定），输出（Q）才断开，置为 OFF。当输入 IN 的逻辑运算结果从"0"变为"1"时，将置位 Q 输出。当输入 IN 处的信号状态变回"0"时，根据预设的时间 PT 开始计时。超出时间 PT 之后，将复位输出 Q。如果输入 IN 的信号状态在 PT 计时结束之前变为"1"，则复位定时器，输出 Q 的信号状态仍将为"1"。脉冲时序图见图 4-17。

图 4-17 脉冲时序图

3. 时间累加器指令

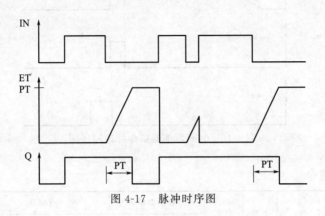

指令	参数	声明	数据类型		存储区		说明
			S7-1200	S7-1500	S7-1200	S7-1500	
	IN	Input	BOOL	BOOL	I、Q、M、D、L 或常量	I、Q、M、D、L、P 或常量	使能端,启动输入
	R	Input	BOOL	BOOL	I、Q、M、D、L 或常量	I、Q、M、D、L、P 或常量	复位输入
	PT	Input	TIME	TIME LTIME	I、Q、M、D、L 或常量	I、Q、M、D、L、P 或常量	预置时间值
	Q	Output	BOOL	BOOL	I、Q、M、D、L	I、Q、M、D、L、P	超过时间 PT 后,置位的输出
	ET	Output	TIME	TIME LTIME	I、Q、M、D、L	I、Q、M、D、L、P	累计的时间

该指令原理同接通延时定时器指令，不同的是对于延时时间 PT 的计算，使用该指令可累加由参数 PT 设定的时间段内的时间值。输入 IN 的信号状态从"0"变为"1"时，定时器开始计时，当前值 ET 递增。输入端 IN 输入无效时，当前值保持记忆状态，输入端 IN 再次接通有效后，在原值 ET 的基础上再次累加。当 ET 大于或等于预设值（PT）时，输出 Q 的信号状态为"1"。即使输入 IN 的信号状态从"1"变为"0"（信号下降沿），输出 Q 仍将保持置位为"1"。只有当复位输入 R 接通时，定时器才复位（状态位和当前值都复位为0）。脉冲时序图见图 4-18。

> 知识库

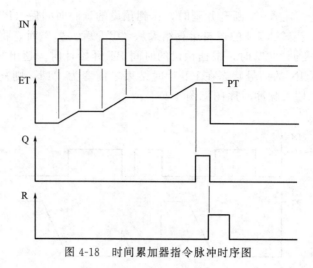

图 4-18　时间累加器指令脉冲时序图

4. 生产脉冲指令

指令	参数	声明	数据类型		存储区		说明
			S7-1200	S7-1500	S7-1200	S7-1500	
	IN	Input	BOOL	BOOL	I、Q、M、D、L 或常量	I、Q、M、D、L、P 或常量	使能端,启动输入
TP Time IN　　Q <???>—PT　ET—T#0ms	PT	Input	TIME	TIME LTIME	I、Q、M、D、L 或常量	I、Q、M、D、L、P 或常量	脉冲的持续时间
	Q	Output	BOOL	BOOL	I、Q、M、D、L	I、Q、M、D、L、P	超过时间 PT 后,复位的输出
	ET	Output	TIME	TIME LTIME	I、Q、M、D、L	I、Q、M、D、L、P	当前时间值

　　该指令的作用是：输入一旦接通，输出 Q 立即置位为 ON，延时预设的时间（PT 设定）后，输出 Q 复位为 OFF。当输入 I 的逻辑运算结果从"0"变为"1"（信号上升沿）时，启动该指令。指令启动时，即根据预设的时间 PT 开始计时。在进行 PT 计时过程中，即使检测到新的信号上升沿，输出 Q 的信号状态也不会受到影响。脉冲时序图见图 4-19。

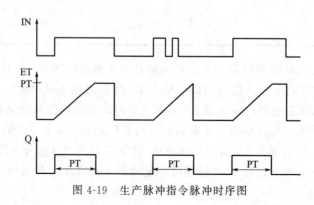

图 4-19　生产脉冲指令脉冲时序图

（六）计数器指令

1. 加计数器指令

指令	参数	声明	数据类型	存储区 S7-1200	存储区 S7-1500	说明
	CU	Input	BOOL	I、Q、M、D、L 或常数	I、Q、M、D、L 或常数	计数输入
	R	Input	BOOL	I、Q、M、D、L 或常数	I、Q、M、T、C、D、L、P 或常数	复位输入
	PV	Input	整数	I、Q、M、D、L 或常数	I、Q、M、D、L、P 或常数	置位输出 Q 的值
	Q	Output	BOOL	I、Q、M、D、L	I、Q、M、D、L	计数器状态
	CV	Output	整数、CHAR、WCHAR、DATE	I、Q、M、D、L、P	I、Q、M、D、L、P	当前计数器值

输入 CU 的信号状态从"0"变为"1"（信号上升沿）时，执行该指令，同时输出 CV 当前值加 1。每检测到一个信号上升沿，计数器值就会递增，直至达到 CV 所指定的上限值。达到上限时，输入 CU 的信号状态将不再影响该指令。输出 Q 的信号状态由参数 PV 决定。如果当前计数器值大于或等于参数 PV 的值，则将输出 Q 的信号状态置位为"1"。在其他任何情况下，输出 Q 的信号状态均为"0"。

输入 R 的信号状态变为"1"时，输出 CV 的值被复位为"0"。只要输入 R 的信号状态仍为"1"，输入 CU 的信号状态就不会影响该指令。脉冲时序图见图 4-20。

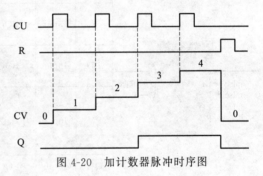

图 4-20 加计数器脉冲时序图

2. 减计数器指令

指令	参数	声明	数据类型	存储区 S7-1200	存储区 S7-1500	说明
	CD	Input	BOOL	I、Q、M、D、L 或常数	I、Q、M、D、L 或常数	计数输入
	LD	Input	BOOL	I、Q、M、D、L 或常数	I、Q、M、T、C、D、L、P 或常数	装载输入
	PV	Input	整数	I、Q、M、D、L 或常数	I、Q、M、D、L、P 或常数	使用 LD＝1 置位输出 CV 的目标值
	Q	Output	BOOL	I、Q、M、D、L	I、Q、M、D、L	计数器状态
	CV	Output	整数、CHAR、WCHAR、DATE	I、Q、M、D、L、P	I、Q、M、D、L、P	当前计数器值

> 知识库

输入CD的信号状态从"0"变为"1"（信号上升沿）时，则执行该指令，同时输出CV的当前计数器值减1。每检测到一个信号上升沿，计数器值就会递减1，直到达到指定的下限为止，达到下限时，输入CD的信号状态将不再影响该指令。如果当前计数器值等于"0"，则输出Q的信号状态将置位为"1"，在其他任何情况下，输出Q的信号状态均为"0"。输入LD的信号状态变为"1"时，将输出CV的值置为参数PV的值。只要输入LD的信号状态仍为"1"，输入CD的信号状态就不会影响该指令。脉冲时序图见图4-21。

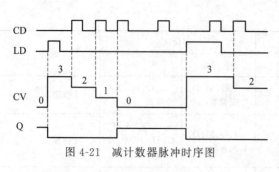

图4-21 减计数器脉冲时序图

3. 加减计数器指令

指令	参数	声明	数据类型	存储区		说明
				S7-1200	S7-1500	
	CU	Input	BOOL	I、Q、M、D、L 或常数	I、Q、M、D、L 或常数	加计数输入
	CD	Input	BOOL	I、Q、M、D、L 或常数	I、Q、M、D、L 或常数	减计数输入
	R	Input	BOOL	I、Q、M、D、L、P 或常数	I、Q、M、T、C、D、L、P 或常数	复位输入
	LD	Input	BOOL	I、Q、M、D、L、P 或常数	I、Q、M、T、C、D、L、P 或常数	装载输入
	PV	Input	整数	I、Q、M、D、L、P 或常数	I、Q、M、T、C、D、L、P 或常数	输出QU被设置的值/LD=1的情况下，输出CV被设置的值
	QU	Output	BOOL	I、Q、M、D、L	I、Q、M、D、L	加计数器状态
	QD	Output	BOOL	I、Q、M、D、L	I、Q、M、D、L	减计数器状态
	CV	Output	整数、CHAR、WCHAR、DATE	I、Q、M、D、L、P	I、Q、M、D、L、P	当前计数器值

如果输入CU的信号状态从"0"变为"1"（信号上升沿），则当前计数器值加1，并存储在输出CV中。如果输入CD的信号状态从"0"变为"1"（信号上升沿），则输出CV的计数器值减1。如果在一个程序周期内，输入CU和CD都出现信号上升沿，则输出CV的当前计数器值保持不变。

计数器值可以一直递增，直至其达到输出CV指定的上限。达到上限后，即使出现信号上升沿，计数器值也不再递增。达到指定的下限后计数器值也不再递减。

输入LD的信号状态变为"1"时，输出CV的计数器值置位为参数PV的值。只要输入LD的信号状态仍为"1"，CU和CD的信号状态就不会影响该指令。

当输入R的信号状态变为"1"时，计数器值置位为"0"。只要输入R的信号状态仍为

"1"，CU、CD 和 LD 信号状态的改变就不会影响该指令。

如果当前计数器值大于或等于参数 PV 的值，则将输出 QU 的信号状态置位为"1"。在其他任何情况下，输出 QU 的信号状态均为"0"。

如果当前计数器值等于"0"，则输出 QD 的信号状态将置位为"1"。在其他任何情况下，QD 的信号状态均为"0"。脉冲时序图见图 4-22。

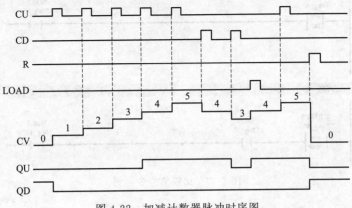

图 4-22　加减计数器脉冲时序图

（七）比较指令

比较指令用于两个操作数按一定条件的比较。

1. 比较值指令

指令	参数	声明	数据类型	存储区	满足以下条件时，比较结果为真
<???> ─┤ == ├─ ??? <???>	<操作数 1> <操作数 2>	Input	位字符串、整数、浮点数、字符串、定时器、日期时间、ARRAY of <数据类型>（ARRAY 限值 固定/可变）、STRUCT、VARIANT、ANY、PLC 数据类型	I, Q, M, D, L, P 或常量	<操作数 1>等于<操作数 2>
<???> ─┤ <> ├─ ??? <???>					<操作数 1>不等于<操作数 2>
<???> ─┤ >= ├─ ??? <???>					<操作数 1>大于等于<操作数 2>
<???> ─┤ <= ├─ ??? <???>					<操作数 1>小于等于<操作数 2>
<???> ─┤ > ├─ ??? <???>					<操作数 1>大于<操作数 2>
<???> ─┤ < ├─ ??? <???>					<操作数 1>小于<操作数 2>

> 知识库

比较值指令示例见图 4-23，其中程序段 3 为整数比较，如果 MW10 中的数大于等于 8，则 Q0.0 的状态为 1；程序段 4 采用实数比较串联位指令，如果 MD100 中的数小于等于 12.5，且 I0.0 的状态位 1，则 Q0.1 的状态为 1。

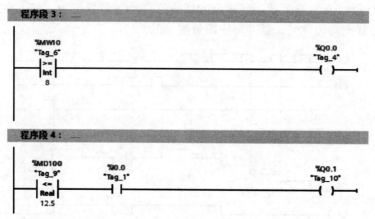

图 4-23 比较值指令示例

2. 范围比较指令

指令	参数	声明	数据类型	存储区	说明
IN_RANGE	功能框输入	Input	BOOL	I、Q、M、D、L 或常数	上一个逻辑运算的结果
	MIN	Input	整数、浮点数	I、Q、M、D、L 或常数	取值范围的下限
	VAL	Input	整数、浮点数	I、Q、M、D、L 或常数	比较值
OUT_RANGE	MAX	Input	整数、浮点数	I、Q、M、D、L 或常数	取值范围的上限
	功能框输出	Output	BOOL	I、Q、M、D、L	比较结果

范围比较指令用于查询输入 VAL 的值是否在指定的范围内。图 4-24 所示为范围比较指令示例。

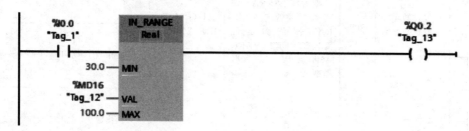

图 4-24 范围比较指令示例 1

当 I0.0 的状态为 1 时，查询 MD16 中的实数是否在 30.0~100.0 的范围内，如果在范围内，则 Q0.2 的状态为 1。

图 4-25 所示为范围比较指令示例 2。

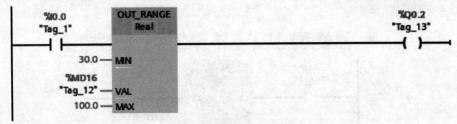

图 4-25　范围比较指令示例 2

当 I0.0 的状态为 1 时，查询 MD16 中的实数是否在 30.0～100.0 的范围之外，如果在范围外，则 Q0.2 的状态为 1。

3. 有效性检查指令

指令	参数	声明	数据类型	存储区	说明
─┤OK├─ ─┤NOT_OK├─	<操作数 1>	Input	浮点数	I、Q、M、D、L	要查询的值

该指令检查操作数的值是否为有效或无效的浮点数。如果该指令输入的信号状态为"1"，则在每个程序周期内都进行检查。有效性检查指令示例见图 4-26。

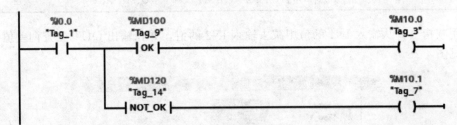

图 4-26　有效性检查指令示例

当 I0.0 的状态为 1 时，检查 MD100 中的数是否为有效浮点数，如果是有效浮点数，则 M10.0 的状态为 1；同时检查 MD120 中的数是否为无效浮点数，如果是无效浮点数，则 M10.1 的状态为 1。

（八）运算指令

1. 加指令

加指令将输入 IN1 的值与输入 IN2 的值相加，并在输出 OUT 处查询相加的和。

指令	参数	声明	数据类型	存储区	说明
ADD Auto(???) EN — ENO <???>─IN1 OUT─<???> <???>─IN2	EN	Input	BOOL	I、Q、M、D、L 或常数	使能输入
	IN1	Input	整数、浮点数	I、Q、M、D、L、P 或常数	要相加的第一个数
	IN2	Input	整数、浮点数	I、Q、M、D、L、P 或常数	要相加的第二个数
	INn	Input	整数、浮点数	I、Q、M、D、L、P 或常数	要相加的可选输入值
	ENO	Output	BOOL	I、Q、M、D、L	使能输出
	OUT	Output	整数、浮点数	I、Q、M、D、L、P	总和

> 知识库

加指令示例见图 4-27。

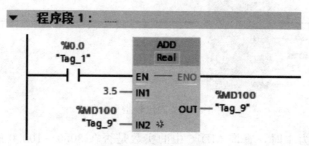

图 4-27 加指令示例

当 I0.0 的状态为 1 时，计算（3.5＋MD100），并将结果存储在 MD100 中。

2. 减指令

指令	参数	声明	数据类型	存储区	说明
SUB Auto(???) EN — ENO <???>—IN1 OUT—<???> <???>—IN2	EN	Input	BOOL	I、Q、M、D、L 或常数	使能输入
	IN1	Input	整数、浮点数	I、Q、M、D、L、P 或常数	被减数
	IN2	Input	整数、浮点数	I、Q、M、D、L、P 或常数	减数
	ENO	Output	BOOL	I、Q、M、D、L	使能输出
	OUT	Output	整数、浮点数	I、Q、M、D、L、P	差值

使用减指令，从输入 IN1 的值中减去输入 IN2 的值，并在输出 OUT 处查询差值。减指令示例见图 4-28。

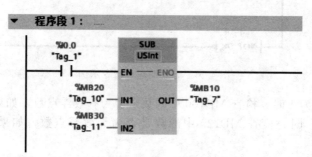

图 4-28 减指令示例

当 I0.0 的状态为 1 时，计算（MB20-MB30）的值，并将结果存储在 MB10 中。

3. 乘指令

指令	参数	声明	数据类型	存储区	说明
MUL Auto(???) EN — ENO <???>—IN1 OUT—<???> <???>—IN2	EN	Input	BOOL	I、Q、M、D、L 或常数	使能输入
	IN1	Input	整数、浮点数	I、Q、M、D、L、P 或常数	乘数
	IN2	Input	整数、浮点数	I、Q、M、D、L、P 或常数	相乘的数
	INn	Input	整数、浮点数	I、Q、M、D、L、P 或常数	可相乘的可选输入值
	ENO	Output	BOOL	I、Q、M、D、L	使能输出
	OUT	Output	整数、浮点数	I、Q、M、D、L、P	乘积

乘指令将输入 IN1 的值与输入 IN2 的值相乘,并在输出 OUT 处查询乘积。乘指令示例见图 4-29。

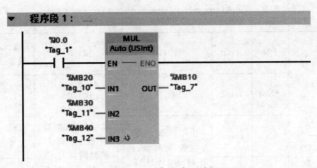

图 4-29 乘指令示例

当 I0.0 的状态为 1 时,计算(MB20 * MB30 * MB40)的值,并将结果存储在 MB10 中。

4. 除指令

指令	参数	声明	数据类型	存储区	说明
DIV Auto(???) EN — ENO <???>—IN1 OUT—<???> <???>—IN2	EN	Input	BOOL	I,Q,M,D,L 或常数	使能输入
	IN1	Input	整数、浮点数	I,Q,M,D,L,P 或常数	被除数
	IN2	Input	整数、浮点数	I,Q,M,D,L,P 或常数	除数
	ENO	Output	BOOL	I,Q,M,D,L	使能输出
	OUT	Output	整数、浮点数	I,Q,M,D,L,P	商值

除指令将输入 IN1 的值除以输入 IN2 的值,并在输出 OUT 处查询商值。除指令示例见图 4-30。

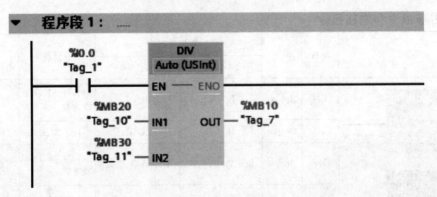

图 4-30 除指令示例

当 I0.0 的状态为 1 时,计算(MB20/MB30)的值,并将结果存储在 MB10 中。

（九）移动指令

指令	参数	声明	数据类型		存储区	说明
			S7-1200	S7-1500		
	EN	Input	BOOL	BOOL	I、Q、M、D、L 或常数	使能输入
	ENO	Output	BOOL	BOOL	I、Q、M、D、L	使能输出
	IN	Input	位字符串、整数、浮点数、定时器、日期时间、CHAR、WCHAR、STRUCT、ARRAY、IEC 数据类型、PLC 数据类型（UDT）	位字符串、整数、浮点数、定时器、日期时间、CHAR、WCHAR、STRUCT、ARRAY、TIMER、COUNTER、IEC 数据类型、PLC 数据类型（UDT）	I、Q、M、D、L 或常数	源值
	OUT1	Output			I、Q、M、D、L	传送源值中的操作数

移动指令将 IN 输入处操作数中的内容传送到 OUT1 输出的操作数中，始终沿地址升序方向进行传送。移动指令示例见图 4-31。

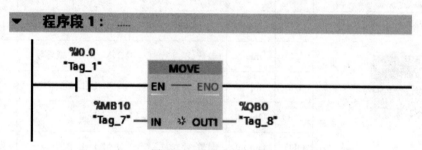

图 4-31 移动指令示例

当 I0.0 的状态为 1 时，将 MB0 中的数传送给 QB0。

（十）移位指令

1. 右移指令和左移指令

指令	参数	声明	数据类型		存储区	说明
			S7-1200	S7-1500		
	EN	Input	BOOL	BOOL	I、Q、M、D、L 或常数	使能输入
	ENO	Output	BOOL	BOOL	I、Q、M、D、L	使能输出
	IN	Input	位字符串、整数	位字符串、整数	I、Q、M、D、L 或常数	要移位的值
	N	Input	USINT、UINT、UDINT	USINT、UINT	I、Q、M、D、L 或常数	将对值进行移位的位数
	OUT	Output	位字符串、整数	位字符串、整数	I、Q、M、D、L	指令的结果

右移指令将输入 IN 中操作数的内容按位向右移位，并在输出 OUT 中查询结果，参数 N 用于指定将指定值移位的位数。左移指令将输入 IN 中操作数的内容按位向左移位，并在输出 OUT 中查询结果，参数 N 用于指定将指定值移位的位数。

注意：
- 若 N=0，则不移位，将 IN 值分配给 OUT。
- 用 0 填充移位操作清空的位。
- 如果要移位的位数（N）超过目标值中的位数，则所有原始位的值将被移出并用 0 代替（将 0 分配给 OUT）。
- 对于移位操作，ENO 总是为 TRUE。

移位指令示例见图 4-32。

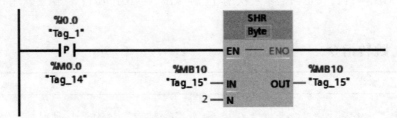

图 4-32 移位指令示例

设 MB 初始值为 1011 1101，I0.0 每出现一次上升沿，执行一次右移移位指令。第一次移位后 MB=0010 1111，第二次移位后 MB=0000 1011，第三次移位后 MB=0000 0010。

2. 循环右移指令和循环左移指令

指令	参数	声明	数据类型 S7-1200	数据类型 S7-1500	存储区	说明
ROR / ROL	EN	Input	BOOL	BOOL	I、Q、M、D、L 或常数	使能输入
	ENO	Output	BOOL	BOOL	I、Q、M、D、L 或常数	使能输出
	IN	Input	位字符串、整数	位字符串、整数	I、Q、M、D、L 或常数	要循环移位的值
	N	Input	USINT、UINT、UDINT	USINT、UINT、UDINT、ULINT	I、Q、M、D、L 或常数	将对进行循环移位的位数
	OUT	Output	位字符串、整数	位字符串、整数	I、Q、M、D、L	指令的结果

循环右移指令将输入 IN 中操作数的内容按位向右循环移位，用移出的位填充因循环移位而空出的位，在输出 OUT 中查询结果。参数 N 用于指定循环移位中待移动的位数。

循环左移指令将输入 IN 中操作数的内容按位向左循环移位，用移出的位填充因循环移位而空出的位，在输出 OUT 中查询结果。参数 N 用于指定循环移位中待移动的位数。

注意：
- 若 N=0，则不循环移位，将 IN 值分配给 OUT。
- 从目标值一侧循环移出的位将循环移位到目标值的另一侧，因此原始位值不会丢失。
- 如果要循环移位的位数 N 超过目标值中的位数，仍将执行循环移位。
- 执行循环指令之后，ENO 始终为 TRUE。

循环移位指令示例见图 4-33。

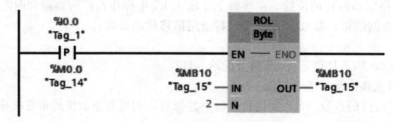

图 4-33　循环移位指令示例

设 MB 初始值=1011 1101，I0.0 每出现一次上升沿，执行一次循环左移移位指令，第一次移位后 MB=1111 0110，第二次移位后 MB=1101 1011，第三次移位后 MB=0110 1111。

（十一）跳转指令

指令	参数	声明	数据类型	说明
<???> ─(JMP)─	<操作数 1>	Input	标签标识符	跳转指令的目标标签，RLO=1 时跳转
<???> ─(JMPN)─				跳转指令的目标标签，RLO=0 时跳转

跳转指令可中断程序的顺序执行，改从目标程序段继续执行。目标程序段必须由跳转标签（LABEL）进行标识，在指令上方的占位符指定该跳转标签的名称，注意各标签在代码块内必须唯一。可以在代码块中进行跳转，可以向前或向后跳转，但不能从一个代码块跳转到另一个代码块，可以在同一代码块中从多个位置跳转到同一标签。

（十二）转换操作指令

1. 标准化指令

指令	参数	声明	数据类型	存储区	说明
	EN	Input	BOOL	I、Q、M、D、L 或常数	使能输入
	ENO	Output	BOOL	I、Q、M、D、L	使能输出
NORM_X ??? to ??? <???>─MIN OUT─<???> <???>─VALUE <???>─MAX	MIN	Input	整数、浮点数	I、Q、M、D、L 或常数	取值范围的下限
	VALUE	Input	整数、浮点数	I、Q、M、D、L 或常数	要标准化的值
	MAX	Input	整数、浮点数	I、Q、M、D、L 或常数	取值范围的上限
	OUT	Output	浮点数	I、Q、M、D、L	标准化结果

标准化指令通过将输入 VALUE 中变量的值映射到线性标尺，对其进行标准化处理。可以使用参数 MIN 和 MAX 定义（应用于该标尺的）值的范围。输出 OUT 中的结果经过计算后存储为浮点数。如果要标准化的值等于输入 MIN 中的值，则输出 OUT 将返回值"0.0"。如果要标准化的值等于输入 MAX 的值，则输出 OUT 需返回值"1.0"。

注意：参数 MIN、VALUE 和 MAX 的数据类型必须相同。

2. 缩放指令

指令	参数	声明	数据类型	存储区	说明
SCALE_X ??? to ??? EN — ENO <???>—MIN OUT—<???> <???>—VALUE <???>—MAX	EN	Input	BOOL	I、Q、M、D、L 或常数	使能输入
	ENO	Output	BOOL	I、Q、M、D、L	使能输出
	MIN	Input	整数、浮点数	I、Q、M、D、L 或常数	取值范围的下限
	VALUE	Input	整数、浮点数	I、Q、M、D、L 或常数	要缩放的值
	MAX	Input	整数、浮点数	I、Q、M、D、L 或常数	取值范围的上限
	OUT	Output	浮点数	I、Q、M、D、L	缩放的结果

缩放指令通过将输入 VALUE 的值映射到指定的值域范围内，对该值进行缩放。由参数 MIN 和 MAX 定义缩放值范围。缩放结果存储在 OUT 输出中。注意：参数 MIN、MAX 和 OUT 的数据类型必须相同。

【示例】来自电流输入型模拟量信号模块或信号板的模拟量的输入有效值在 0 到 27648 范围内。假设模拟量为温度，用输入值 0 表示 −30.0℃，27648 表示 100.0℃，将模拟值转换为对应的工程单位，则应先将输入标准化为 0.0 到 1.0 之间的值，然后再将其标定为 −30.0 到 100.0 之间的值。假如采集温度的模拟量通道对应的输入地址为 IW68，转化后的工程量温度值存储在 MD104 中，则程序如图 4-34 所示。

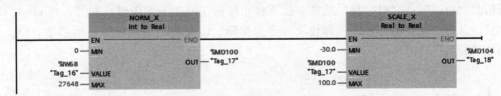

图 4-34 转换操作指令示例

知识点五　PLC编程典型功能环节

知识索引

序号	知识库	页码	序号	知识库	页码
1	启保停电路	46	4	延时接通	48
2	闪烁电路	46	5	延时断开	48
3	单按钮启停	47	6	定周期脉冲产生法	48

（一）启保停电路

启保停电路梯形图和时序图如图 5-1 所示，主要特点是具有"记忆"功能。按下启动按钮，I0.0 常开触点接通，Q0.0 线圈"通电"，它的常开触点同时接通。放开启动按钮，I0.0 常开触点断开，能流经 Q0.0 的常开触点和 I0.1 常闭触点流过 Q0.0 线圈，Q0.0 仍然为 1，即所谓的"自锁"或"自保持"功能。按下停止按钮，I0.1 的常闭触点断开，使 Q0.0 线圈"断电"，其常开触点断开，之后即使放开停止按钮，I0.1 常闭触点恢复接通状态，Q0.0 线圈仍然"断电"。

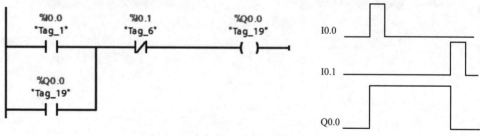

图 5-1　启保停电路梯形图和时序图

（二）闪烁电路

闪烁电路又称为振荡电路，该电路用在报警、娱乐等场合，可以控制灯光的闪烁频率，并且该电路也可以接其他负载，比如电铃、蜂鸣器等。它可以随意变换通断的间隔。实现方法有以下几种。

（1）用系统的时钟存储器实现。单击设备视图中机架上的 PLC，可以在下方看到属性视图，如图 5-2。在属性视图的"常规"选项卡中选择"系统和时钟存储器"，在右侧出现的界面中勾选"启用时钟存储器字节"，利用时钟存储器来制作闪烁电路，I0.0 接通时，Q0.0 输出一个 500ms 接通、500ms 断开的闪烁信号，如图 5-3 所示。

（2）用定时器实现。如图 5-4，按下启动按钮 I0.0，Q0.0 输出一个 500ms 断开、1s 接通的闪烁信号；按下停止按钮 I0.1，Q0.0 停止闪烁。

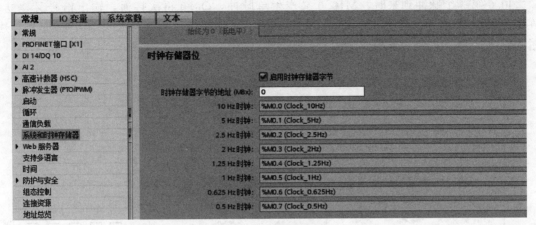

图 5-2 属性视图

图 5-3 用时钟存储器制作的闪烁电路

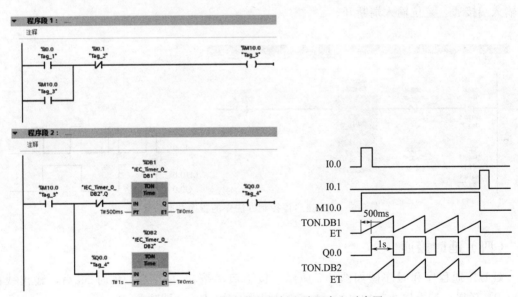

图 5-4 用定时器制作的闪烁电路程序和时序图

（三）单按钮启停

单按钮启停即用一个按钮（I0.0）控制 Q0.0 输出线圈的接通和断开，第一次按下按钮，Q0.0 接通；第二次按下按钮，Q0.0 断开。

方法一：如图 5-5 所示，第一次按下按钮 I0.0 时，M10.0 产生一个扫描周期的单脉冲，M10.0 的常开触点闭合一个扫描周期，使 Q0.0 线圈通电并自锁，Q0.0 触点状态为 ON；第二次按下按钮 I0.0 时，M10.0 的常闭触点断开一个扫描周期，Q0.0 线圈断电，自锁解除，Q0.0 触点状态为 OFF。

> 知识库

　　I0.0 第 3 个脉冲到来时，M10.0 又产生单脉冲，Q0.0 再次接通，输出信号又建立；在 I0.0 第 4 个脉冲的上升沿，Q0.0 输出信号再次消失。以后循环往复，不断重复上述过程。

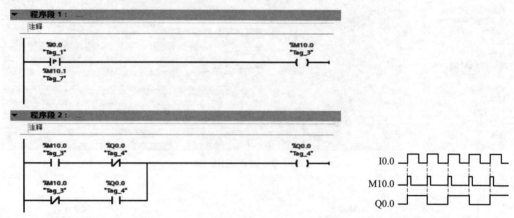

图 5-5　单按钮启停控制方法一的程序和时序图

　　方法二：如图 5-6 所示，第一次按下 I0.0 时，复位优先指令 SR 的置位输入端接通，复位输入端断开，所以 M10.0 置位，Q0.0 接通；第二次按下 I0.0 时，复位优先指令 SR 的复位输入端接通，置位输入端断开。

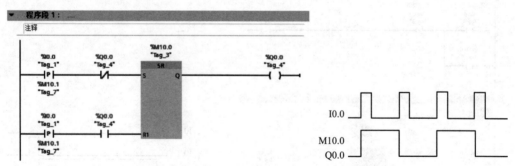

图 5-6　单按钮启停控制方法二的程序和时序图

（四）延时接通

　　延时接通程序和时序图如图 5-7 所示。按下启动按钮（I0.0），延时 5s 后，输出线圈（Q0.0）接通；按下停止按钮（I0.1），输出线圈（Q0.0）立即断开。

（五）延时断开

　　按下启动按钮（I0.0），输出线圈（Q0.0）立即接通；按下停止按钮（I0.1），延时 5s 后，输出线圈（Q0.0）断开，程序如图 5-8 所示。

（六）定周期脉冲产生法

　　定周期脉冲指的是一定时间内（如 10s）产生一个脉冲，其他时间都为 0，如产生一个 10s 的脉冲，程序编写如图 5-9 所示。

知识点五　PLC编程典型功能环节

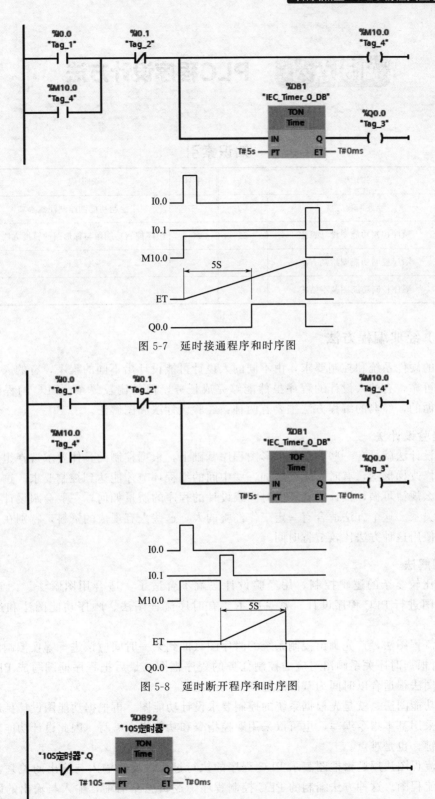

图 5-7　延时接通程序和时序图

图 5-8　延时断开程序和时序图

图 5-9　定周期脉冲程序

知识点六　PLC程序设计方法

知识索引

序号	知识库	页码	序号	知识库	页码
1	经典编程方法	50	5	顺序控制功能图绘制注意事项	53
2	顺序控制功能图设计思想	51	6	顺序控制功能图与梯形图的转换方法	53
3	顺序控制功能图绘制方法	51	7	SCL编程	54
4	顺序控制功能图基本结构	52	—		

（一）经典编程方法

相同的硬件系统和控制要求，由不同的人设计可能设计出不同的程序，有的人设计的程序简洁且可靠，有的人设计的程序虽然能够完成任务，但是比较复杂。PLC的程序设计是有规律可循的，经典的编程方法主要有两种：经验设计法和图解法。

1. 经验设计法

经验设计法就是在一些典型的梯形图程序基础上，根据控制的具体要求选择组合，并多次调试和修改梯形图，有时可能要增加一些中间的编程环节才能达到控制要求。这种方法一般没有什么规律可循，设计所花费的时间或设计的程序的质量如何，一般会跟设计人员的经验有很大关系。这个方法适合有一定工作经验的人，这些人有现成的资料，特别在产品更新换代时，使用这种方法比较节省时间。

2. 图解法

对于比较复杂的逻辑控制，用经验设计法就不合适了，适合用图解法。图解法编程就是靠画图进行PLC程序设计。常见的主要有时序流程图法、顺序功能图法和逻辑流程图法。

时序流程图法，首先画出控制系统的时序图（即到某一时间应该进行哪项控制的控制时序图），再根据时序关系画出对应的控制任务的程序框图，最后把程序框图写成PLC程序。时序流程图法很适合以时间为基准的控制系统的编程。

顺序功能图法，就是先根据系统的控制要求设计功能图，再根据功能图设计梯形图，梯形图可以采用基本指令编写，也可以采用顺控指令和功能指令编写。因此设计功能图是整个设计的关键，也是难点。

逻辑流程图法用逻辑框图表示PLC程序的执行过程，反映输入与输出的关系，形成系统的逻辑流程图。这种方法编制的PLC控制程序，逻辑思路清晰，输入与输出的因果关系及联锁条件明确。逻辑流程图会使整个程序脉络清晰，便于分析控制程序，便于查找故障点，便于调试程序和维修程序。有时对于一个复杂的程序，直接用梯形图或者SCL编程可能觉得难以下手，则可以先画出逻辑流程图，再为逻辑流程图的各个部分用梯形图或SCL

编制 PLC 应用程序。

（二）顺序控制功能图设计思想

采用经验编程法设计复杂系统的梯形图程序时，要用大量的中间元件来完成记忆、联锁、互锁等功能，由于需要考虑的因素很多，它们往往又交织在一起，分析起来非常困难，并且很容易遗漏一些问题。修改某一局部程序时，很可能会对系统其他部分程序产生意想不到的影响，往往花了很长时间，还得不到一个满意的结果。而且如果不对梯形图加注释的话，其可读性也较低。

生产现场常见的一类控制任务是顺序控制，即整个或主要的控制任务可分解为若干个工序，各工序间的联系清楚，转换条件直观，且各工序的任务明确而具体。对于这类控制任务，采用状态编程可以大大简化编程任务。状态编程也称为顺序控制编程，其基本思路为：将控制任务按照工艺要求分解为若干动作步，每个步执行一定的操作，步与步之间通过相应的转换条件进行相互切换与隔离。

顺序控制功能图的基本思想是：设计者按照生产要求，将被控设备的一个工作周期划分成若干个工作阶段（称为步），并明确表示每一步要执行的输出，步与步之间通过制定的条件进行转换，在程序中，只要正确完成步与步之间的转换，就可以完成被控设备的全部动作。

（三）顺序控制功能图绘制方法

顺序控制功能图的基本要素是步、转换条件和有向连线。图 6-1 所示为顺序控制功图示例。

1. 步

一个顺序控制过程可分为若干个状态，即步，始状态对应的步称为初始步，初始步一般用双线框表示。在每一步中施控系统要发出某些"命令"，而被控系统要完成某些"动作"。当系统处于某一工作步时，则该步处于激活状态，称为活动步。

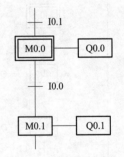

图 6-1 顺序控制功能图示例

2. 转换条件

使系统由当前步进入下一步的信号称为转换条件。当转换条件各不相同时，在功能图程序中每次只选择其中一种工作状态（称为选择分支），当转换条件都相同时，在功能图程序中每次可以选择多个工作状态（称为选择并行分支）。只有满足条件状态，才能进行逻辑处理与输出。因此，转换条件是功能图程序选择工作状态（步）的"开关"。

3. 有向连线

步与步之间的连接线称为有向连线，有向连线决定了状态的转换方向与转换途径。在有向连线上用短线表示转换条件，当条件满足时，转换得以实现，即上一步动作结束而下一步动作开始，不会出现动作重叠。例如图 6-1 中的双框为初始步，M0.0 和 M0.1 是步名，I0.0、I0.1 为转换条件，Q0.0、Q0.1 产生动作。当 M0.0 有效时，输出指令驱动 Q0.0。

（四）顺序控制功能图基本结构

1. 单一顺序

单一顺序是一个接一个地完成，完成每步只进行一个转移，每个转移只连接一个步，如图 6-2 所示，其功能图和梯形图是一一对应的。为了便于将功能图转换为梯形图，采用代表各步的编程元件的地址（比如 M0.2）作为步的代号，并通过编程元件的地址来标注转换条件和各步的动作，某步对应编程元件置 1 时则该步处于活动状态。

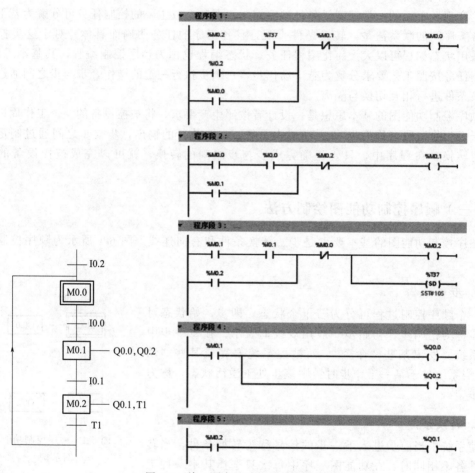

图 6-2 单一顺序的功能图和梯形图

2. 选择顺序

选择顺序是指某一步后有若干个单一顺序等待选择，允许选择进入其中的一个顺序，转换条件只能标在水平线之下。选择顺序的结束称为合并，用一条水平线表示，水平线以下不允许有转换条件，如图 6-3 所示。

3. 并行顺序

并行顺序是指在一个转换条件下同时启动若干个顺序，也就是说转换条件导致几个分支同时激活。并行顺序的开始和结束都用双水平线表示，如图 6-4 所示。

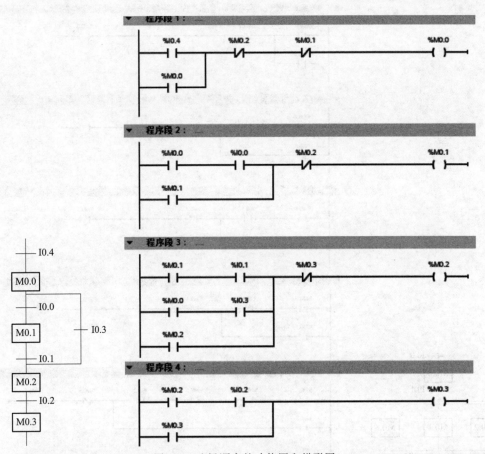

图 6-3 选择顺序的功能图和梯形图

4. 选择序列和并行序列的综合

对于复杂的控制要求，单一的选择顺序或者并行顺序是满足不了控制要求的，经常会出现上述结构的综合。

（五）顺序控制功能图绘制注意事项

（1）状态之间要有转换条件。
（2）转换条件之间不能有分支。
（3）功能图中的初始步对应于系统等待启动的初始状态，初始步是必不可少的。
（4）功能图中一般应有由步和有向连线组成的闭环。

（六）顺序控制功能图与梯形图的转换方法

1. 使用启保停电路的编程方式

这种方法在顺序控制功能图的基本结构中已经介绍过，不再赘述。

2. 使用置位复位指令的编程方式

使用置位复位指令的编程方式又称以转换为中心的编程方式。该方法一般利用辅助继电器 M 表示步，如本次任务中用 M0.0、M0.3 分别表示步 0 和步 3。状态转移方法为：通过 S 指令将转换的后续步置为活动步，再通过 R 指令将前级步复位为不活动步，保证每次只有

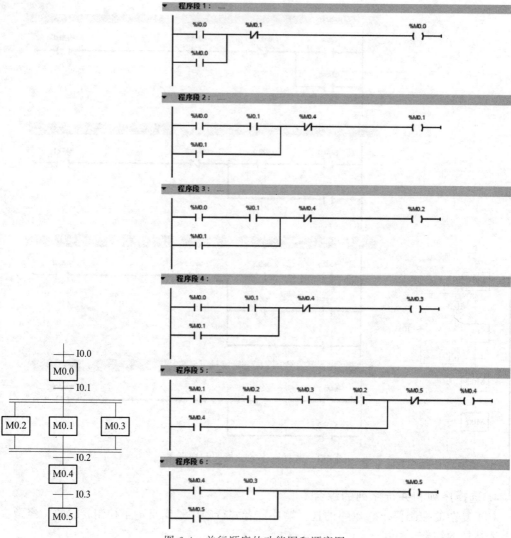

图 6-4 并行顺序的功能图和顺序图

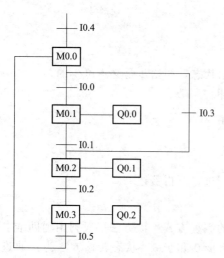

图 6-5 顺序控制功能图

一个活动步（单序列）。该方法顺序转换关系明确，易理解。顺序控制功能图如图 6-5 所示，其转换后的梯形图见图 6-6。

（七）SCL 编程

1. SCL 概念

SCL（Structured Control Language，结构化控制语言）是一种基于 PASCAL 的高级编程语言，这种语言基于标准 IEC1131-3，可对 PLC 进行程序标准化处理。

2. SCL 程序编辑器

（1）打开 SCL 编辑器

在博途项目视图中，单击"添加新块"，新建程

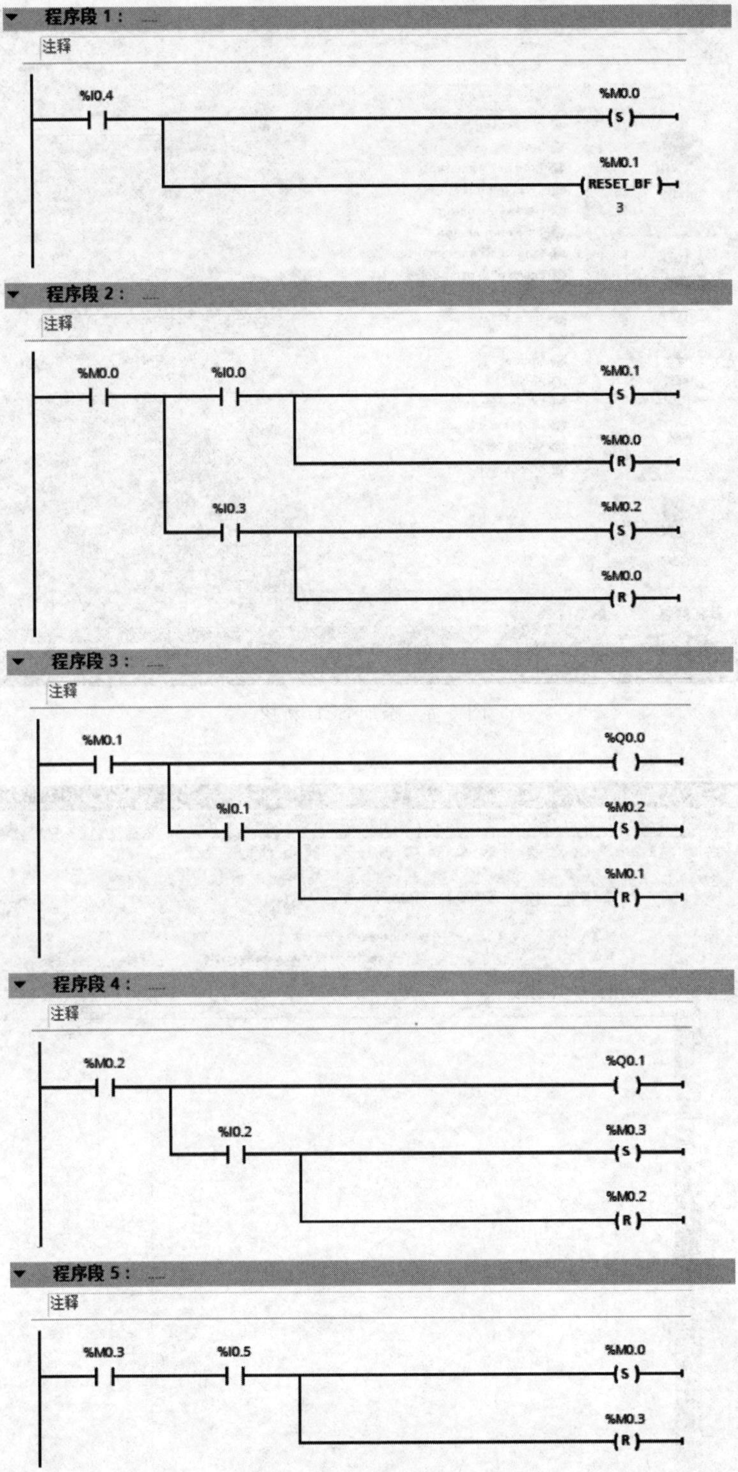

知识点六 PLC程序设计方法

▼ 程序段 1：...
  注释

  ```
  %I0.4              %M0.0
  ──┤ ├──────┬───────( S )──
             │       %M0.1
             └────(RESET_BF)
                       3
  ```

▼ 程序段 2：...
  注释

  ```
  %M0.0   %I0.0           %M0.1
  ──┤ ├───┤ ├──────┬──────( S )──
                   │      %M0.0
                   └──────( R )──
          %I0.3            %M0.2
          ──┤ ├─────┬──────( S )──
                    │      %M0.0
                    └──────( R )──
  ```

▼ 程序段 3：...
  注释

  ```
  %M0.1                    %Q0.0
  ──┤ ├─────────────────────( )──
          %I0.1            %M0.2
          ──┤ ├─────┬──────( S )──
                    │      %M0.1
                    └──────( R )──
  ```

▼ 程序段 4：...
  注释

  ```
  %M0.2                    %Q0.1
  ──┤ ├─────────────────────( )──
          %I0.2            %M0.3
          ──┤ ├─────┬──────( S )──
                    │      %M0.2
                    └──────( R )──
  ```

▼ 程序段 5：...
  注释

  ```
  %M0.3   %I0.5           %M0.0
  ──┤ ├───┤ ├──────┬──────( S )──
                   │      %M0.3
                   └──────( R )──
  ```

图 6-6 转换后的梯形图程序

序块，编程语言选为 SCL，单击"确定"按钮，如图 6-7 示，即可生成主程序 OB123，其编程语言为 SCL。在创建组织块、函数块和函数时，均可将其编程语言选定为 SCL。

在博途项目视图的项目树中，双击"Main_1"，弹出 SCL 编辑器视图，如图 6-8 所示。

知识库

图 6-7 添加 SCL 新块

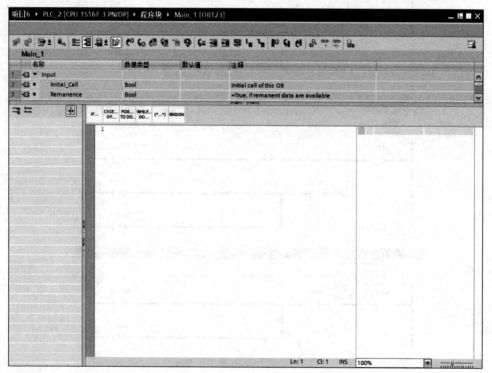

图 6-8 SCL 编辑器视图

(2) SCL 编辑器界面介绍

如图 6-9 所示,SCL 编辑器的界面分五个区域,各部分组成及含义见表 6-1。

知识点六 PLC程序设计方法

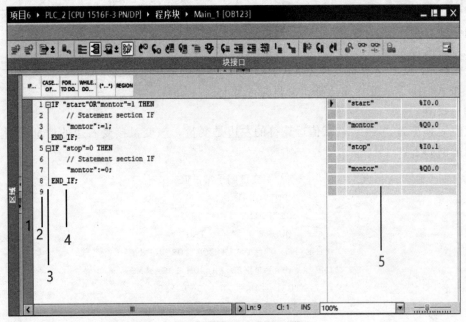

图 6-9 SCL 编辑器界面

表 6-1 各部分组成

对应序号	组成部分	含义
1	侧栏	在侧栏中可以设置书签和断点
2	行号	行号显示在程序代码的左侧
3	轮廓视图	轮廓视图中将突出显示相应的代码部分
4	代码区	可对 SCL 程序进行编辑
5	绝对操作数显示	列出了赋值给绝对地址的符号操作数

3. SCL 语言基础

(1) SCL 基本术语

字符集：字母 A～Z（a～z），阿拉伯数字 0～9，空格（ASCII 码 32），所有控制字符（ASCII 0～31），包括换行符以及有特殊含义的字符。

保留字：保留字也就是关键字，只能用于特殊用途，不区分大小写。

标识符：标识符包括常量、变量及块的名字。标识符对大小写不敏感，最多包含 24 个字母或数字，首字符必须是字母或下划线。在 SCL 中，有一些标识符是预定义的，称为标准标识符，包括块标识符、地址标识符、定时器标识符等。

数字：在 SCL 中，数字可以有一个可选符号、一个小数点和一个指数，但不能包含逗号和空格。

字符串：字符串即是在引号中的字符（即字母、数字和特殊字符）组成的串列。

注释部分：注释部分能扩展到多行，用"（＊"开始，用"＊）"结束。默认设置允许注释部分嵌套，可以改变设置，阻止注释部分的嵌套。注释不能放在符号名或常量的中间，但是可以放在字符串的中间。

行注释：行注释由"//"引出，直到行结束。行注释最多包含 254 个字符，包括引导符"//"。行注释不能放在符号名或常量的中间，但是可以放在字符串的中间。

> 知识库

变量：在程序执行期间能够改变其值的标识符叫做变量。每个变量在逻辑块或数据块中使用前必须分别声明，通过指定数据类型定义变量类型。

（2）运算符

大多数 S7-SCL 运算符实现二元操作，另一些为一元操作，二元操作运算符写在两地址之间（如 A＋B），一元操作运算符总是在地址前面（如-B）。

（3）赋值

赋值运算符为"：＝"，赋值运算符的左边是变量，该变量接受右边的地址或者表达式的值。举例如下：

```
                //给变量赋予常量值
        SWITCH_1    :=－17;
        SETPOINT_1:=100.1;
        QUERY_1     :=TRUE;
        TIME_1      :=T#1H_20M_10S_30MS;
        TIME_2      :=T#2D_1H_20M_10S_30MS;
        DATE_1      :=D#1996-01-10;
                //给变量赋予变量值
        SETPOINT_1:=SETPOINT_2;
        SWITCH_2    :=SWITCH_1;
                //给变量赋予表达式
        SWITCH_2    :=SWITCH_1 * 3;
        END_FUNCTION_BLOCK
```

（4）控制语句

控制语句分为三类：选择语句、循环语句和跳转语句。

选择语句分支类型如下：

分支类型	功能
IF 语句	根据条件是 TRUE 或 FALSE 来支配两个分支之一的程序运行。
CASE 语句	基于一个变量的值来支配 n 个分支之一的程序运行。

循环语句有三种循环类型：

循环类型	功能
FOR 语句	控制变量保持在指定值范围内时重复语句序列
WHILE 语句	当执行条件满足时重复语句序列
REPEAT 语句	重复语句序列直到终止条件成立

跳转语句有四种跳转类型：

跳转类型	功能
CONTINUE 语句	终止当前循环的执行
EXIT 语句	不管终止条件成立与否，都退出循环
GOTO 语句	程序立即跳转到指定标号
RETURN 语句	程序退出当前块

跳转语句示例如下：

IF I1.1 THEN
　　N　:=0;
　　SUM:=0;
　　OK　:=FALSE;//将 OK 标志设置为 FALSE
ELSIF START=TRUE THEN
　　N　:=N+1;
　　SUM:=SUM+N;
ELSE
　　OK　:=FALSE;
END_IF;

4. SCL 编程应用举例

用 SCL 语言编程一个主程序，实现一台电机的正反转控制。

（1）新建项目

在博途项目视图的项目树中，单击"添加新块"，新建组织块，把编程语言选为 SCL，单击"确定"按钮，如图 6-10 所示。

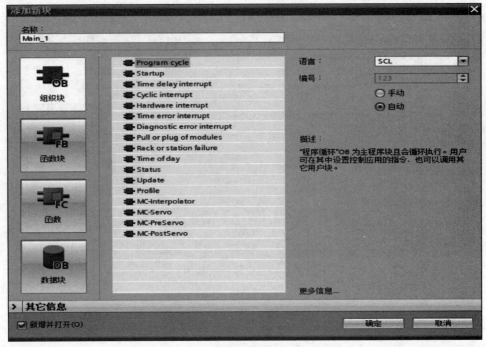

图 6-10　添加新块

（2）新建变量表

在博途项目视图的项目树中，双击"添加新变量表"，弹出变量表，添加变量，如图 6-11 所示。

（3）编写 SCL 程序

在博途项目视图的项目树中，双击程序块中的"Main_1"，弹出对应的 SCL 程序编辑器，输入程序，如图 6-12 所示。下载并运行此程序即可实现电机的正反转控制。

知识库

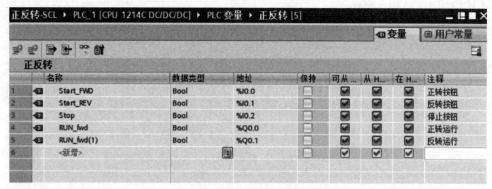

图 6-11　新建变量表

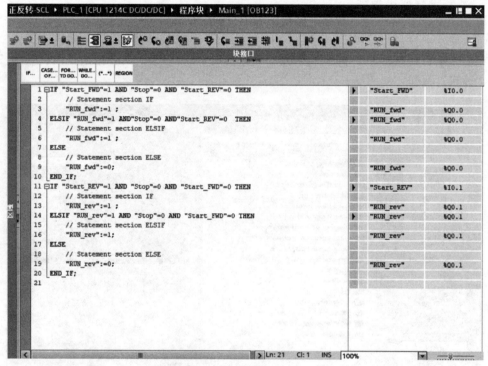

图 6-12　编写 SCL 程序

知识点七　S7-1200 PLC工艺功能及指令

知识索引

序号	知识库	页码	序号	知识库	页码
1	高速计数器概述	61	6	脉冲当量	69
2	高速计数器指令块	62	7	电机每转的脉冲数	69
3	高速计数器应用示例	62	8	电机每转的负载位移	69
4	运动控制	66	9	PID控制器	69
5	运动控制指令	66	—		

（一）高速计数器概述

S7-1200 PLC提供了多个高速计数器以响应快速脉冲信号。高速计数器的计数速度比PLC的扫描速度要快得多，不受扫描时间的限制，可测量的单相脉冲频率最高为100kHz，双相脉冲频率最高为30kHz。高速计数器可连接增量型旋转编码器，测量转速和位移。

1. 高速计数器工作模式

高速计数器有五种工作模式：①单相计数，外部方向控制；②单相计数，内部方向控制；③双相计数，两路时钟脉冲输入；④A/B相正交计数；⑤监控PTO输出。高速计数器有两种工作状态：①外部复位，无启动输入；②内部复位，无启动输入。在A/B相正交模式下可选择1X（1倍）和4X（4倍）模式。高速计数功能所能支持的输入电压为24V DC，目前不支持5V DC的脉冲输入。

当某个输入点已定义为高速计数器的输入点时，就不能再应用于其他功能。监控PTO输出模式只有HSC1和HSC2支持，使用此模式时不需要外部接线，CPU在内部已做了硬件连接。

2. 高速计数器寻址

CPU将每个高速计数器的值存储在输入映像区内，数据类型为32位双整型有符号数，用户可以在设备组态中修改其存储地址，在程序中可直接访问这些地址。高速计数器中的实际值可能会在一个扫描周期内变化，用户可通过读取外设地址的方式读取到当前时刻的实际值。以ID1000为例，其外设地址为ID1000：P，高速计数器寻址如下：

高速计数器号	数据类型	默认地址
HSC1	DINT	ID1000
HSC2	DINT	ID1004
HSC3	DINT	ID1008
HSC4	DINT	ID1012
HSC5	DINT	ID1016
HSC6	DINT	ID1020

（二）高速计数器指令块

高速计数器指令块需要使用指定背景数据块用于存储参数。图 7-1 所示为高速计数器指令块。

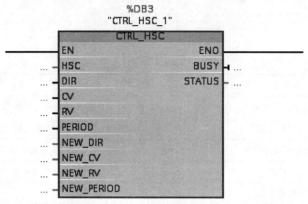

图 7-1　高速计数器指令块

高速计数器指令块参数说明如下：

参数	参数说明
HSC(HW_HSC)	高速计数器硬件标识符
DIR(BOOL)	请求新方向
CV(BOOL)	请求设置新的计数器值
RV(BOOL)	请求设置新的参考值
PERIODE(BOOL)	请求设置新的频率测量周期(仅限频率测量模式)
NEW_DIR(INT)	方向选择：1—正向，0—反向
NEW_CV(DINT)	新计数器值
NEW_RV(DINT)	新参考值
NEW_PERIODE(INT)	以秒为单位的新频率测量周期(仅限频率测量模式)
BUSY	处理状态
STATUS	运行状态

（三）高速计数器应用示例

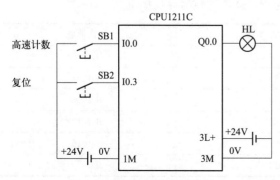

图 7-2　高速计数器应用举例

S7-1200 PLC 的高速计数器基本上不需要编写程序，只要进行硬件组态即可。例如用高速计数器 HSC1 计数，当计数值达到 500～1000 时报警，报警灯 Q0.0 亮，如图 7-2 所示，高速计数器输入端子处用一个按钮代替。

1. 首先建立硬件组态

打开 TIA 博途软件，新建项目 HSC1，添加 CPU 1211C，如图 7-3 所示，再添加硬件中断程序块 OB40。

知识点七 S7-1200 PLC工艺功能及指令

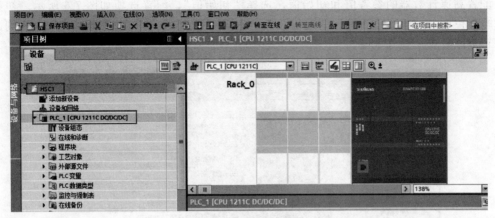

图 7-3 新建项目，添加 CPU

在设备视图中选择"属性"→"常规"→"高速计数器（HSC）"，勾选"启用该高速计数器"选项，如图 7-4 所示。

图 7-4 启用高速计数器

配置高速计数器的功能，如图 7-5 所示。

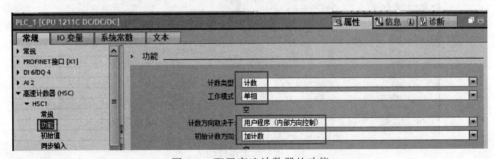

图 7-5 配置高速计数器的功能

计数类型分为计数、时间段、频率和运动控制四个选项；工作模式分为单相、两相、A/B 相和 A/B 相四倍分频；计数方向与工作模式相关，当选择单相计数模式时，计数方向取决于内部程序控制和外部物理输入点控制，当选择 A/B 相或两相模式时，没有此选项；初始计数方向分为加计数和减计数。

> 知识库

配置高速计数器的参考值和初始值,选择"初始值",配置选项如图 7-6 所示。初始值是指当复位后,计数器重新计数的起始数值,本例为 0。初始参考值是指当计数值达到此值时,可以激发一个硬件中断。

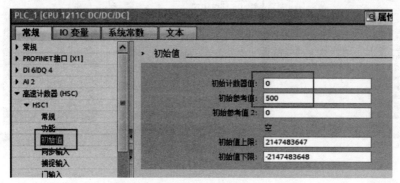

图 7-6 配置高速计数器的参考值和初始值

选择"常规"→"事件组态",选择硬件中断事件的"Hardware interrupt"选项,如图 7-7 所示。

图 7-7 事件配置

选择"硬件输入",配置选项如图 7-8 所示,硬件输入地址可不更改。

图 7-8 配置硬件输入

配置 I/O 地址,配置选项如图 7-9 所示,I/O 地址可不更改。本例占用 1000~1003 共 4 个字节,实际就是 ID1000。

2. 修改输入滤波时间

在设备视图中,选择"属性"→"常规"→"DI6/DO4"→"数字量输入"→"通道

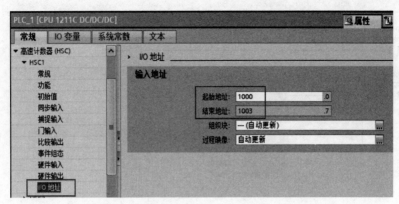

图 7-9　配置 I/O 地址

0"，如图 7-10 所示，将输入滤波时间设置为 3.2μs。要注意在此处的上升沿和下降沿不能启用。

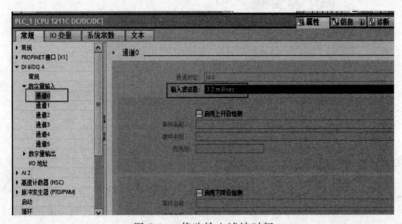

图 7-10　修改输入滤波时间

3. 查看硬件标识符

在设备视图中，选中"属性"→"系统常数"，如图 7-11 所示，找到 HSC_1 的硬件标识符，标识符号（257）在编写程序时要用到。

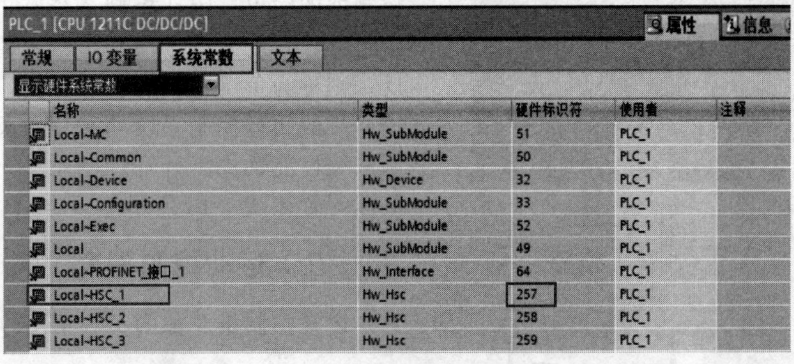

图 7-11　查看硬件标识符

编写程序如图 7-12 所示。

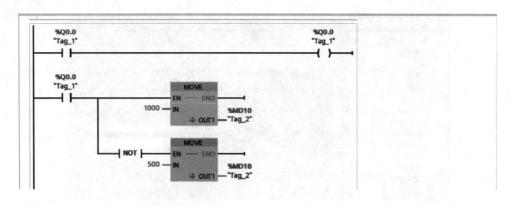

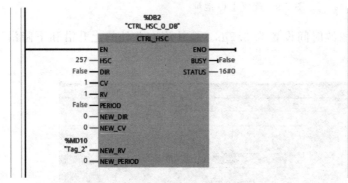

图 7-12　程序

（四）运动控制

S7-1200 PLC 运动控制原理是：CPU 输出脉冲信号给驱动设备，驱动设备再将 CPU 的输出信号处理后传输给步进电机或伺服电机。在运动控制中，通过将轴的组态（包括硬件接口、位置定义、动态性能和机械特性等）与相关的指令块组合使用，实现绝对位置、相对位置、点动、转速控制、速度控制以及自动寻找参考点等功能。运动控制系统一般包括开环控制系统和闭环控制系统。开环控制系统的特点是被控对象的输出对控制器的输出没有影响，闭环控制系统的特点是被控对象的输出会影响控制器的输出。闭环控制系统有正反馈和负反馈之分，若反馈信号与系统给定值信号极性相反，则称为负反馈，若极性相同，则称为正反馈。一般闭环控制系统均采用负反馈。闭环控制系统性能远优于开环控制系统。运动控制的基本配置如图 7-13 所示。

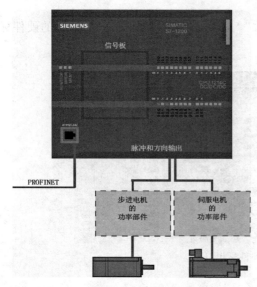

图 7-13　运动控制基本配置

（五）运动控制指令

运动控制指令如图 7-14 所示。

1. MC_Power 指令

MC_Power 指令用于启动或禁用轴，主要参数说明如下：

知识点七 S7-1200 PLC工艺功能及指令

LAD	参数	参数的含义
MC_Power EN ENO <???>—Axis Status—false false—Enable Busy—false 1—StartMode Error—false 0—StopMode ErrorID—16#0 ErrorInfo—16#0	EN	使能
	Axis	已配置好的工艺对象名称
	Enable	为1时,轴启动;为0时,轴停止
	StopMode	模式0:按照配置好的急停曲线停止; 模式1:立即停止,输出脉冲立即封死; 模式2:带有加速度变化率控制的紧急停止
	ErrorID	错误ID码
	ErrorInfo	错误信息

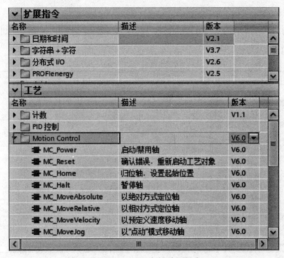

图7-14 运动控制指令

2. MC_Reset 指令

此指令用于错误确认后复位,例如轴硬件超程,处理完成后必须复位才行。主要参数如下:

LAD	参数	参数的含义
MC_Reset EN ENO <???>—Axis Done—false false—Execute Busy—false false—Restart Error—false ErrorID—16#0 ErrorInfo—16#0	EN	使能
	Axis	已配置好的工艺对象名称
	Execute	上升沿使能
	Busy	是否忙
	ErrorID	错误ID码
	ErrorInfo	错误信息

3. MC_Home 指令

此指令为回参考点指令。主要参数如下:

LAD	参数	参数的含义
MC_Home 块（EN, Axis, Execute, Position, Mode 输入；ENO, Done, Busy, CommandAborted, Error, ErrorID, ErrorInfo, ReferenceMarkPosition 输出）	EN	使能
	Axis	已配置好的工艺对象名称
	Execute	上升沿使能
	Busy	是否忙
	Position	参考输入点的位置
	Mode	回零方式
	Done	任务完成

4. MC_Halt 指令

MC_Halt 指令用于停止轴的运动。当上升沿使能信号到达时，轴会按照组态好的减速曲线停车。主要参数如下：

LAD	参数	参数的含义
MC_Halt 块	EN	使能
	Axis	已配置好的工艺对象名称
	Execute	上升沿使能
	Busy	是否在执行任务
	Done	速度达到零
	CommandAborted	任务在执行期间被另一个任务中止

5. MC_MoveRelative 指令

MC_MoveRelative 指令不需要建立参考点，只需定义距离、速度和方向即可。当上升沿使能信号到达时，轴按照设定的速度和距离运行，其方向由距离中的正负号决定。主要参数如下：

LAD	参数	参数的含义
MC_MoveRelative 块	EN	使能
	Axis	已配置好的工艺对象名称
	Execute	上升沿使能
	Distance	运行距离（正或负）
	Velocity	定义的速度
	Busy	是否在执行任务
	Done	已到达目标位置
	CommandAborted	任务在执行期间被另一个任务中止

6. MC_MoveAbsolute 指令

MC_MoveAbsolute 指令需要建立参考点，通过定义距离、速度和方向对轴进行定位。当上升沿使能信号到达时，轴按照设定的速度和绝对位置运行。主要参数如下：

LAD	参数	参数的含义
（MC_MoveAbsolute 指令框图）	EN	使能
	Axis	已配置好的工艺对象名称
	Execute	上升沿使能
	Position	绝对目标位置
	Velocity	定义的速度
	Busy	是否在执行任务
	Done	已经到达目标位置
	CommandAborted	任务在执行期间被另一个任务中止

（六）脉冲当量

脉冲当量是控制器输出一个定位控制脉冲所产生的定位控制的位移量，对直线运动来说是指移动的距离，对圆周运动来说是指转动的角度。

（七）电机每转的脉冲数

电机每转的脉冲数即电机主轴转一圈所需要的脉冲数，此参数取决于伺服电动机自带编码器的参数。每输入一个脉冲信号，电机转子就转动一个角度，电机输出的角位移与输入的脉冲数成正比，转速与脉冲频率成正比。

（八）电机每转的负载位移

电机每转的负载位移即电机主轴转一圈时负载产生的位移。此参数取决于机械结构，如伺服电动机与丝杠直接相连，则此参数就是丝杠的螺距。

（九）PID 控制器

在过程控制中，按偏差的比例（P）、积分（I）和微分（D）进行控制的 PID 控制器（也称 PID 调节器）是应用广泛的一种自动控制器，它具有原理简单、适用面广、控制参数相互独立、参数选定简单、调整方便等优点。

PID 控制器根据系统的误差，利用比例、积分、微分计算出控制量。当不能通过有效的测量手段来获得系统参数时，可采用 PID 控制技术。

1. 比例（P）控制

比例控制是一种简单、常用的控制方式，比例控制器能成比例地响应输入的变化量。但仅有比例控制时，系统输出存在稳态误差。

2. 积分（I）控制

在积分控制中，控制器的输出量是输入量对时间的积分，随着时间的增加，积分项会增大，控制器的输出增大，使稳态误差不断减小，直到等于零。

3. 微分（D）控制

微分控制的作用是使控制器的输出与输入偏差的变化速度成比例关系；微分控制的优点是能根据偏差变化的趋势（速度）提前给出较大的调节作用，从而加快系统的动作速度，减少调节时间，因而具有超前控制作用。微分控制一般不单独使用。

4. PID控制器的参数整定

PID控制器的参数整定是控制系统设计的核心内容，它是根据被控过程的特性，确定PID控制器的比例系数、积分时间和微分时间。PID控制器参数整定的方法主要两种：一种是理论计算整定法，它主要依据系统的数学模型，通过理论计算确定控制器参数，然后根据工程实际进行调整和修改；另一种是工程整定法，它主要依赖于工程经验，直接在控制系统的试验中进行，方法简单、易于掌握，在工程实际中被广泛采用。

PID控制器参数的工程整定法主要包括临界比例法、反应曲线法和衰减法。这三种方法各有其特点，其共同点都是结合试验，按照工程经验公式对控制器参数进行整定，然后在实际运行中进行最后的调整与完善。现在多采用临界比例法，首先预选择一个足够短的采样周期让系统工作，然后仅加入比例控制环节，直到系统的阶跃响应出现临界振荡，记下这时的比例放大系数和临界振荡周期，在一定的控制度下通过公式计算得到PID控制器的参数。

5. PID控制器的主要优点

PID控制器具有以下优点：

➢ PID控制器的配置得当，可使动态过程快速、平稳、准确地得到最优控制，收到良好的效果。其中比例控制准确、迅速，微分控制加快系统的过渡过程，积分控制改善系统的静态特性。

➢ PID控制器的适应性好，有较强的鲁棒性，在大多数工业应用场合都可在不同程度上得到应用，特别适用于"一阶惯性环节＋纯滞后"和"二阶惯性环节＋纯滞后"的过程控制对象。

➢ PID算法简单明了，各个控制参数相对独立，参数的选定较为简单，具有成熟的设计和参数调整方法，很容易被工程技术人员掌握。

6. PID指令

S7-1200 PLC内置了三种PID指令，分别是PID_3Step、PID_Temp和PID_Compact。

使用PID_3Step指令可对具有阀门自调节功能的PID控制器或对具有积分功能的执行器进行组态。PID_Temp指令可对温度过程进行集成调节。PID_Compact指令能够对比例作用和微分作用进行加权，具有抗积分饱和功能。PID_Compact指令的主要参数如下：

知识点七　S7-1200 PLC工艺功能及指令

LAD	参数	参数的含义
PID_Compact 功能块示意图	Setpoint	自动模式下的设定值
	Input	实数类型变量输入
	Input_PER	模拟量输入
	ManualEnable	启用手动模式
	ManualValue	手动模式下的输出
	Reset	重新启动控制器
	ScaledInput	过程值标定
	Output	实数类型输出
	Output_PER	模拟量输出
	Output_PWM	PWM 输出
	SetpointLimit_H	设定值高于上限
	SetpointLimit_L	设定值低于下限
	InputWarning_H	过程值高于报警上限
	InputWarning_L	过程值低于报警下限
	State	控制器状态

知识点八 S7-1200 PLC通信方法

知识索引

序号	知识库	页码	序号	知识库	页码
1	通信的基本概念	72	4	PROFINET 通信	78
2	Modbus TCP 通信	74	5	故障诊断	79
3	Modbus RTU 通信	76		—	

（一）通信的基本概念

1. 串行通信与并行通信

串行通信如图 8-1 所示，串行通信的特点是通信控制复杂，所用电缆少，成本低。并行通信就是将一个 8 位（或 16 位、32 位）数据的每一个二进制位采用单独的导线进行传输，一个数据的各二进制位可以在同一时间内同步传送，如图 8-2 所示。并行通信的特点是一次传输多位数据，其所用电缆多，长距离传送时成本高。

图 8-1 串行通信

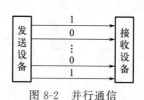

图 8-2 并行通信

2. 异步通信与同步通信

异步通信在发送字符时，要先发送起始位，然后是字符本身，最后是停止位，还可以加入奇偶校验位。异步通信方式具有硬件简单、成本低的特点，传输速率一般低于 18.2Kbit/s。

同步通信方式在传递数据的同时，也传输时钟同步信号，并始终按照给定的时刻采集数据。其传输数据的效率高，硬件复杂，成本高。

3. 单工、全双工与半双工通信

① 单工通信：指数据只能实现单向传送的通信方式，一般用于数据的输出，不可以进行数据交换，如图 8-3 所示。

② 全双工通信：指数据可以进行双向传送的通信方式，同一时刻既能发送数据，也能接收数据，如图 8-4 所示。通常需要两对双绞线连接，通信线路成本高。

图 8-3 单工通信

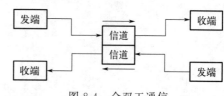

图 8-4 全双工通信

③ 半双工通信：数据可以进行双向传送，但同一时刻只能发送数据或者接收数据，如图 8-5 所示。通常需要一对双绞线连接。与全双工通信相比，通信线路成本低。

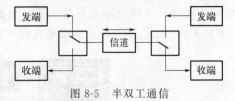

图 8-5 半双工通信

4. PLC 网络术语

站（Station）：PLC 网络系统中，每台 PLC 是一个站。

主站（Master Station）：主站即 PLC 网络系统中进行数据连接的系统控制站，主站上设置了控制整个网络的参数，通常每个网络系统只有一个主站。

从站（Slave Station）：PLC 网络系统中，除主站外，其他的站称为从站。

网关（Gateway）：网关用以实现两个高层协议不同的网络的互联。应用实例如图 8-6 所示，CPU 1511-1 PN 通过工业以太网把信息传送到 IE/PB LINK 模块，再传送到 PROFIBUS 网络上的 IM 155-5 DP ST 模块，IE/PB LINK 模块用于不同协议网络的互联，它实际上就是网关。

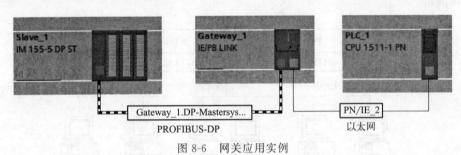

图 8-6 网关应用实例

中继器（Repeater）：中继器用于实现网络信号放大、调整，能有效延长信号传输距离。应用实例如图 8-7 所示。

图 8-7 中继器应用实例

路由器（Router）：路由器是互联网的主要节点设备。如图 8-8 所示，如果要把程序从 CPU1211C 下载到 CPU313C-2DP 中，必然要经过 CPU1516-3PN/DP 这个节点，用到 CPU1516-3PN/DP 的路由功能。

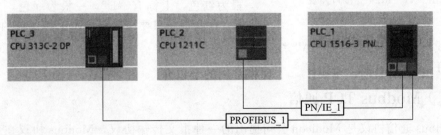

图 8-8 路由器应用实例

交换机（Switch）：交换机是一种基于 MAC 地址识别，完成数据包封装和转发的网络设备。交换机把 MAC 地址存放在内部地址表中，在数据帧的始发者和目标接收者之间建立临时交换路径，使数据帧直接由源地址到达目的地址。交换机应用实例如图 8-9 所示，HMI（触摸屏）、PLC 和个人计算机通过路由器连接在工业以太网的一个网段中。

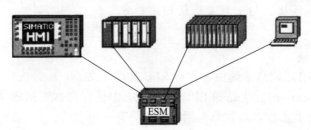

图 8-9　交换机应用实例

网桥（Bridge）：也叫桥接器，是连接两个局域网的一种存储/转发设备，它能将一个大的 LAN 分割为多个网段，或将两个以上的 LAN 连接为一个逻辑 LAN，使 LAN 上的所有用户都可访问服务器。网桥的应用实例如图 8-10 所示。西门子 PLC 的 DP/PA Coupler 模块就是一种网桥。

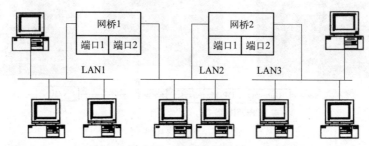

图 8-10　网桥应用实例

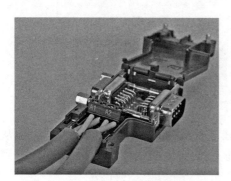

图 8-11　RS-485 接口外观

RS-485 接口：RS-485 接口是在 RS-422 基础上发展起来的一种 EIA 标准串行接口，采用平衡差分驱动方式。RS-485 接口如图 8-11 所示。西门子 PLC 的 PPI 通信、MPI 通信和 PROFIBUS-DP 现场总线通信的物理层都是 RS-485，而且采用的都是相同的通信线缆和网络接口。图 8-12 所示为其网络接口的终端电阻设置图，要将终端电阻设置在"on"或者"off"位置，只要拨动网络接头上的拨钮即可。西门子的专用 PROFIBUS 电缆中有两根线，见图 8-13。一根为红色，上标有"B"，一根为绿色，上面标有"A"，这两根线只要与网络接头上相对应的"A"和

"B"接线端子相连即可（如"A"线与"A"接线端相连）。网络接头直接插在 PLC 的通信口上即可。

（二）Modbus TCP 通信

Modbus 通信协议是 Modicon 公司提出的一种报文传输协议，Modbus 协议在工业控制中得到了广泛的应用，它已经成为一种通用的工业标准，许多工控产品都有 Modbus 通信功能。根据传输网络类型的不同，Modbus 通信协议分为串行链路上的 Modbus 协议和基于 TCP/IP 的 Modbus TCP 协议。Modbus TCP 是用于管理和控制自动化设备的 Modbus 系列

图 8-12 网络接口的终端电阻设置图

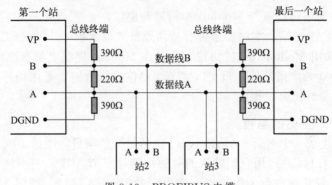

图 8-13 PROFIBUS 电缆

通信协议的派生产品,它为 PLC、I/O 模块以及网关等提供服务。

1. Modbus TCP 通信的以太网参考模型

Modbus TCP 的以太网参考模型具有五层:

- 第一层:物理层,提供设备物理接口,与网络适配器相兼容。
- 第二层:数据链路层,格式化信号数据帧。
- 第三层:网络层,实现带有 32 位 IP 地址的 IP 报文包。
- 第四层:传输层,实现可靠传输、端口服务和传输调度。
- 第五层:应用层,Modbus 协议报文。

2. Modbus TCP 数据帧

Modbus TCP 数据帧在 TCP/IP 以太网上传输,支持 Ethernet II 和 802.3 两种帧格式,数据帧包含报文头、功能代码和数据三部分,报文头分 4 个域,共 7 个字节。

3. Modbus TCP 使用的通信资源端口号

Modbus TCP 服务器按缺省协议使用 Port 502 通信端口,客户机程序中设置任意通信端口,为避免与其他通信协议冲突,一般建议端口号从 2000 开始。

4. Modbus TCP 使用的功能代码

按照用途区分,功能代码共有三种类型:

(1) 公共功能代码,已定义好功能码,保证其唯一性。

(2) 用户自定义功能代码,有两组,分别为 65～72 和 100～110,无须认可,但不保证代码使用的唯一性,如变为公共代码,需交 RFC 认可。

(3) 保留功能代码,由某些公司使用某些传统设备代码,不可作为公共用途。

按照应用深浅,可分为三个类别:

(1) 类别 0,客户机/服务器最小可用子集:读多个保持寄存器 (fc.3);写多个保持寄

> 知识库

存器（fc.16）。

（2）类别1，可实现基本交互操作：读线圈（fc.1）；读开关量输入（fc.2）；读输入寄存器（fc.4）；写线圈（fc.5）；写单一寄存器（fc.6）。

（3）类别2，用于人机界面、监控系统例行操作和数据传送：强制多个线圈（fc.15）；读通用寄存器（fc.20）；写通用寄存器（fc.21）；屏蔽写寄存器（fc.22）；读写寄存器（fc.23）。

（三）Modbus RTU 通信

Modbus RTU 通信协议属于 Modbus 串行链路协议，是一个主-从协议，采用请求-响应方式，总线上只有一个主站，主站发送带有从站地址的请求帧，从站接收到后发送响应帧进行应答。S7-1200采用Modbus RTU协议，主站在Modbus网络上没有地址，从站的地址范围为0～247，其中0为广播地址。报文以字节为单位进行传输，采用循环冗余校验（CRC）进行错误检查，报文最长为256B。

1. Modbus RTU 主站的编程

在博图软件中生成一个名为"Modbus RTU 通信"的项目，主站 PLC_1 和从站 PLC_2 的 CPU 均为 CPU 1214C，启用它们默认的时钟存储器字节 MB0。打开主站 PLC_1 的设备视图，将 CM 1241 模块拖放到 101 号槽，选中它的 RS-485 接口，按图 8-14 设置通信端口的参数。

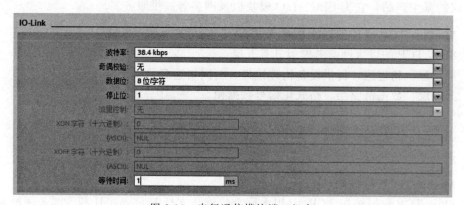

图 8-14 串行通信模块端口组态

在 OB100 中对每个通信模块调用一次 Modbus_Comm_Load 指令，来组态它的通信端口。参数 REQ 为请求信号，PORT 是通信端口的硬件标识符，BAUD（波特率）为 38400bps，PARITY（奇偶校验位）为 0，不使用奇偶校验。响应超时时间 RESP_TO 为 1000ms，MB_DB 的实参是函数块 Modbus_Master 的背景数据块中的静态变量，DONE 为 1 表示指令执行完且没有出错。ERROR 为 1 表示检测到错误，参数 STATUS 是错误代码，见图 8-15。

分别生成 DB1 和 DB2，在它们中间生成有 10 个字元素的数组。在 OB100 中给要发送的 DB1 中的 10 个字赋初值 16#

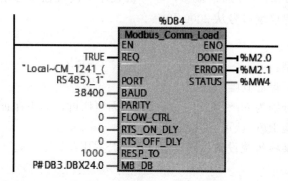

图 8-15 主站 OB100 中的程序

1111，将 DB2 中的 10 个字清零，在 OB1 中把要发送的第一个字加 1。调用 Modbus_Master 指令，该指令用于 Modbus 主站与指定的从站的通信。主站可以访问一个或多个从站，在 OB1 中两次调用该指令，读取 1 号从站中从 40001 地址开始的 10 个字的数据，保存到主站的 DB2 中；将主站 DB1 中的 10 个字的数据写入从站的从 40011 地址开始的 10 个字中。同一个 Modbus 端口的所有 Modbus_Master 指令必须使用同一个 Modbus_Master 背景数据块，见图 8-16。

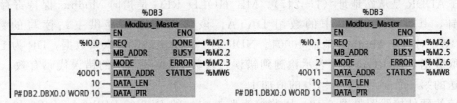

图 8-16　OB1 中的 Modbus_Master 指令

在输入参数 REQ 的上升沿，请求向 Modbus 从站发送数据。MB_ADDR 是从站地址（0～247）。MODE 用于选择 Modbus 功能的类型，DATA_ADDR 是要访问的从站中数据的 Modbus 起始地址。Modbus_Master 指令根据这两个参数确定 Modbus 报文中的功能代码。

Modbus 模式与功能如下：

模式	Modbus 功能	操作	数据长度 （DATA_LEN）	Modbus 地址 （DATA_ADDR）
0	01H	读取输出位	1～2000 或 1～1992 个位	1～09999
0	02H	读取输入位	1～2000 或 1～1992 个位	10001～19999
0	03H	读取保持寄存器	1～125 或 1～124 个字	40001～49999 或 400001～465535
0	04H	读取输入字	1～125 或 1～124 个字	30001～39999
1	05H	写入一个输出位	1（单个位）	1～09999
1	06H	写入一个保持寄存器	1（单个位）	40001～49999 或 400001～465535
1	15H	写入多个输出位	2～1968 或 1960 个位	1～09999
1	16H	写入多个保持寄存器	2～123 或 1～122 个字	40001～49999 或 400001～465535
2	15H	写一个或多个输出位	1～1968 或 1960 个位	1～09999
2	16H	写一个或多个保持寄存器	1～123 或 1～122 个字	40001～49999 或 400001～465535
11		读取从站通信状态字和事件计数器，状态字为 0 表示指令未执行，为 0xFFFF 表示正在执行。每次成功传送一条消息时，事件计数器的值加 1。该功能忽略"Modbus_Master"指令的 DATA_ADDR 和 DATA_LEN 参数		
80		通过数据诊断代码 0x0000 检查从站状态		
81		通过数据诊断代码 0x000A 复位从站的事件计数器		

DATA_LEN 是要访问的数据长度（位数或字数）。DATA_PTR 指针指向 CPU 的数据块或位存储器地址，从该位置读取数据或向它写入数据。DONE 为 1 表示指令已完成对 Modbus 从站的操作，BUSY 为 1 表示正在处理任务。ERROR 为 1 表示检测到错误，参数 STATUS 提供的错误代码有效。

2. Modbus RTU 从站的编程与实验

打开从站 PLC_2 的设备视图，将 RS-485 模块拖放到 CPU 左边的 101 号槽。在 OB100 中调用 Modbus_Comm_Load 指令来组态串行通信端口的参数。其输入参数 PORT 的值为

267，参数 MB_DB 的实参为"Modbus_Slave_DB"。不要激活"仅符号地址"属性。然后生成有 20 个字元素的数组 DATA，在 OB100 中给要发送的前 10 个元素赋初值 16♯2222，将用于接收数据的后 10 个元素清零。

在 OB1 中调用 Modbus_Slave 指令，它用于 Modbus 主站发出请求。开机时执行 OB100 中的 Modbus_Comm_Load 指令初始化通信端口。从站接收到 Modbus RTU 主站发送的请求时，通过执行 Modbus_Slave 指令来响应。Modbus_Slave 指令见图 8-17。

MB_ADDR 是从站地址（1～247）。MB_HOLD_REG 是指向 Modbus 保持寄存器数据块的指针，其实参为 DB1 中的数组 DATA，该数组用来保存供主站读写的数据值。DB1.DBW0 对应于 Modbus 地址 40001。NDR 为 1 表示主站已写入新数据，DR 为 1 表示主站已读取数据，ERROR 为 1 表示检测到错误，参数 STATUS 中的错误代码有效。在 OB1 中将发送的第一个字 DATA [1] 的值加 1。

通信的硬件接线图见图 8-18。用监控表监控主站的 DB2 的 DBW0、DBW2 和 DBW18，以及从站的 DB1 的 DBW20、DBW22 和 DBW38。

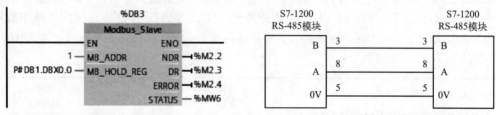

图 8-17　Modbus_Slave 指令　　　　图 8-18　通信的硬件接线图

用外接的小开关产生请求信号 I0.0，启动主站读取从站的数据。用主站的监控表观察 DB2 中主站的 DBW2 和 DBW18 读取到的数值是否与从站在 OB100 中预置的值相同。多次发出请求信号，观察 DB2.DBW0 的值是否增大。用外接的小开关产生请求信号 I0.1，启动主站改写从站的数据。用从站的监控表观察 DB1 中改写的结果。多次发出请求信号，观察 DBW20 的值是否增大。

（四）PROFINET 通信

PROFINET 是开放的工业以太网现场总线标准。通过 PROFINET 输入输出接口，现场设备可以直接连接到以太网。通过代理服务器，PROFINET 可以透明地集成现有的 PROFIBUS 设备。PROFINET 通过简单组态就能实现 IO 控制器和 IO 设备之间的周期性通信。S7-1200 PLC 最多可以带 16 个 IO 设备，最多 256 个子模块。

新建一个项目，用 1200 作 IO 控制器，打开网络视图，将 ET 200S PN 的接口模块 IM151-3 PN 拖拽到网络视图，生成 IO 设备 ET 200S PN。将电源模块、DI、2DQ 和 2AQ 模块插入 1～4 号槽。采用默认的 IP 地址，设备编号为 1。IO 控制器通过设备名称对 IO 设备寻址。选中 IM151-3 PN 的以太网接口，再选中巡视窗口中的"以太网地址"，设置 IO 设备的名称为 et 200s pn 1。右键单击网络视图中 CPU 的 PN 接口，执行菜单命令"添加 IO 系统"。单击 ET 200S PN 上蓝色的"未分配"，将它分配给该 IO 控制器。在 ET 200S PN 的设备视图中打开它的设备概览，可以看到分配给它的信号模块的 I、Q 地址，通过这些地址直接读写 ET 200S 的模块。

用同样的方法生成第二台 IO 设备 ET 200S PN，将它分配给 IO 控制器 CPU 1215C。插入电源模块和信号模块。采用默认的 IP 地址，设备编号为 2，设备名称改为 et 200s pn 2。

如果 IO 设备中的设备名称与组态的设备名称不一致，连接 IO 控制器和 IO 设备后，它们的故障 LED 亮。

右键单击网络视图中的 1 号设备，执行快捷菜单命令"分配设备名称"。单击"更新列表"按钮，"网络中的可访问节点"列表中出现网络上的两台 ET 200S PN 原有的设备名称。在"PROFINET 设备名称"选择框中选中组态的 1 号设备名称，选中 IP 地址为 192.168.0.2 的可访问节点，单击"分配名称"按钮，组态的设备名称被分配和下载给 1 号设备。分配好后，IO 设备和 IO 控制器上的 ERROR LED 熄灭。

为了验证通信是否正常，在 OB1 中编写简单的程序，观察是否能用 IO 设备的输入点控制它的输出点。

新建一个项目，以 PLC_1（CPU 1511-1 PN）为 IO 控制器，CPU 1215C 为智能 IO 设备。右键单击网络视图中 CPU 1511-1 PN 的 PN 接口，执行快捷菜单命令"添加 IO 系统"，生成 PROFINET IO 系统。选中网络视图中 PLC_2 的 PN 接口，再选中巡视窗口中的"属性"＞"常规"＞"操作模式"，勾选复选框"IO 设备"，以 CPU 1215C 做智能 IO 设备。通过"已分配的 IO 控制器"选择框将 IO 设备分配给 IO 控制器 PLC_1 的 PN 接口。

IO 设备的传输区（I、Q 地址区）是 IO 控制器与智能 IO 设备的通信接口。IO 控制器与智能 IO 设备之间通过传输区周期性地进行数据交换。通信双方用组态的 Q 区发送数据，用组态的 I 区接收数据。选中网络视图中 PLC_2 的 PN 接口，然后选中巡视窗口中的"属性"＞"常规"＞"操作模式"＞"智能设备通信"，双击右边窗口"传输区"列表中的"新增"，在第一行生成传输区_1。

选中左边窗口中的传输区_1，在右边窗口定义 IO 控制器发送数据和智能设备接收数据的 I、Q 地址区。组态的传输区不能与硬件所使用的地址区重叠。用同样的方法生成传输区_2，与传输区_1 相比，只是交换了地址的 I、Q 类型。

在 PLC_1 的 OB100 中，给 QW130 和 QW158 设置初始值 16#1511，将 IW130 和 IW158 清零。在 PLC_1 的 OB1 中，采用时钟存储器位 M0.3 的上升沿，每 500ms 将发送的第一个字 QW128 加 1。PLC_2 与 PLC_1 的程序基本上相同，其区别在于给 QW130 和 QW158 设置的初始值为 16#1215。

分别选中 PLC_1 和 PLC_2，下载它们的组态信息和程序。右键单击网络视图中的 PN 总线，执行"分配设备名称"命令，在出现的对话框中分配 IO 设备的名称。用以太网电缆连接主站和从站的 PN 接口，在运行时用监控表监控通信是否正常。

（五）故障诊断

1. 与故障诊断有关的中断组织块

1) 诊断中断组织块 OB82

此模块启用了诊断中断，在故障出现、故障消失及有组件要求维护时，操作系统都要调用诊断中断组织块 OB82。

2) 机架故障组织块 OB86

当 DP 主站系统或 PROFINET IO 系统发生故障，以及 DP 从站或 IO 设备发生故障时，操作系统都要调用机架故障组织块 OB86。ROFINET 智能设备的部分子模块发生故障时，操作系统也会调用机架故障组织块 OB86。

3) 拔出/插入组织块 OB83

如果拔出或插入已组态且未禁用的分布式 I/O 模块或子模块，操作系统将调用拔出/插入中断组织块 OB83，使 CPU 进入 STOP 模式。

> 知识库

在设备运行过程中,如果 CPU 与分布式 I/O 之间的通信短暂中断(俗称"闪断"),网络控制系统不会停机。可以在对应的中断组织块中加入 STP 指令,使 CPU 进入 STOP 模式。

2. S7-1200 的故障诊断

首先组态 8DI 模块,生成诊断中断组织块 OB82,在其中编写将 MW20 加 1 的程序,将组态信息下载到 CPU,切换到 RUN 模式,ERROR LED 闪烁。打开在线诊断视图,切换到在线模式,选中工作区左边窗口的"诊断状态",右边窗口显示故障信息。打开诊断缓冲区,缓冲区中的条目按事件出现的顺序排列,最上面的是最后发生的事件,如图 8-19。此时启动时 CPU 找不到 8DI 模块,因此会出现事件提示——"硬件组件已移除或缺失""过程映像更新过程中发生新的 I/O 访问错误"。令 CPU 模拟量输入通道 0 的输入电压大于上限 10V,出现事件提示——"超出上限",事件右边的图标表示事件当前的状态为故障;令通道 0 的输入电压小于上限 10V,又出现事件提示——"超出上限",但此时事件右边的图标表示状态正常。选中某个事件,界面上会弹出它的详细信息。

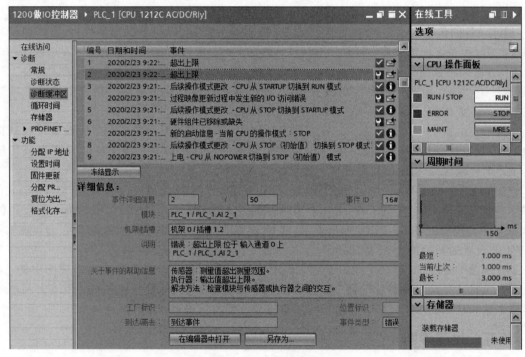

图 8-19 诊断缓冲区

打开项目"1200 作 IO 控制器",选中 PLC 的设备视图中的 CPU,再选中巡视窗口中的"Web 服务器",勾选图 8-20 中的 3 个复选框。可以针对不同的用户组态对 CPU 的 Web 服务器设置不同的访问权限,默认的用户名称为"每个人",没有密码,访问级别为"最小",只能查看"介绍"和"起始页面"这两个 Web 页面。

单击图 8-21 所示"用户管理"页面中的"新增用户",输入用户名和密码。单击"访问级别"一列的下拉三角形,设置该用户的权限。

连接 PC 和 CPU 的以太网接口,将程序下载到 CPU,打开 IE 浏览器。将 CPU 的 IP 地址 https://192.168.0.1/输入到 IE 浏览器的地址栏,打开 S7-1200 内置的 Web 服务器,单击左上角的"进入",打开起始页面,输入用户名和密码,登录后导航区出现多个可访问的页面,如图 8-22 所示,此处不再展开说明。

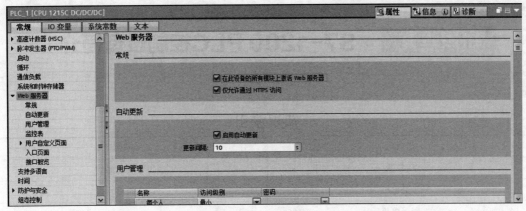

图 8-20 "Web 服务器"页面

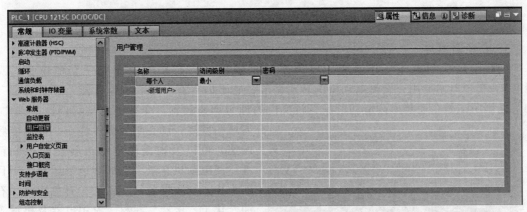

图 8-21 "用户管理"页面

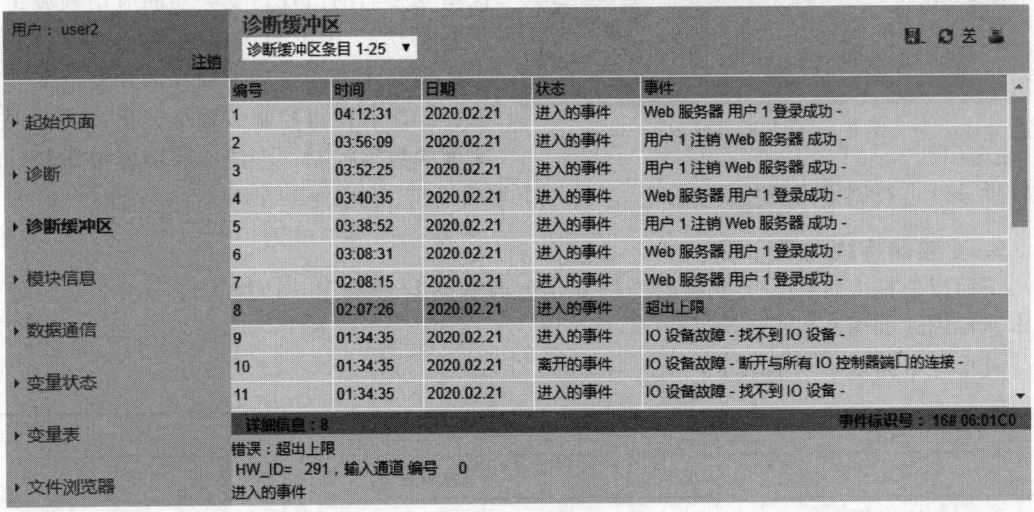

图 8-22 导航区的可访问页面

知识点九　S7-1200 PLC控制设备简介

知识索引

序号	知识库	页码	序号	知识库	页码
1	变频器	82	4	工业视觉系统	95
2	步进电机	84	5	人机界面	97
3	伺服电机	90		—	

（一）变频器

1. 变频器概述

变频器是变频技术应用装置，可为系统提供可控的高性能变压变频交流电源，见图 9-1。变频器主要用于交流电动机的转速调节。它不但具有卓越的调速性能，还具有显著的节能作用，是企业技术改造和产品更新换代的理想调速装置。变频调速具有调速范围广、调速精度高、动态响应好等优点。应用变频调速，可以大大提高电动机转速的控制精度，使电动机在最节能的转速下运行。到目前为止，变频器已经在钢铁、有色冶金、石油、化工、医药、建材、家用电器及机械等领域得到广泛的应用，而且随着智能型、环保型变频器的出现，变频器的应用领域正在不断扩大。其主要发展方向有如下几项：①实现高水平的自动控制；②开发节能变频器；③能够使得控制装置小型化；④实现高速度的数字控制；⑤能够利用模拟器与计算机辅助设计进行网络现场控制。

图 9-1　变频器外形图

2. 变频器接线端子介绍

下面以信捷 VH3-40P7 变频器为例介绍变频器各接线端子。信捷 VH3-40P7 变频器的基本运行配线如图 9-2 所示。

其中主电路端子功能如下：

端子	功能
R、S、T	交流电源输入，连接工频电源
U、V、W	变频器输出，连接三相交流电机
PE	变频器机架接地用，必须接大地
P+、PB	接制动电阻

知识点九 S7-1200 PLC控制设备简介

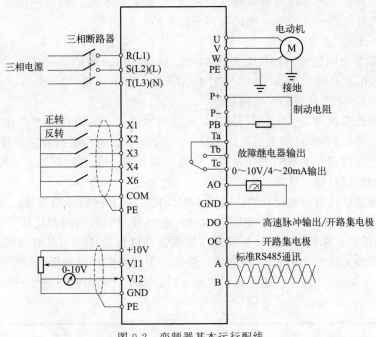

图 9-2 变频器基本运行配线

部分控制回路各端子功能如下：

类别	端子	端子功能说明
模拟量输入	VI1/VI2	电压量输入(参考地 GND)
多功能输入	X1~X4	多功能开关量输入端子。(公共端 COM)
	X6	高速脉冲频率信号端
电源	24V	提供+24V电源(负极端 COM)
	10V	提供+10V电源(负极端 GND)
	GND	模拟信号和+10V电源的参考地
	COM	数字信号输入输出公共端
屏蔽	PE	屏蔽端子

变频器投入使用前，应正确进行端子配线，设置控制板上的跳线开关。操作面板与CPU主板的延长连接线为RJ-45网线，网线应不超过3米。

3. 变频器与PLC的通信方式

1) 利用PLC的外部端子控制变频器

① 利用PLC的开关量输出控制变频器。PLC的开关量输出端一般可以与变频器的开关量输入端直接相连。这种控制方式接线简单，抗干扰能力强。利用PLC的开关量输出可以控制变频器的启动、停止、正反转、点动、加减速等，能实现较为复杂的控制要求。

② 利用PLC的模拟量输出模块控制变频器。PLC的模拟量输出模块输出0~5V电压信号或4~20mA电流信号，作为变频器的模拟量输入信号，控制变频器的输出频率。这种控制方式接线简单，但需要选择与变频器输入阻抗匹配的PLC输出模块，且PLC的模拟量输

出模块价格较为昂贵，此外还需采取分压措施使变频器适应 PLC 的电压信号范围，在连接时注意将布线分开，保证主电路一侧的噪声不传至控制电路。

2）PLC Modbus 通信

PLC 与变频器之间的通信协议大多是 Modbus，Modbus 通信协议具有多个变种，其中最著名的是 Modbus RTU、Modbus ASCII 和 Modbus TCP 三种，Modbus RTU 与 Modbus ASCII 均为支持 RS-485 总线的通信协议。

大部分变频器都具有 RS-485 串行接口，采用双线连接，其设计标准适用于工业环境的应用对象。单一的 RS-485 链路最多可以连接 30 台变频器，而且根据各变频器的地址或采用广播信息，都可以找到需要通信的变频器。链路中需要有一个主控制器（主站），而各个变频器则是从属的控制对象（从站）。

大部分变频器都具有以太网接口，通过 MODBUS TCP 网络接口连接，通信效率较高，应用比较广泛。以信捷 VH3-40P7 变频器为例，此型号变频器向用户提供工业控制中通用的 RS-485 通信接口，采用 Modbus 标准通信协议，可以作为从机与具有相同通信接口并采用相同通信协议的上位机（如 PLC 控制器）通信，实现对变频器的集中监控。

通过 PLC 以 Modbus RTU 通信协议控制 VH3-40P7 变频器需要设置一系列参数，具体参数设置如下：

参数号	出厂值	设置值	说明
P0-02	0	2	运行命令通道选择：串行口运行命令通道
P0-03	0	6	频率给定通道选择
P9-00	0	0	串口通信协议选择：Modbus RTU 协议
P9-01	1	1	本机地址：广播地址 1
P9-02	6	6	通信波特率：19200
P9-03	1	3	Modbus 数据格式：无校验 8N1

S7-1200 PLC 通信模块如下：

通信模块	序列号
CM1241 RS-232	6ES7241-1AH32-0XB0
CM1241 RS-422/485	6ES7241-1CH32-0XB0
CB 1241 RS-485（通信板）	6ES7241-1CH30-1XB0

注意：①使用通信模块 CM1241 RS-232 作为 Modbus RTU 主站时，只能与一个从站通信；②使用通信模块 CM1241 RS-485 作为 Modbus RTU 主站时，最多可与 32 个从站通信；③使用 CB1241 RS-485 时，CPU 固件必须为 V2.0 或更高版本，且所用软件必须为 STEP7 Basic V11 或 STEP7 Professional V11 以上更高版本。

设置好变频器参数，配置好 PLC 通信模块后，利用 S7-1200 Modbus RTU 通信指令集即可以建立 PLC 与变频器之间的 Modbus RTU 通信。

（二）步进电机

1. 步进电机原理

步进电机是一种用电脉冲信号进行控制，并将电脉冲信号转换成相应的角位移或线位移的控制电机,它可以看作是一种特殊运行方式的同步电机,由专用电源供给电脉冲。这种电机的运动形式与普通匀速旋转的电机有一定的差别,它是步进式运动的,所以称为步进电机。近 20 年来,步进电机已广泛地应用于数字控制系统中。下面以一台最简单的三相反应式步进电机为例介绍步进电机的工作原理。

图 9-3 是一台三相反应式步进电机的原理图,定子共有三对(六个)磁极,每两个空间相对的磁极上绕有一相控制绕组。转子用软磁性材料制成,也是凸极结构,只有四个齿,齿宽等于定子的极宽。

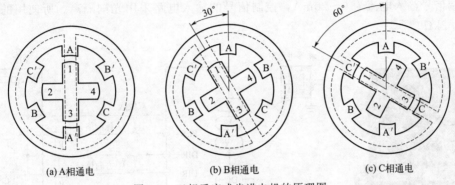

图 9-3 三相反应式步进电机的原理图

当 A 相控制绕组通电,其余两相均不通电时,电机内建立以定子 A 相极为轴线的磁场。由于磁通具有力图走磁阻最小路径的特点,转子齿 1、3 的轴线与定子 A 相极轴线对齐,如图 9-3(a)所示。A 相控制绕组断电、B 相控制绕组通电时,转子在感应转矩的作用下,逆时针转过 30°,使转子齿 2、4 的轴线与定子 B 相极轴线对齐,即转子走了一步,如图 9-3(b)所示。若断开 B 相,使 C 相控制绕组通电,转子逆时针方向又转过 30°,使转子齿 1、3 的轴线与定子 C 相极轴线对齐,如图 9-3(c)所示。如此按 A—B—C—A 的顺序轮流通电,转子就会一步一步地按逆时针方向转动。其转速取决于各相控制绕组通电与断电的频率,旋转方向取决于控制绕组轮流通电的顺序。若按 A—C—B—A 的顺序通电,则电机按顺时针方向转动。上述通电方式称为三相单三拍。"三相"是指三相步进电机;"单三拍"是指每次只有一相控制绕组通电,控制绕组每改变一次通电状态称为一拍,"三拍"是指改变三次通电状态为一个循环。把每一拍转子转过的角度称为步距角。三相单三拍运行时,步角为 30°,显然,这个角度太大,不能付诸实用。

如果把控制绕组的通电方式改为 A→AB→B→BC→C→CA→A,完成一个循环需要六次改变通电状态,称为三相单、双六拍通电方式。当 A、B 两相绕组同时通电时,转子齿的位置应同时考虑到两对定子极的作用,A 相极和 B 相极对转子齿所产生的磁力相平衡的中间位置才是转子的平衡位置。这样,单、双六拍通电方式下转子平衡位置增加了一倍,步距角为 15°。

进一步减小步距角的措施是采用定子磁极带有小齿、转子齿数很多的结构,分析表明,这样结构的步进电机,其步距角可以做得很小,实际的步进电机产品大都采用这种方法实现步距角的细分。除了步距角外,步进电机还有保持转矩、阻尼转矩等技术参数,这些参数的物理意义请参阅有关步进电机的专门资料。MP3-57H088 步进电机的主要技术参数如下:

参数名称	步距角	相电流	保持扭矩	相电阻	电机惯量
参数值	1.8°	5.0A	3.0Nm	0.46Ω	840g·cm²

2. 步进电机驱动器

步进电机需要专门的驱动装置（驱动器）供电，驱动器和步进电机是一个有机的整体，步进电机的运行性能是电动机及其驱动器二者配合所反映的综合效果。

图 9-4 和图 9-5 分别是 Kinco 3M458 三相步进电机驱动器的外观图和典型接线图。图中，驱动器可采用直流 24~40V 电源供电，该电源由专用的开关稳压电源（DC24V 8A）供给。输出电流和输入信号规格为：

输出相电流为 3.0~5.8A，输出相电流通过拨动开关设定；驱动器采用自然风冷的冷却方式；

控制信号输入电流为 6~20mA，控制信号的输入电路采用光耦隔离。所使用的限流电阻 R1 为 2kΩ。

图 9-4　Kinco 3M458 外观

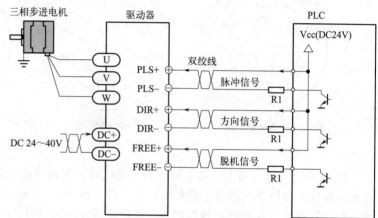

图 9-5　Kinco 3M458 典型接线图

步进电机驱动器接收来自控制器（PLC）的脉冲信号，为步进电机输出三相功率脉冲信号。步进电机驱动器的组成包括脉冲分配器和脉冲放大器两部分，主要解决向步进电机的各相绕组分配输出脉冲和功率放大两个问题。脉冲分配器是一个数字逻辑单元，它接收来自控制器的脉冲信号和转向信号，把脉冲信号按一定的逻辑关系分配到每一相脉冲放大器上，使步进电机按选定的运行方式工作。由于步进电机各相绕组是按一定的通电顺序不断循环来实现步进功能的，因此脉冲分配器也称为环形分配器。实现脉冲分配的电路有多种，例如，可以由双稳态触发器和门电路组成，也可由可编程逻辑器件组成。

脉冲放大器进行脉冲功率放大。因为从脉冲分配器输出的电流很小（毫安级），而步进电机工作时需要的电流较大，因此需要进行功率放大。输出的脉冲波形、幅度、前沿陡度等因素对步进电机运行性能有重要的影响。3M458 驱动器内部驱动直流电压达 40V，能提供更好的高速性能，并且具有电机静态锁紧状态下的自动半流功能，可大大降低电机的发热。驱动器还有一对脱机信号输入线 FREE＋和 FREE－（见图 9-6），当这一信号为 ON 时，驱动器将断开输入到步进电机的电源回路。YL-36A 没有使用这一信号，目的是使步进电机在上电后，即使静止时也保持自动半流的锁紧状态。

3M458 驱动器采用交流伺服驱动原理，把直流电压通过脉宽调制技术变为三相阶梯式正弦波形电流，如图 9-6 所示。

阶梯式正弦波形电流按固定时序分别流过三路绕组，其每个阶梯对应电机转动一步。通过改变驱动器输出正弦电流的频率来改变电机转速，而输出的阶梯数确定了每步转过的角度，角度越小，其阶梯数就越多，即细分就越大。3M458 最高可实现 10000 步/转的驱动细

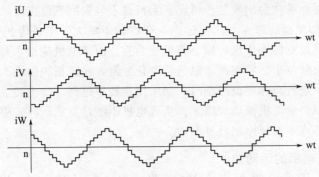

图 9-6 相位差 120°的三相阶梯式正弦波形电流

分，细分可以通过拨动开关设定。细分驱动不仅可以减小步进电机的步距角，提高分辨率，而且可以减少或消除低频振动，使电机运行更加平稳均匀。在 3M458 驱动器的侧面连接端子中间有一个红色的八位 DIP 功能设定开关，可以用来设定驱动器的工作方式和工作参数，包括细分设置、静态电流设置和运行电流设置。图 9-7 是该 DIP 开关功能划分说明。

开关序号	ON功能	OFF功能
DIP1～DIP3	细分设置用	细分设置用
DIP4	静态电流全流	静态电流半流
DIP5～DIP8	电流设置用	电流设置用

图 9-7 3M458 DIP 开关功能划分说明

细分设置如下：

DIP1	DIP2	DIP3	细分
ON	ON	ON	400 步/转
ON	ON	OFF	500 步/转
ON	OFF	ON	600 步/转
ON	OFF	OFF	1000 步/转
OFF	ON	ON	2000 步/转
OFF	ON	OFF	4000 步/转
OFF	OFF	ON	5000 步/转
OFF	OFF	OFF	10000 步/转

3S57Q-04056 步进电机步距角为 1.8°，即在无细分的条件下 200 个脉冲电机转一圈（通过驱动器设置细分精度最高可以达到 10000 个脉冲电机转一圈）。

对于采用步进电机作动力源的 36A 系统，出厂时驱动器细分设置为 5000 步/转。电机驱动电流设为 3.0A；静态锁定方式为静态半流。

有些品牌步进驱动器上有模式设置表，在拨码开关上设置对应模式；还有些步进驱动器输入使能信号不可以设置；不导通使能信号，电机处于锁轴状态。导通使能信号，电机处于自由状态。

3. 使用步进电机应注意的问题

控制步进电机运行时，应考虑步进电机运行中失步的问题。步进电机失步包括丢步和越步。丢步时，转子前进的步数小于脉冲数，越步时，转子前进的步数多于脉冲数。丢步严重时，将使转子停留在一个位置上或围绕一个位置振动；越步严重时，设备将发生过冲。使物料转盘返回原点的操作常常会出现越步情况。当机械手装置回到原点时，原点开关动作，使指令输入 OFF，但如果到达原点前速度过高，惯性转矩将大于步进电机的保持转矩而使步进电机越步，因此回原点的操作应确保足够低速为宜。由于电机绕组本身是感性负载，输入频率越高，励磁电流就越小。频率高，磁通量变化加剧，涡流损失加大。因此，输入频率增高，输出力矩降低。进行高速定位控制时，如果指定频率过高，会出现丢步现象。此外，如果机械部件调整不当，会使机械负载增大。步进电机不能过负载运行，哪怕是瞬间，都会造成失步，严重时停转或不规则原地反复振动。

4. PLC 对步进电机的运动控制

下面以 S7-1200 PLC 控制 Kinco 3M458 驱动器（配套 Kinco 三相步进电机 3S57Q-04056）为例说明 PLC 对步进电机的控制。S7-1200 PLC 提供了最多四路 PTO 输出，采用继电器输出的 PLC 也可以通过增加信号板实现高速脉冲输出，集成点最高输出频率 100kHz，SB 最高输出频率 200kHz。S7-1200 PLC 运动控制输出如下：

高速脉冲发生器	脉冲信号	方向信号
PTO0 内置 I/O	Q0.0	Q0.1
PTO0 SB I/O	Q4.0	Q4.1
PTO1 内置 I/O	Q0.2	Q0.3
PTO1 SB I/O	Q4.2	Q4.3
PTO2 内置 I/O	Q0.4	Q0.5
PTO2 SB I/O	Q4.0	Q4.1
PTO3 内置 I/O	Q0.6	Q0.7
PTO3 SB I/O	Q4.2	Q4.3

在项目树中单击"新增对象"，在弹出的"新增对象"对话框中单击"运动控制"，如图 9-8 所示。"名称"可自由定义，单击"TO_PositioningAxis"，单击"确定"。

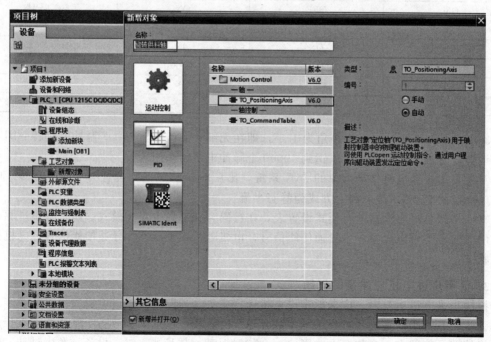

图 9-8 新增工艺对象

知识点九　S7-1200 PLC控制设备简介

S7-1200PLC运动控制指令包括MC_Power（运动控制使能块）、MC_Reset（确认错误指令块）、MC_Home（回参考点指令块）、MC_Halt（停止轴指令块）、MC_MoveAbsolute（绝对位移指令块）、MC_MoveRelative（相对位移指令块）、MC_MoveVelocity（目标转速指令块）、MC_MoveJog（点动指令块）、MC_CommandTable（命令表控制指令块）、MC_ChangeDynamic（动态设置指令块）、Mc_WriteParam（写入工艺对象参数）、MC_ReadParam（读取工艺对象参数）等指令。运动控制指令可以在程序中调用，如图9-9所示。

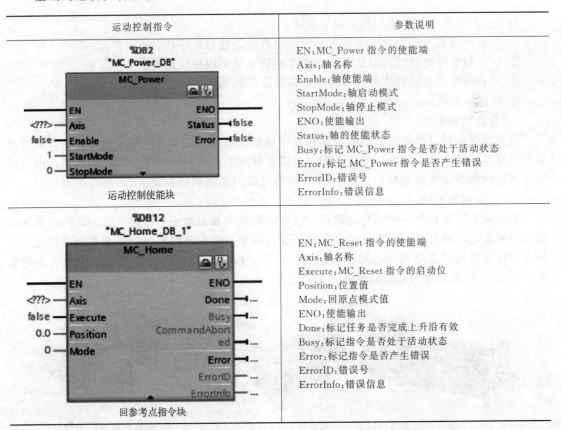

图9-9　调用运动控制指令

基础的运动控制指令：

运动控制指令	参数说明
MC_Power 运动控制使能块	EN：MC_Power指令的使能端 Axis：轴名称 Enable：轴使能端 StartMode：轴启动模式 StopMode：轴停止模式 ENO：使能输出 Status：轴的使能状态 Busy：标记MC_Power指令是否处于活动状态 Error：标记MC_Power指令是否产生错误 ErrorID：错误号 ErrorInfo：错误信息
MC_Home 回参考点指令块	EN：MC_Reset指令的使能端 Axis：轴名称 Execute：MC_Reset指令的启动位 Position：位置值 Mode：回原点模式值 ENO：使能输出 Done：标记任务是否完成上升沿有效 Busy：标记指令是否处于活动状态 Error：标记指令是否产生错误 ErrorID：错误号 ErrorInfo：错误信息

（三）伺服电机

1. 伺服电机概述

伺服电机的任务是将接收的电信号转换为轴上的角位移或角速度，以驱动控制对象，接收的电信号称为控制信号或控制电压，改变控制电压的大小和极性，就可以改变伺服电动机的转速和转向。自动控制系统中一般用伺服电机作为执行元件，即在控制电压的作用下驱动被控对象工作。图 9-10 与图 9-11 所示分别为龙门搬运模块和输送模块。龙门搬运模块的主要结构组成为：伺服电机、同步带滑台模组、滚珠丝杆式模组、塑料拖链，气动手指、旋转气缸、仓库库位等。输送模块的基本功能是当物料到达分拣模块的末端位置时，输送模块的机械手爪随着伺服电机的运动移动到合适位置夹取物料，随后将物料放入温度控制模块，待物料加热完成后，机械手爪继续夹取物料，并将物料移动到合适位置，将物料放置在皮带传送模块上。

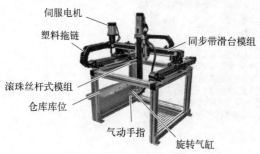

图 9-10 龙门搬运模块结构

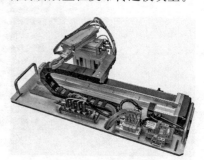

图 9-11 输送模块外观图

自动控制系统对伺服电机提出以下要求：
① 无自转现象，即当控制电压为零时，电机应迅速自行停转；
② 在控制电压改变时，电动机能在较宽的转速范围内稳定运行；
③ 具有线性的机械特性和调节特性，以保证控制精度；
④ 快速响应性好。

1）直流伺服电机

直流伺服电机是将输入的直流电信号转换成机械角位移或角速度信号的装置。直流伺服电机具有良好的启动、制动和调速性能，可以在较宽的范围内实现平滑无极的调速，因而适用于调速性能要求较高的场合。图 9-12 所示为直流伺服电机的实物图。

2）交流伺服电机

直流伺服电机存在一些固有的缺点，如电刷和换向器易磨损，需经常维护，换向器换向时会产生火花，使直流伺服电机的最高速度受到限制。而交流伺服电动机没有上述缺点，且转子惯量较直流伺服电机小，动态响应更好，广泛应用于需要高精度、快速动态响应的场合。图 9-13 所示为常用交流伺服电机的实物图。

图 9-12 直流伺服电机实物图

图 9-13 交流伺服电机实物图

交流伺服电机的 U/V/W 三相电流形成旋转磁场，转子在此磁场的作用下转动，同时电机自带的编码器反馈信号给驱动器，驱动器将反馈值与目标值进行比较，调整转子转动的角度。伺服电机的精度决定于编码器的精度（线数）。

2. 伺服电机驱动器

伺服电机驱动器控制结构如图 9-14 所示。

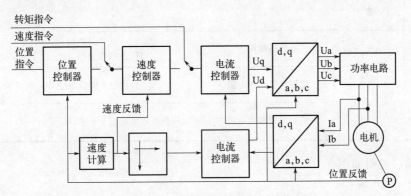

图 9-14　伺服电机驱动器控制结构

伺服电机驱动器采用数字信号处理器作为控制核心，实现比较复杂的控制算法，实现数字化、网络化和智能化。驱动器内集成有过电压、过电流、过热、欠压等故障检测保护电路；在主回路中还加入软启动电路，以减小启动过程对驱动器的冲击。功率驱动单元首先通过整流电路对输入的三相电流进行整流，得到相应的直流电，再通过三相正弦 PWM 电压型逆变器来驱动交流伺服电机。这里以信捷 MS6H-40CS30BZ1-20P1 永磁同步交流伺服电机配套 DS5C-20P1-PTA 伺服驱动器装置为例进行说明。伺服驱动器端子排布如图 9-15 所示。

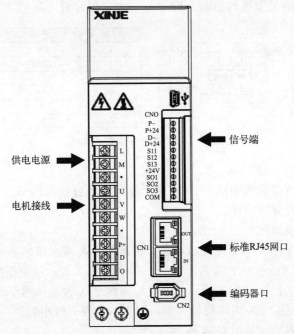

图 9-15　伺服驱动器端子排布

主电路端子功能：

端子	功能	说明
L、N	主电路电源输入端子	单相交流 200～240V，50/60Hz
●	空引脚	—
U、V、W	电机连接端子	与电机相连接 注：地线在散热片上，请上电前检查
P+、D、C	使用内置再生电阻	短接 P+和 D 端子，P+和 C 断开
	使用外置再生电阻	将再生电阻接至 P+和 C 端子，P+和 D 短接线拆掉

CN0 端口说明如图 9-16 所示。

编号	名称	说明	编号	名称	说明
1	P−	脉冲输入	7	SI3	输入端子3
2	P+24V	集电极开路接入	8	+24V	输入+24V
3	D−	方向输入	9	SO1	输出端子1
4	D+24V	集电极开路接入	10	SO2	输出端子2
5	SI1	输入端子1	11	SO3	输出端子3
6	SI2	输入端子2	12	COM	输出端子地

图 9-16　CN0 端口说明

伺服运动总线功能需选配总线模块，用于实现扩展总线功能，注意转接模块使用中不可热插拔。CN2 连接器的端子排列如图 9-17 所示（面向焊片看）。

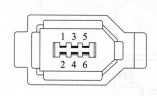

序号	定义
1	5V
2	GND
3	—
4	—
5	A
6	B

图 9-17　CN2 连接器端子排列

伺服系统接线如图 9-18 所示。

面板基础显示和按键说明如图 9-19 所示，可进行运行状态的显示、参数的设定、辅助功能运行、报警状态设置等操作。

伺服面板状态切换如图 9-20 所示。

参数设定 PX−XX：第一个 X 表示组号，后面两个 X 表示该组下的参数序号。

监视状态 UX−XX：第一个 X 表示组号，后面两个 X 表示该组下的参数序号。

辅助功能 FX−XX：第一个 X 表示组号，后面两个 X 表示该组下的参数序号。

报警状态 E−XX□：XX 表示报警大类，□表示大类下的小类。

伺服面板基础简码显示如图 9-21 所示。

参数设置流程如图 9-22 所示。

知识点九 S7-1200 PLC控制设备简介

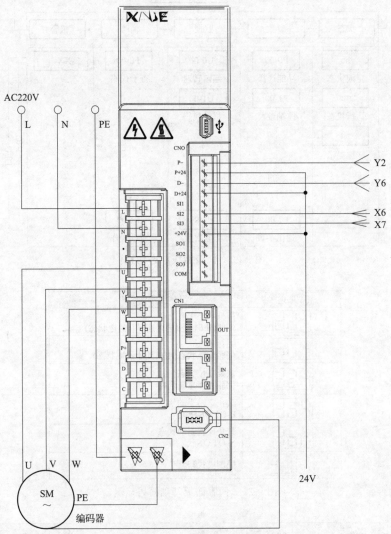

图 9-18 伺服系统接线图

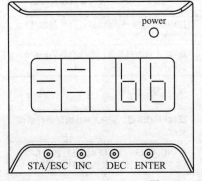

按键名称	操作说明
STA/ESC	短按：状态的切换，状态返回。
INC	短按：显示数据的递增； 长按：显示数据连续递增
DEC	短按：显示数据的递减； 长按：显示数据连续递减
ENTER	短按：移位； 长按：设定和查看参数

图 9-19 面板基础显示和按键说明

> 知识库

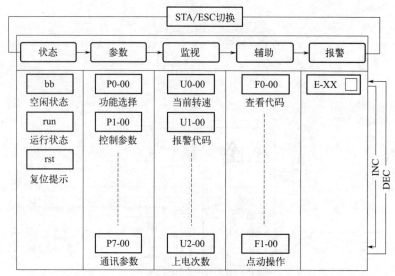

图 9-20　伺服面板状态切换

简码显示内容	显示内容
bb	待机状态中 伺服OFF状态(电机处于非通电状态)
run	运行中 伺服使能状态(电机处于通电状态)
rst	需要复位状态 伺服需要重新上电
Pot	禁止正转驱动状态 P-OT ON状态
not	禁止反转驱动状态 N-OT ON状态
idLE	控制模式2为空

图 9-21　伺服面板基础简码显示

步骤	面板显示	使用的按键	具体操作
1	bb	STA/ESC INC DEC ENTER ◎　　◎　◎　　◎	无需任何操作
2	P0-00	STA/ESC INC DEC ENTER ●　　◎　◎　　◎	按一下STA/ESC键进入参数设置功能
3	P3-00	STA/ESC INC DEC ENTER ◎　　●　◎　　◎	按INC键,按一下就加1,将参数加到3,显示P3-00
4	P3-00	STA/ESC INC DEC ENTER ◎　　◎　◎　　●	短按一下ENTER键,面板的最后一个0会闪烁
5	P3-09	STA/ESC INC DEC ENTER ◎　　●　◎　　◎	按INC键,加到9
6	P3-09	STA/ESC INC DEC ENTER ◎　　◎　◎　　●	长按ENTER键,进入P3-09内部进行数值更改
7	3000	STA/ESC INC DEC ENTER ◎　　●　●　　●	按INC、DEC、ENTER键进行加减和移位,更改完之后,长按ENTER确认
8		操作结束	

图 9-22　参数设置流程

（四）工业视觉系统

工业视觉系统包括光源、镜头、相机（包括 CCD 相机和 COMS 相机）、图像处理单元（或图像捕获卡）、图像处理软件、监视器、输入输出单元等。其工作原理是：工业视觉检测系统采用 CCD 照相机将被检测的目标转换成图像信号，传送给专用的图像处理系统，根据像素分布和亮度、颜色等信息，转变成数字化信号，图像处理系统对这些信号进行各种运算，抽取目标的特征，如面积、数量、位置、长度，再根据预设值及其他条件输出各种结果，包括尺寸、角度、个数、合格/不合格、有/无等，实现自动识别功能。工业视觉系统硬件架构如图 9-23 所示。

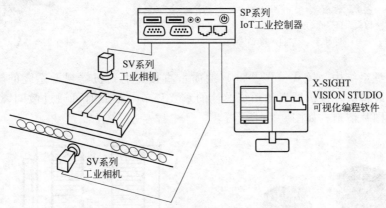

图 9-23　工业视觉系统硬件架构

SP V200 系列 IoT 工业控制器采用 Intel Apollo Lake 处理器，该工业控制器采用全铝合金外壳，SP V210 是 SP V200 系列的首款产品，外观如图 9-24 所示。图 9-25 所示为 V200 系列与设备通信图。

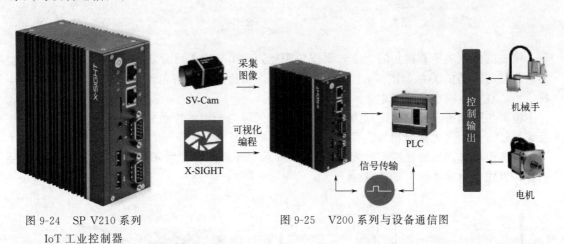

图 9-24　SP V210 系列 IoT 工业控制器　　　图 9-25　V200 系列与设备通信图

V210 接口图 9-26 所示。

工业相机是机器视觉系统中采集图像的组件，它不仅直接决定图像的分辨率及图像质量，同时也与整个系统的运行模式直接相关。选择合适的相机也是机器视觉系统设计中的重要环节。SV-Cam 相机拥有强大的 ISP 算法，支持 FPN、SPC 矫正并兼容 Gige Vision 协议、USB3.0 Vision 协议和 GenlCam 标准，外观如图 9-27 所示。

> 知识库

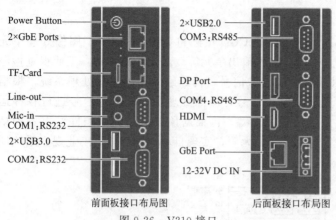

图 9-26 V210 接口

图 9-27 SV-Cam 相机

在工业视觉系统中，镜头（图 9-28）的质量直接影响到机器视觉系统的整体性能，合理地选择和安装镜头，是机器视觉系统设计的重要环节。拍照时可通过微调镜头上的焦距、光圈旋钮实现图片清晰，如图 9-29 所示。

图 9-28 镜头外观

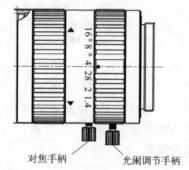

图 9-29 对焦手柄和光阑调节旋钮

镜头的焦距决定着视角的大小，根据焦距能否调节，镜头可分定焦镜头和变焦镜头两大类。焦距与视角的关系如图 9-30 所示。焦距小，视角大，观察范围大，畸变大；焦距大，视角小，观察范围小，畸变小。

镜头焦距和通光孔径之比称为光圈系数，通光量与光圈系数的平方呈反比关系。镜头的通光孔径与焦距之比称为相对孔径，它与光圈系数成反比。

分拣模块选用环形光源，外观如图 9-31 所示。环形光源提供不同照射角度、不同颜色组合，更能突出物体的三维信息。

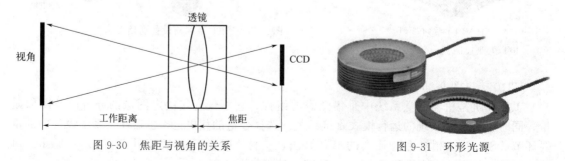

图 9-30 焦距与视角的关系

图 9-31 环形光源

光源控制器用于控制光源的亮度及照明状态，外观如图 9-32 所示。可以通过给控制器触发信号来实现光源的频闪。

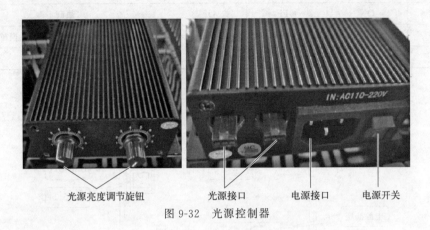

图 9-32　光源控制器

（五）人机界面

1. 人机界面概述

触摸屏是一种交互输入设备，用户只需用手指或光笔触摸屏的某位置即可控制计算机的运行。触摸屏具有方便直观、图像清晰、坚固耐用和节省空间等优点，使用者只要用手轻轻地碰计算机显示屏上的图形、字符或文字就能实现对主机的操作和查询，摆脱了键盘和鼠标操作，从而大大提高了计算机的可操作性和安全性，使人机交互更为直接。触摸屏从技术实现上可分为四种，分别为电阻式、红外线式、电容感应式以及表面声波式。图 9-33 所示为触摸屏一体机及工控触摸屏。

图 9-33　触摸屏一体机及工控触摸屏

触摸屏的本质是传感器，它由触摸检测部件和触摸屏控制器组成。触摸检测部件用于检测用户触摸位置，触摸屏控制器的主要作用是从触摸点检测装置接收触摸信息，并将它转换成触点坐标送给 CPU，同时能接收 CPU 发来的命令并加以执行。

2. 人机界面接口技术

这里以信捷 TG 系列（TGM765S-ET）为例，介绍人机界面接口技术，图 9-34 所示为 TG 人机界面接口区，接口说明如图 9-35 所示。

拨码开关设置如下：

> 知识库

DIP1	DIP2	DIP3	DIP4	功能
ON	OFF	OFF	OFF	未定义
OFF	ON	OFF	OFF	强制下载
OFF	OFF	ON	OFF	系统菜单:时钟校准、触摸校准
OFF	OFF	OFF	ON	未定义

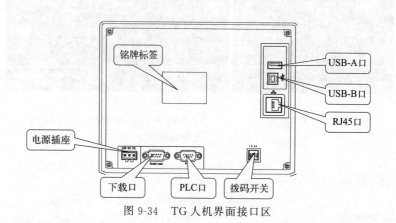

图 9-34　TG 人机界面接口区

外观	名称	功能
1234	拨码开关	用于设置强制下载、触控校准等
COM1	COM1通信口	支持RS232/RS485通信[TG465系列除MT2/UT2外、TG765-XT(P)(已停产)、TG765-XT(P)-C、TGM765B-MT/ET无此通信口，-NT型号支持RS232/RS485/RS422，TG765S-XT为RS232]
COM2 PLC	COM2通信口(PLC口)	支持RS232/RS485/RS422通信[TG465-XT及此系列V3.0以下版本只支持RS232/RS485，TG765-XT(P)、TG765-XT(P)-C、TG765S-XT只支持RS232，-NT型号支持RS485/X-Net总线]
USB	USB-A接口	可插入U盘存储数据，导入工程(下位机版本为V2.D.3c及以上)
USB	USB-B接口	连接USB线上/下载程序
RJ45	以太网接口	支持与TBOX、西门子S7-1200、西门子S7-200 Smart及其他Modbus-TCP设备通信

图 9-35　接口说明

在特殊环境下，TG 人机界面程序往往无法顺利下载或在下载完成后人机界面无法正常显示，此时可尝试强制下载，实现步骤：

① 将 TG 人机界面处于断电状态，将第 2 位拨码开关拨至 ON 状态；
② 将 TG 人机界面上电，连接 USB 下载电缆，下载画面程序；
③ 完成后，将 2 号拨码开关拨至 OFF，重新上电，画面正常显示。

3. 人机界面与计算机的通信

首先单击"上下载协议栈设置"图标，如图 9-36 所示。

在弹出的对话框中配置参数，见图 9-37，其中连接方式指连接触摸屏的方式，默认选择

知识点九 S7-1200 PLC控制设备简介

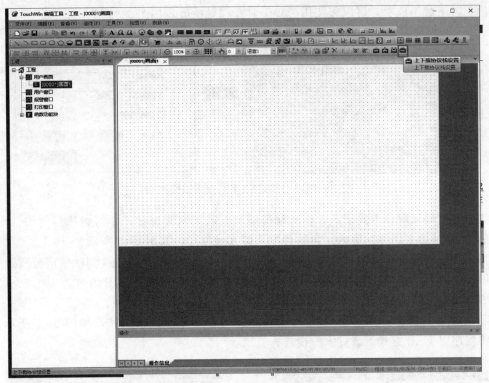

图 9-36 上下载协议栈设置

"查找设备"。端口是电脑连接触摸屏的端口，其选项中，"自动查询"代表 USB 口，"本地串口"代表 RS-232 口，"远程连接"代表广域网远程通信。可通过铭牌标签获取触摸屏的 ID 信息，也可以将 3 号拨码拨至 ON，重启触摸屏，单击"IP 设置"查看触摸屏 ID 信息。

端口选择"自动查询"，设置完成后如图 9-38 所示，单击"确定"，将程序下载至触摸屏。

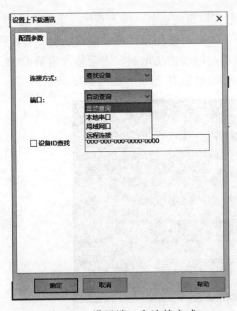

图 9-37 设置端口和连接方式

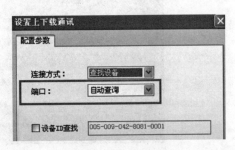

图 9-38 端口设置完成

注：若下载不成功，可以先使用配置工具查找触摸屏，如图 9-39 所示。

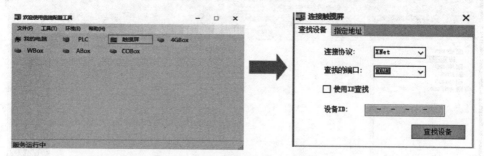

图 9-39　使用配置工具查找触摸屏

如果采用局域网口方式下载，则将触摸屏和电脑用网线连接，并将触摸屏的 IP 地址和电脑的 IP 地址设为同一网段内，再将程序下载入触摸屏，如图 9-40 所示。

当一台电脑同时连接多个触摸屏时，需勾选"设备 ID 查找"，通过 ID 号区分所连接的触摸屏。如果只连接了一个触摸屏，则可不勾选此项。触摸屏默认 IP 地址为 192.168.0.1，修改 IP 地址有两种方法：

① 方法一：选择"系统设置"——"设备"——"以太网设备"，如图 9-41 所示，修改后将程序以 USB 方式下载进入触摸屏；

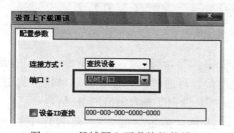

图 9-40　局域网上下载协议栈设置

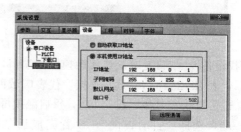

图 9-41　通过触摸屏软件设置 IP

② 方法二：将触摸屏 3 号拨码拨上去，然后将触摸屏重新上电，进入系统，单击"IP 设置"进入触摸屏 IP 设置页面，IP 设置结束后重启触摸屏，如图 9-42 所示。设置完成后将 3 号拨码拨回 OFF 状态，将触摸屏重新上电。此方式下触摸屏通过网线连接电脑，需要修改电脑 IP 地址，使电脑的 IP 地址与触摸屏的 IP 地址在同一网关内。修改电脑 IP 地址，如图 9-43 所示。

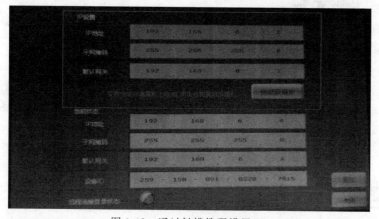

图 9-42　通过触摸拨码设置 IP

知识点九 S7-1200 PLC 控制设备简介

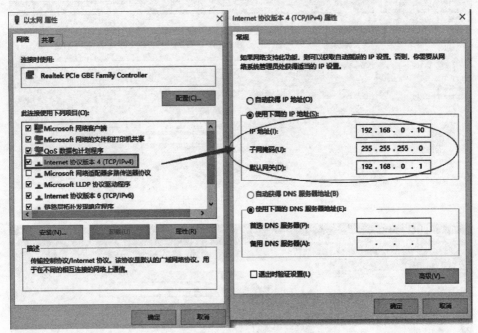

图 9-43 修改电脑 IP 地址

最后下载触摸屏程序，如图 9-44 所示。

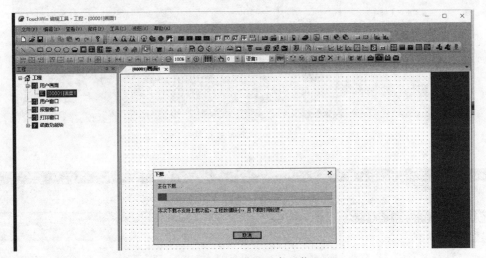

图 9-44 触摸屏程序下载

4. 人机界面与 PLC 的通信

这里以 10TGM765S-ET 与 S7-1200 PLC 的通信为例说明。打开系统项目，选择"属性"——"常规"选项卡，单击"以太网地址"，本例中 PLC 的 IP 地址设置为 192.168.0.2，如图 9-45 所示。

在项目树的程序块中添加新块，选择数据块（DB），选择类型为全局 DB，不勾选"仅符号访问"，DB 编号可选择自动或手动，如图 9-46 所示。定义所选数据块内的可操作地址，如图 9-47 所示。

右键单击数据块，在弹出的窗口中选择"属性"，将"优化的块访问"这一项取消勾选，

> 知识库

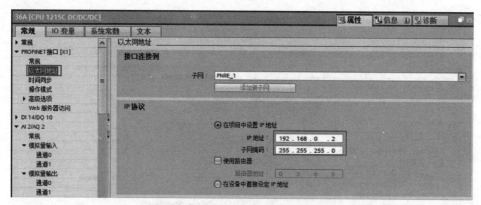

图 9-45　PLC 以太网 IP 地址设置

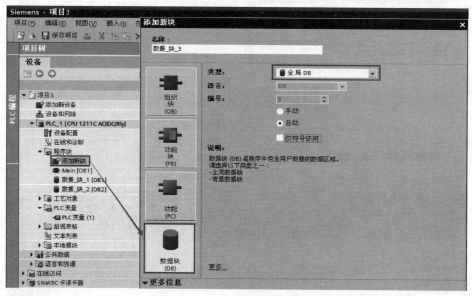

图 9-46　添加数据块

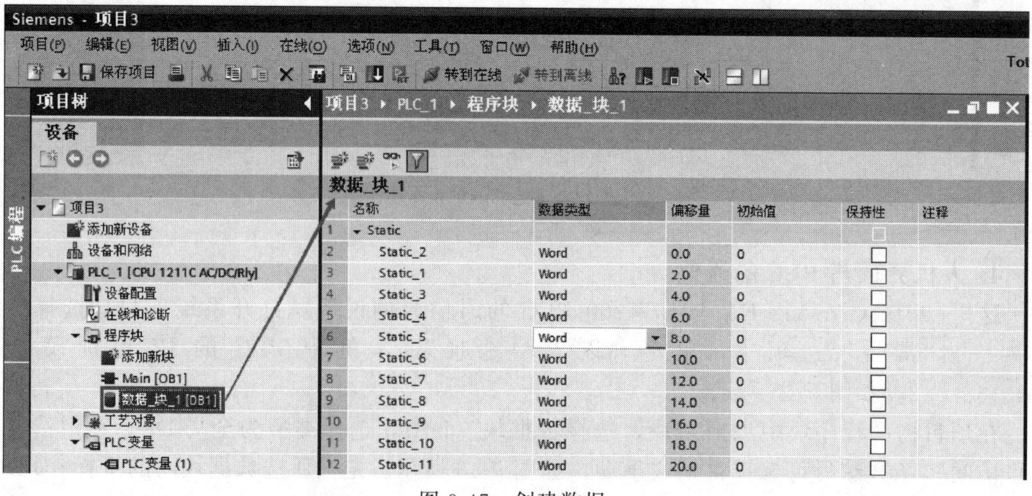

图 9-47　创建数据

如图 9-48 所示，单击"确定"，系统弹出图 9-49 所示窗口，选择"保护"，勾选连接机制下的"允许从远程软件（PLC、HMI、OPC、…）使用 PUT/GET 通信访问"，设置完成后将程序下载到 PLC。

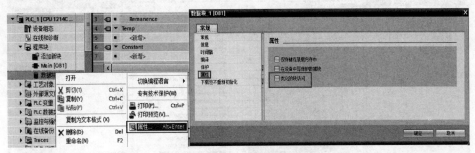

图 9-48 取消"优化的块访问"

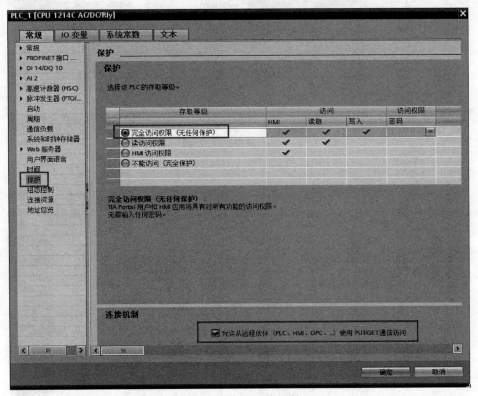

图 9-49 勾选连接机制

新建触摸屏工程，选择人机界面型号 TGM765（S/L）-MT/UT/ET/XT/NT 后，单击"下一页（N）"，如图 9-50 所示。

在设备列表中选择"以太网设备"。将触摸屏地址设置为和 PLC 同一网段，这里采用 IP 地址 192.168.0.1，如图 9-51 所示。单击"下一页（N）"。

选中"以太网设备"并单击鼠标右键，选择"新建"，名称设为"西门子 S7-1200"，如图 9-52 所示。然后单击"确定"。

在设备列表中选择"西门子 S7-1200/1500 系列 new"，其 IP 地址为 192.168.0.2，端口号默认 102，勾选"高低字交换"，勾选"通讯状态寄存器"，输出通信状态地址 PSW 设为

知识库

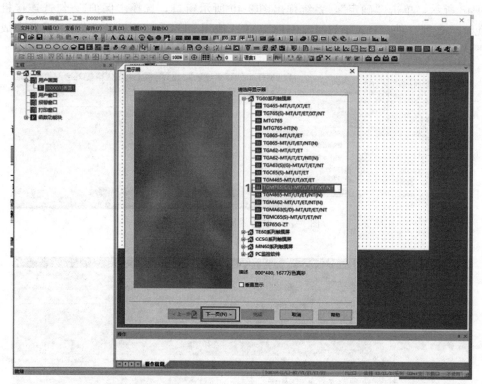

图 9-50 触摸屏型号选择

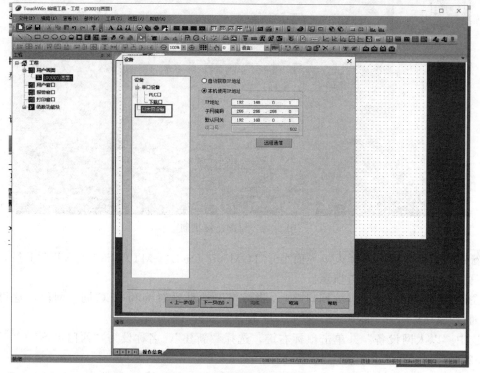

图 9-51 触摸屏 IP 地址设置

知识点九　S7-1200 PLC控制设备简介

图9-52　触摸屏新建通信协议

256，则地址PSW256、PSW257、PSW258、PSW259分别存放通信成功次数、通信失败次数、通信超时次数、通信出错次数，如图9-53所示。

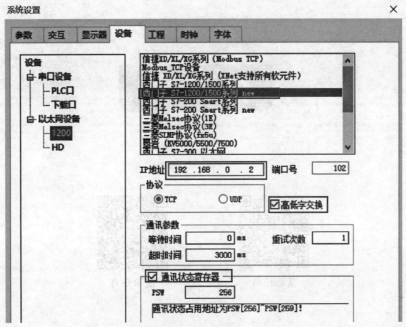

图9-53　通信协议设置

设置完成后进入编辑界面，在界面上放置一个数据输入部件，在设备下拉条中选择"西门子S7-1200"，如图9-54所示，完成设备连接。

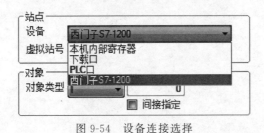

图9-54　设备连接选择

技能库

基础任务

进阶任务

技能点一　实训台基础硬件操作

一、技能索引

序号	技能库	页码	序号	技能库	页码
1	上电方法一操作步骤	107	6	气源装置送电、送气操作步骤	111
2	上电方法二操作步骤	108	7	减压阀打开、调节操作步骤	113
3	直流LED灯接线操作步骤	109	8	电磁阀手动调节操作步骤	114
4	辨别PNP和NPN传感器操作步骤（漫反射式）	110	9	气缸速度手动调节操作步骤	114
5	辨别PNP和NPN传感器操作步骤（槽式）	110	10	PLC与伺服控制器的接线操作步骤	115

二、操作

（一）上电方法一操作步骤

序号	操作步骤	图示
1	气源安装：使用Φ6mm的气管将气泵的出气口与气动二联件的进气口连接	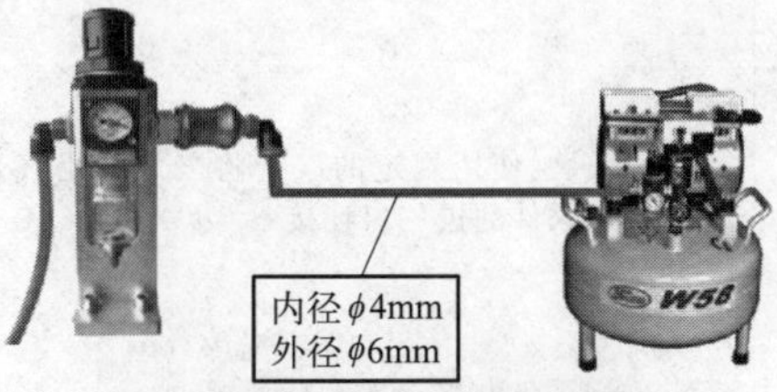
2	通电前检查： 主电源与设备需求相一致，单相220V、三相380V；电源之间无短路现象；气源（气源气压）设备是否正确，不低于0.4MPa。 合上漏电开关，电源指示灯常亮	 

序号	操作步骤	图示
3	在登录系统区,单击触摸屏上的设置图标 ,输入密码 yalong	
4	单击【强制上电】,输入密码:198399,设备上电成功,电源指示灯常亮	

(二)上电方法二操作步骤

序号	操作步骤	图示
1	气源安装:使用规定的气管将气泵的出气口与气动二联件的进气口连接	内径φ4mm 外径φ6mm
2	通电前检查: 主电源与设备需求相一致,单相 220V、三相 380V;电源之间无短路现象;气源(气源气压)设备是否正确,不低于 0.4MPa。 合上漏电开关,电源指示灯常亮	

续表

序号	操作步骤	图示
3	设置界面中,单击【指纹录入】,输入考核内容、场次、姓名等信息,并根据提示进行指纹录入,指纹存储成功后,单击【返回】,返回到设置界面后单击【确认】	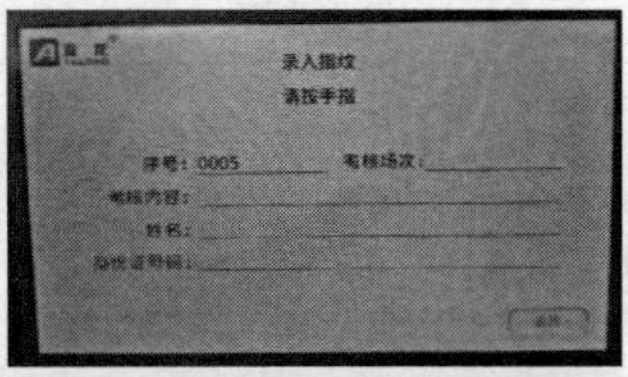 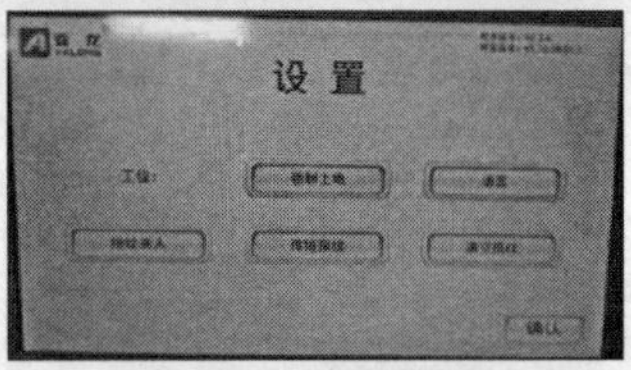
4	按下指纹,界面中出现验证成功后,单击【确认】,设备上电成功,电源指示灯常亮	

(三)直流 LED 灯接线操作步骤

序号	操作步骤	图示
1	首先将设备基础模块的 DB 接线端子和插拔式接线端子用导线连接	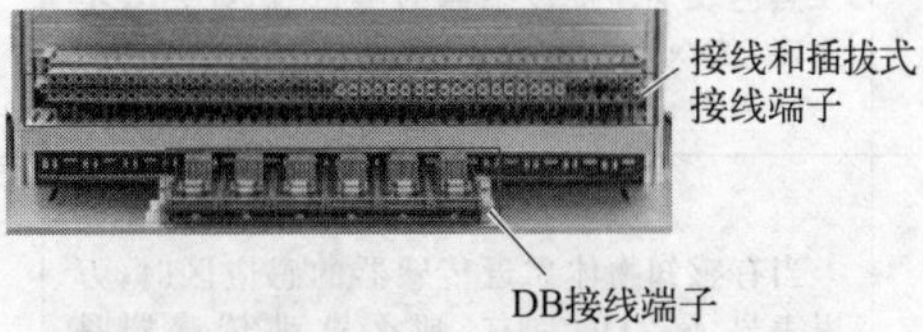 接线和插拔式接线端子 / DB 接线端子
2	观察 6 个 DB 的分配	
3	绿色端子为 PLC 的输入 I; 黄色端子为 PLC 的输出 Q; 蓝色端子为 0V; 与其相邻的红色端子为 24V	
4	将按钮模块上的  SB5-2 和插拔接线端子排中对应的绿色端子用相应的线连接; 将  SB5-1 和插拔接线端子排中蓝色端子连接; 将灯的两个接线端子   HL6-1 HL6-2 分别连接对应插拔接线端子排中的黄色端子和红色端子。 将基础模块的 DB 接线端子和对应设备上台面上的 DB 接线端子用公对公的 DB 线连接	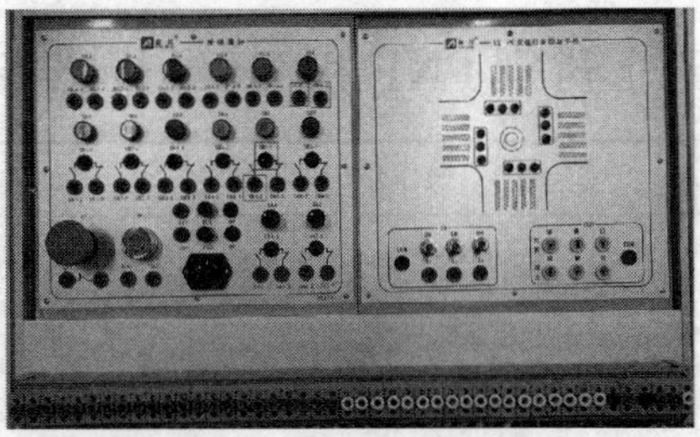

（四）辨别 PNP 和 NPN 传感器操作步骤（漫反射式）

序号	操作步骤	图示
1	首先可以从传感器上的标签上来直接辨别，如果没有标签，需要借助万用表来辨别	
2	GTB6-N1211 光电传感器（NPN）的电路原理图	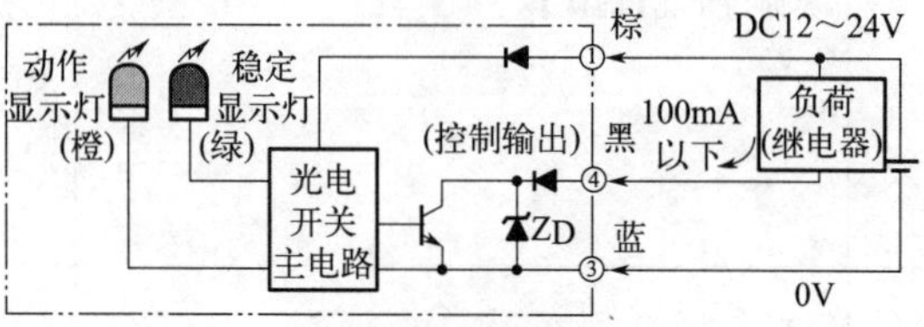
	选择开关按顺时针方向充分旋转至 L 侧，进入检测-ON 模式	
3	传感器的褐色线接 24V，蓝色线接 0V；万用表达到直流电压挡；黑色表笔连接传感器的黑色线，红色表笔连接 24V	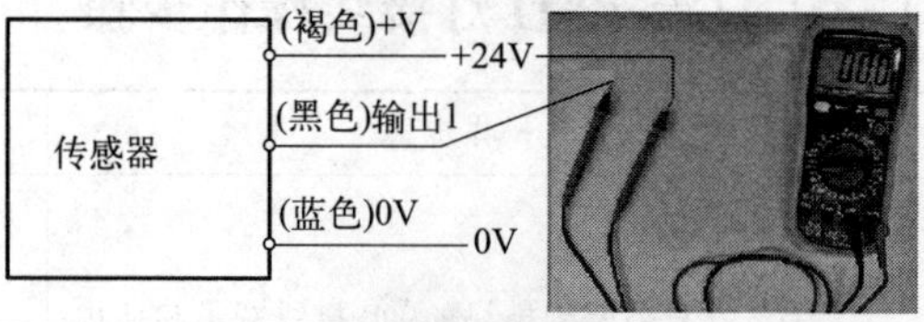
4	当有感知物体靠近传感器的感应区时，万用表显示 24V 左右，那么这种传感器是 NPN 型	
5	传感器的褐色线接 24V，蓝色线接 0V；万用表黑色表笔接到 0V，红色表笔接传感器的黑色线；当有感知物体靠近传感器的感应区时，万用表显示 24V，那么这种传感器是 PNP 型	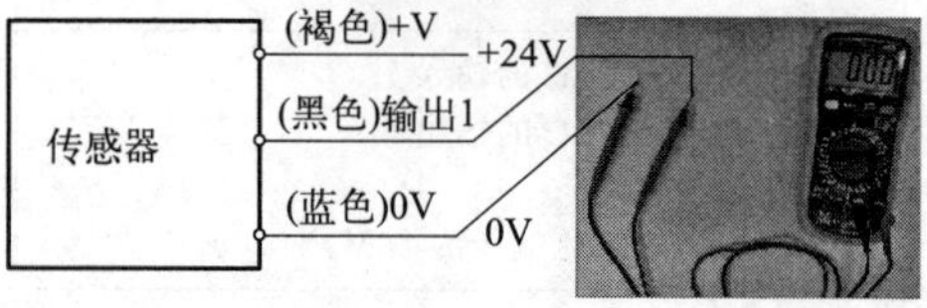

（五）辨别 PNP 和 NPN 传感器操作步骤（槽式）

序号	操作步骤	图示
1	首先可以从传感器上的标签上来直接辨别，如果没有标签，需要借助万用表来辨别	 PM-L25

续表

序号	操作步骤	图示
2	PM-L25 光电传感器采用 NPN 输出型。其中输出 1（黑色）为常闭触点（light on 入光动作），输出 2（白色）为常开触点（dark on 遮光动作）	
3	传感器的褐色线接 24V，蓝色线接 0V； 万用表达到直流电压挡，黑色表笔连接传感器的白色线，红色表笔连接 24V	
4	当有感知物体靠近传感器的感应区时，万用表显示 24V 左右，那么这种传感器是 NPN 型	
5	PNP 传感器的原理图。其中输出 1（黑色）为常闭触点（light on 入光动作），输出 2（白色）为常开触点（dark on 遮光动作）	
6	黑色表笔接到 0V，红色表笔接传感器的白色线； 当有感知物体靠近传感器的感应区时，万用表显示 24V，那么这种传感器是 PNP 型	

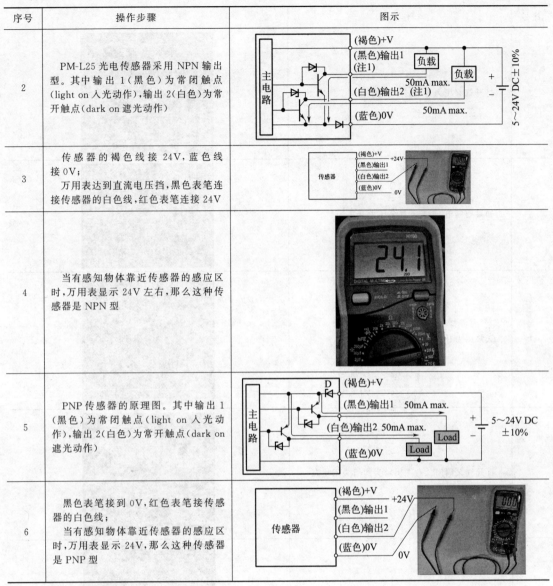

（六）气源装置送电、送气操作步骤

序号	操作步骤	图示
1	将气泵的插头连上单相 220V 交流电源	

续表

序号	操作步骤	图示
2	打开气泵压力开关,给气泵上电	
3	如果要断电,则按下气泵压力开关	
4	气泵压力开关拉开为通电	
5	打开气泵阀门。右图所示为阀门关闭状态	
6	右图所示为阀门打开状态	
7	打开柜内进气阀门,如图所示为阀门关闭状态	

续表

序号	操作步骤	图示
8	将阀门拨至右侧,阀门打开	

(七)减压阀打开、调节操作步骤

序号	操作步骤	图示
1	打开减压阀,拉开为减压阀可调状态,按下为减压阀不可调状态	
2	顺时针旋转减压阀为增大气压,逆时针为减小气压。通过观测减压阀下方压力表,调整减压阀至合适压力值后,关闭减压阀调整状态	
3	调整柜内减压阀,拉开可调节减压阀阀值,按下则减压阀阀值不可调	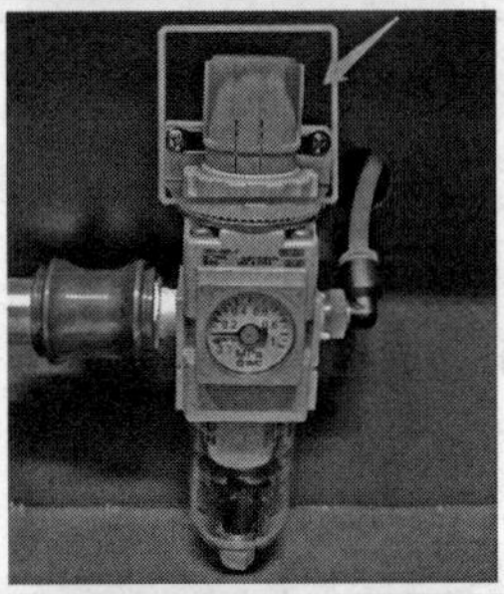
4	顺时针旋转减压阀为增大气压,逆时针为减小气压。通过观测减压阀下方压力表,调整减压阀至合适压力值后,关闭减压阀调整状态	

（八）电磁阀手动调节操作步骤

序号	操作步骤	图示
1	电磁阀外观	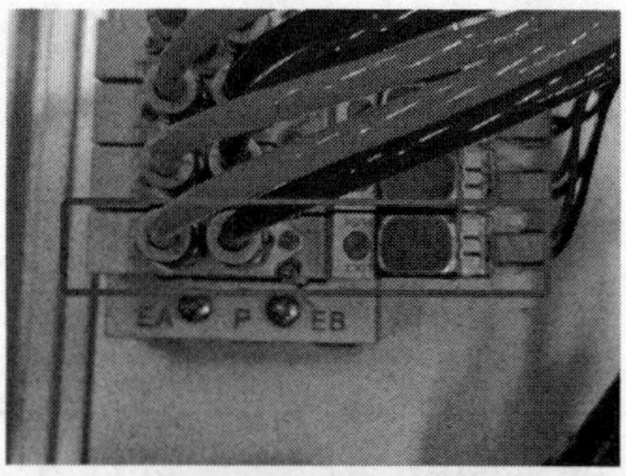EA P EB
2	在通气未上电的情况下，用螺丝刀按压电磁阀上的蓝色按钮，可以手动使电磁阀动作	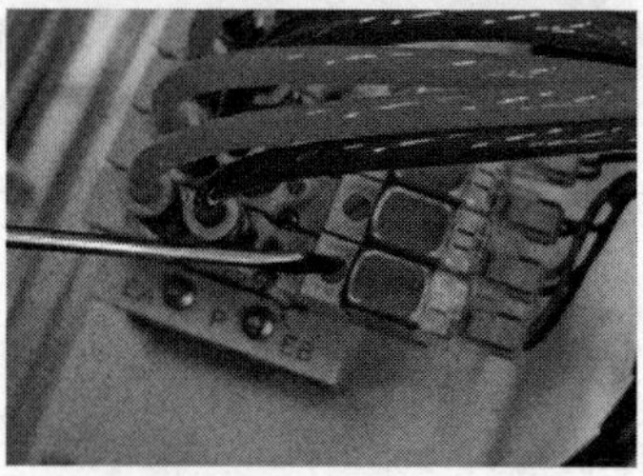

（九）气缸速度手动调节操作步骤

序号	操作步骤	图示
1	找到相关气缸	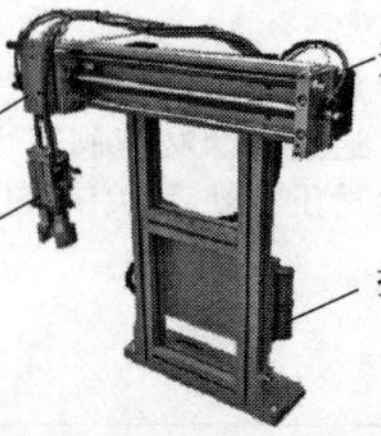无杆气缸 双联气缸 平行机械夹 接线端子
2	找到气缸速度调节旋钮	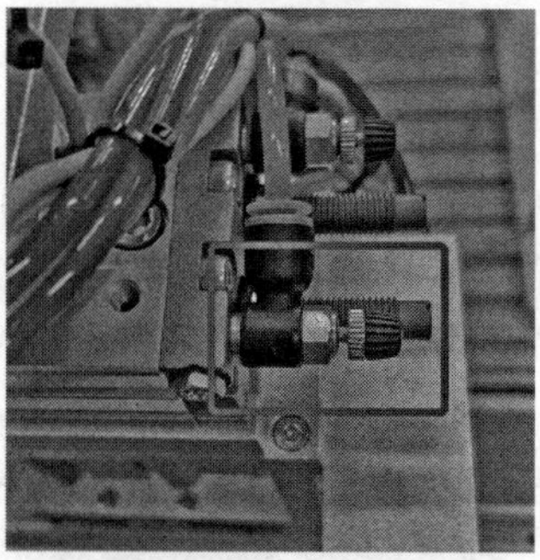
3	螺栓逆时针旋转至旋钮处	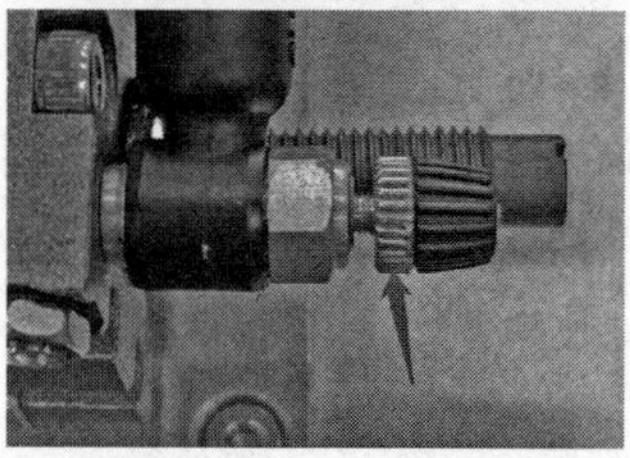

续表

序号	操作步骤	图示
4	旋转旋钮,逆时针旋转增大气缸速度,顺时针旋转会减小气缸速度	
5	设定完毕后,将坚固螺栓顺时针旋转到底,以防旋钮松动	

(十) PLC 与伺服控制器的接线操作步骤

序号	操作步骤	图示
1	伺服驱动器端子排布	
2	信号端口 CN0 说明	

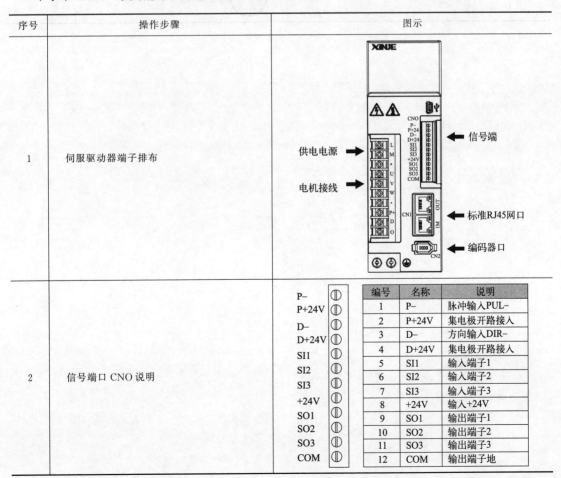

信号端口 CN0 端子说明：

编号	名称	说明
1	P−	脉冲输入PUL−
2	P+24V	集电极开路接入
3	D−	方向输入DIR−
4	D+24V	集电极开路接入
5	SI1	输入端子1
6	SI2	输入端子2
7	SI3	输入端子3
8	+24V	输入+24V
9	SO1	输出端子1
10	SO2	输出端子2
11	SO3	输出端子3
12	COM	输出端子地

续表

序号	操作步骤	图示
3	伺服驱动器上的端口 P-和 D-均接地； +24V 接 PLC S7-1200 的 24V 输出； P+24V 接 PLC S7-1200 的 Q0.0； D+24V 接 PLC S7-1200 的 Q0.1； SI1 接 PLC S7-1200 的 I0.6； SI2 接 PLC S7-1200 的 I0.7； SI3 接 PLC S7-1200 的 I1.0	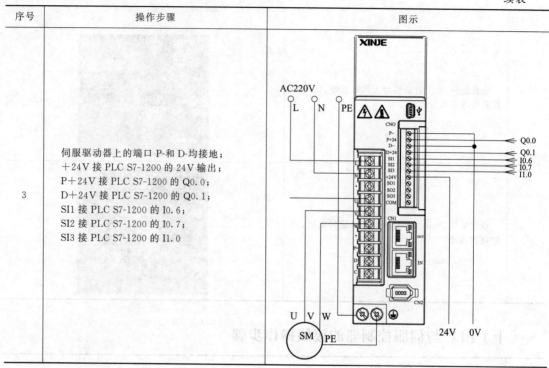

技能点二　西门子PLC编程软件博途操作

一、技能索引

序号	技能库	页码	序号	技能库	页码
1	新建项目操作步骤	117	12	运动控制轴组态方法	129
2	组态设备和网络操作步骤	118	13	轴手动控制指令使用	130
3	在线上传组态操作步骤	119	14	轴组态测试调试操作步骤	132
4	PLC程序输入操作步骤	121	15	非优化DB块创建步骤	133
5	PLC程序下载操作步骤	122	16	远程IO组态操作方法	134
6	设置电脑IP操作步骤	124	17	PLC组态启用高速计数器方法	136
7	定时器调用基本操作步骤	125	18	PID功能组态编程与调试操作步骤	137
8	数据库DB中建立IEC_TIMER类型数据操作步骤	126	19	博途仿真的使用	139
9	程序中调用DB块中的数据操作步骤	126	20	组态直线运动控制工艺对象操作步骤	140
10	系统与时钟存储器设置方法	127	21	PLC中循环中断OB的建立操作步骤	142
11	计数器调用基本操作步骤	128		—	

二、操作

（一）新建项目操作步骤

序号	操作步骤	图示
1	双击图标打开博途软件	
2	单击【创建新项目】指令，右侧切换为【创建新项目】窗口	
3	在【项目名称】栏添加项目名称或者默认；在【路径】栏添加或默认项目存储位置；单击右下方的【创建】按钮，即可创建新项目	

（二）组态设备和网络操作步骤

序号	操作步骤	图示
1	单击右侧【新手上路】下面的【组态设备】，进入步骤3； 或者单击左下角的【项目视图】，进入步骤2	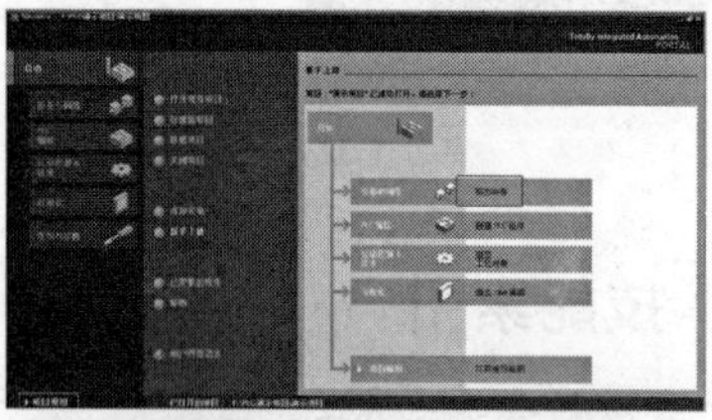
2	双击左侧【项目树】，单击【设备】→【演示项目】→【添加新设备】，进入【添加新设备】窗口	
3	单击左侧【控制器】	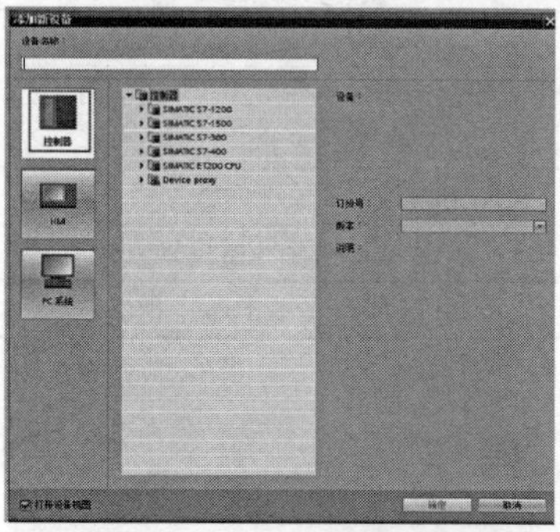
4	单击【控制器】→【SIMATIC S7-1200】→【CPU】→【CPU 1215C DC/DC/DC】→【6ES7 215-1AG40-0XB0】， 在上方【设备名称】栏填写设备名称或默认，单击右下角【确定】按钮	
5	CPU添加好之后，【设备】视图中选中PLC，下方出现巡视窗口	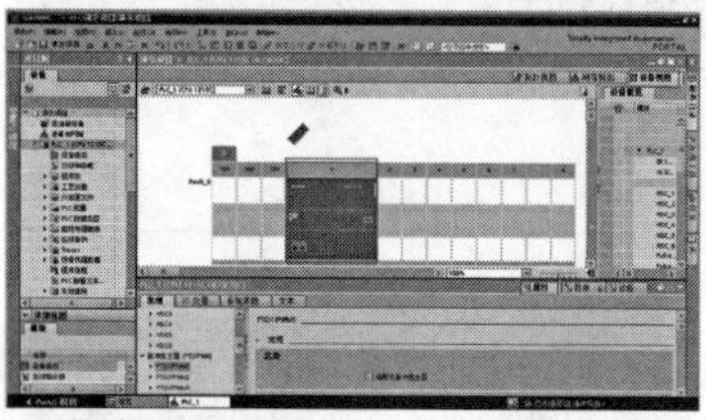
6	单击【常规】选项卡	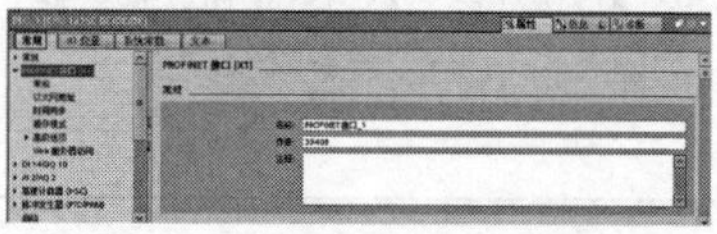

续表

序号	操作步骤	图示
7	单击【PROFINET 接口】→【以太网地址】,右侧出现以太网地址属性设置	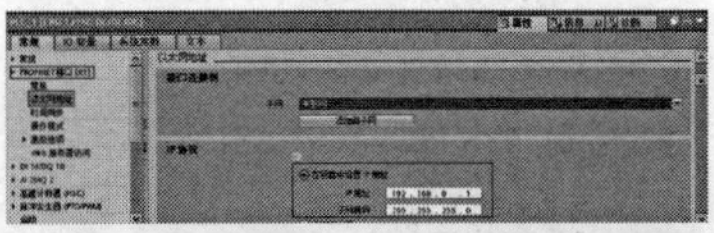
8	在【IP 协议】栏中,勾选在【项目中设置 IP 地址】,设置 IP 地址和子网掩码	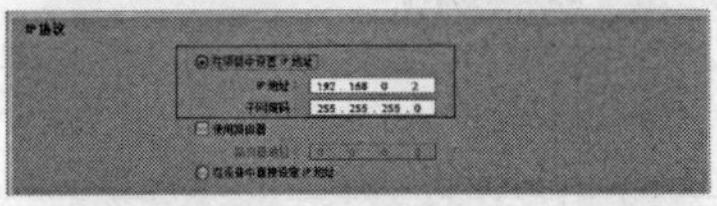
9	单击左上的【保存项目】图标,保存项目及其组态设置	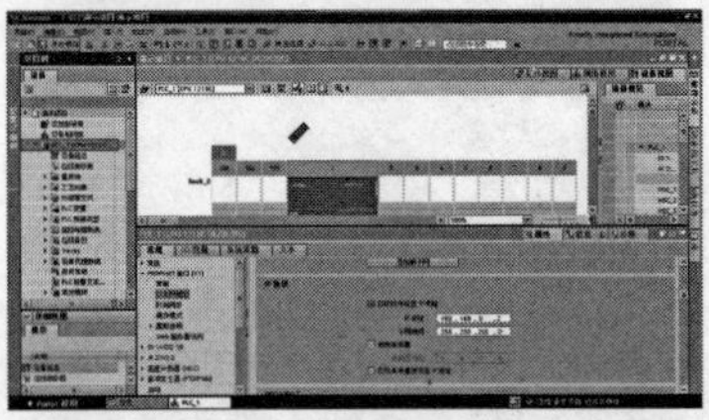
10	①标题栏;②菜单栏;③工具栏;④项目树;⑤参考项目;⑥详细视图;⑦工作区;⑧分隔线;⑨巡视窗口;⑩切换到 Portal 视图;⑪编辑器栏;⑫带有进度显示的状态栏;⑬任务卡	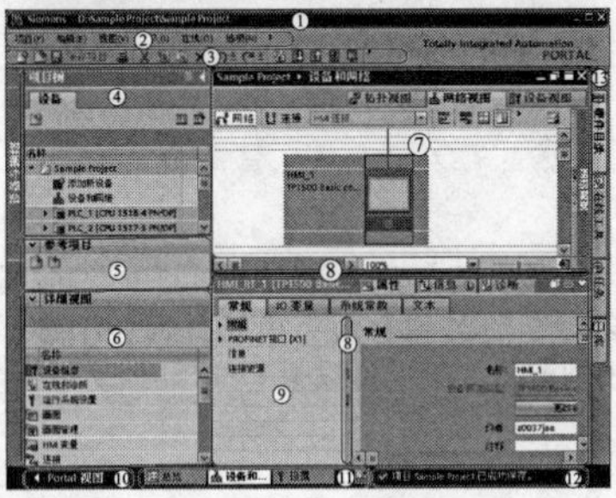

（三）在线上传组态操作步骤

序号	操作步骤	图示
1	双击左侧项目树单击【添加新设备】,进入【添加新设备】窗口;选中非特定 CPU 1200,单击【确定】	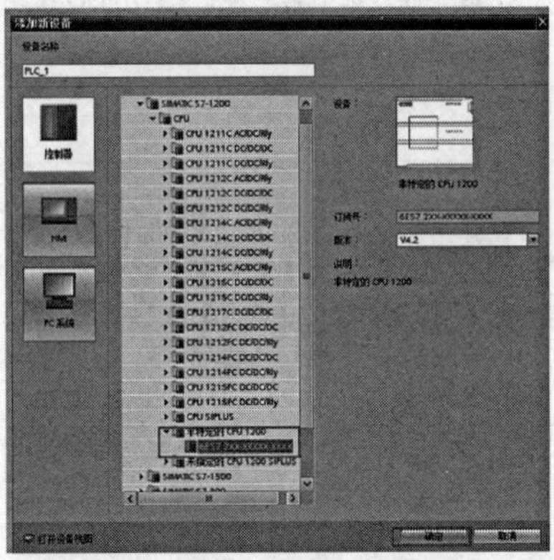
2	单击【设备视图】选项卡,单击【获取】	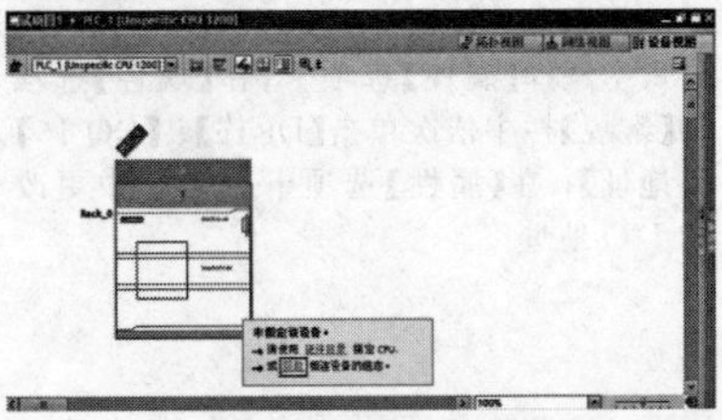

续表

序号	操作步骤	图示
3	或从菜单【在线(O)】中选择【硬件检测】中的【网络中的CPU】命令	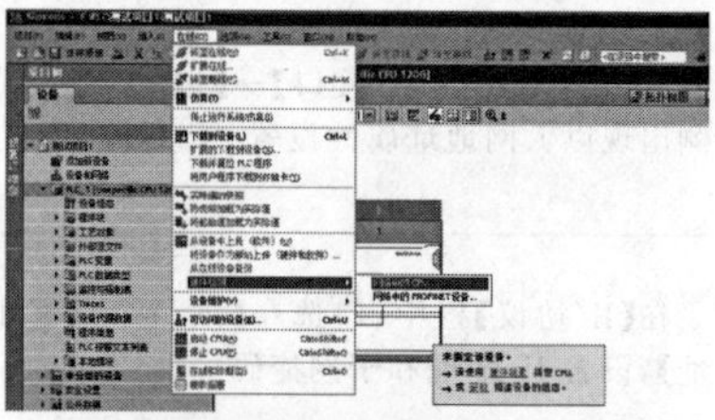
4	单击【开始搜索】	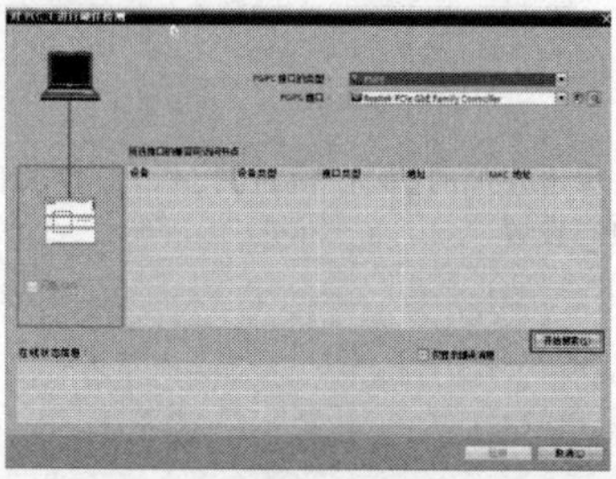
5	从对话框中选择PG/PC接口并单击【检测】，会上传CPU以及所有模块(SM、SB或CM)的硬件配置。随后可以为CPU和模块组态参数	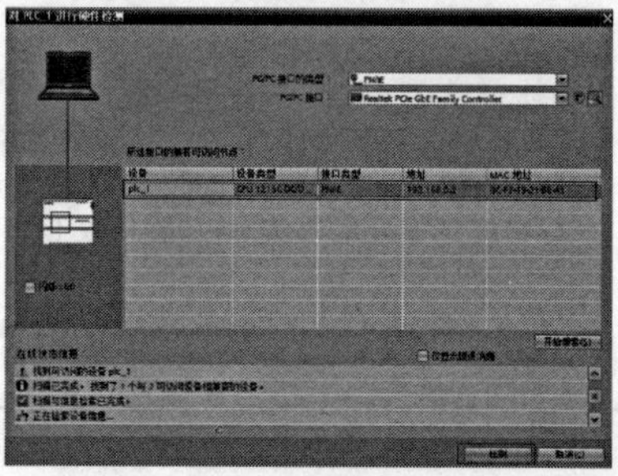
6	上传完成。选中第一块扩展DI/DQ模块	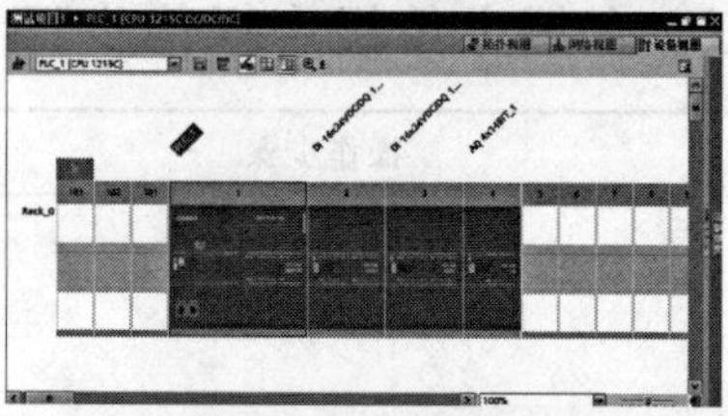
7	在弹出的巡视窗口中选择【属性】选项卡，在【属性】选项卡内的【常规】栏中依次单击【DI 16】、【DQ 16】、【I/O 地址】，在【属性】选项卡的内容中更改相应的I/O地址	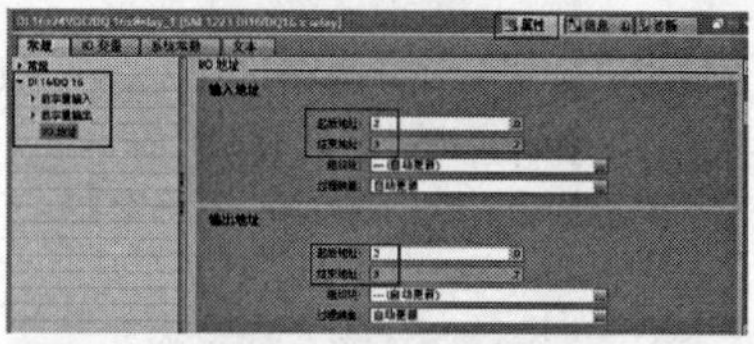
8	选中第三块扩展DI/DQ模块，在弹出的巡视窗口中选择【属性】选项卡，在【属性】选项卡内的【常规】栏中依次单击【DI 16】、【DQ 16】、【I/O 地址】，在【属性】选项卡的内容中更改相应的I/O地址	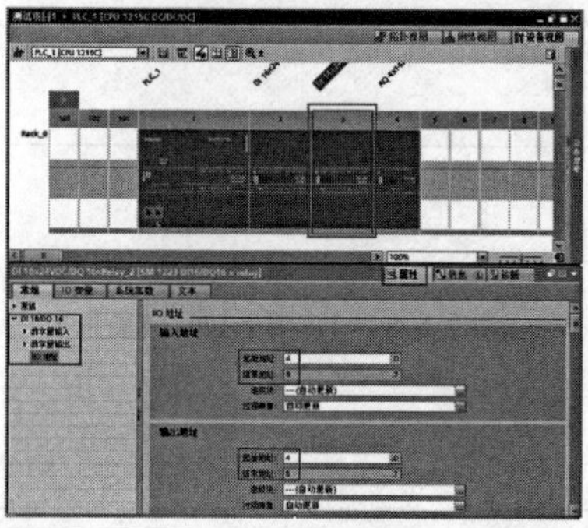

（四）PLC 程序输入操作步骤

序号	操作步骤	图示
1	点开左侧项目树下面的程序块，双击【🔹 Main [OB1]】，右侧出现 Main[OB1]编辑窗口和指令窗口	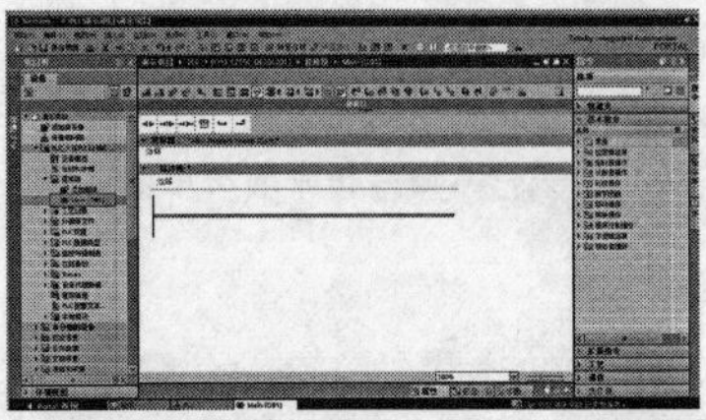
2	程序编辑器各组成部分 ① 工具栏； ② 块接口； ③ "指令"任务卡中的"收藏夹"窗格，以及编程窗口中的收藏夹； ④ 编程窗口； ⑤ "指令"任务卡； ⑥ "测试"任务卡	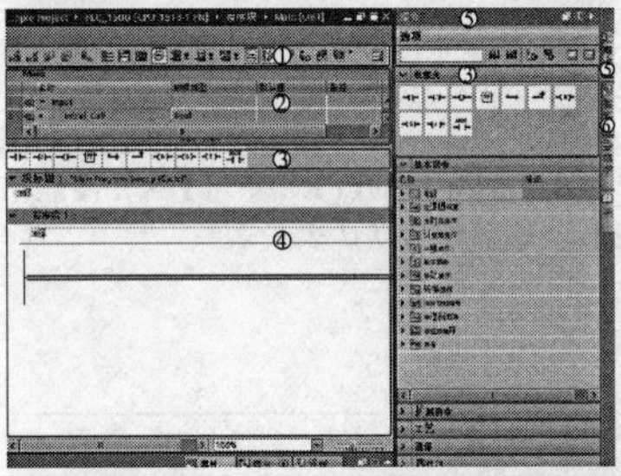
3	指令输入方法： ① 从收藏夹拖入或双击； ② 从指令任务卡中拖入或双击	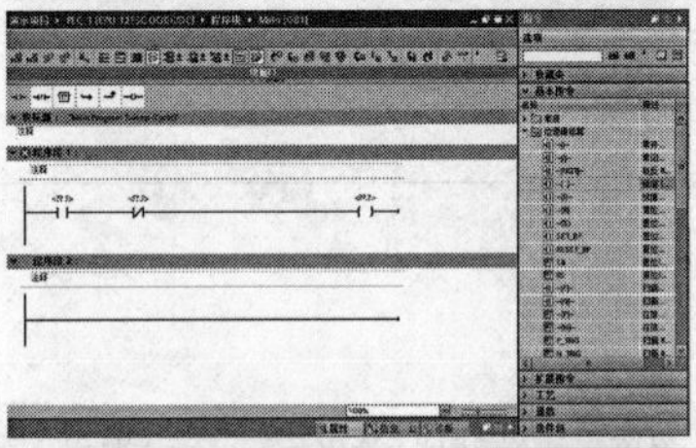
4	单击选中程序段 1 中的左侧母线→单击收藏夹中的 ↪，或按快捷键 Shist+F8，插入分支	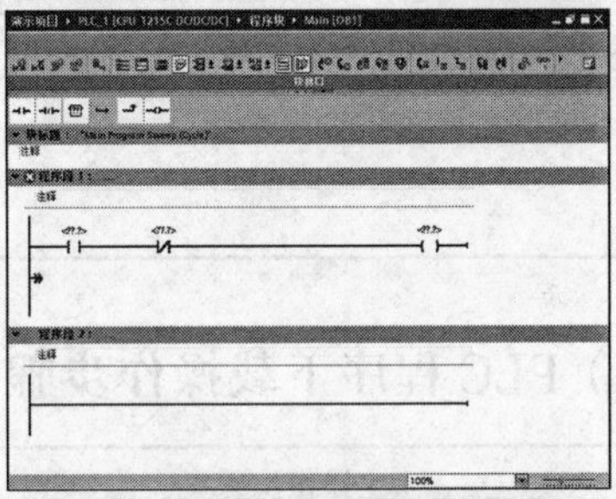
5	单击分支处选中分支后，用同样的方法输入指令	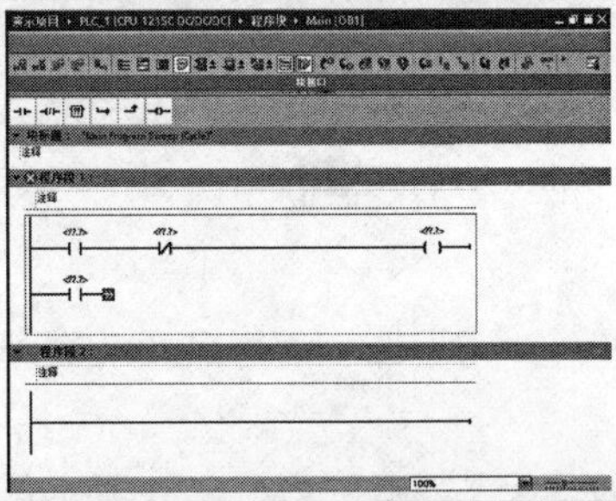
6	选中需要连线部分，单击收藏夹中的 ↑ 或按快捷键 Shist+F9，即可向上连线； 也可选中需要连线部分，直接拖动鼠标连接即可	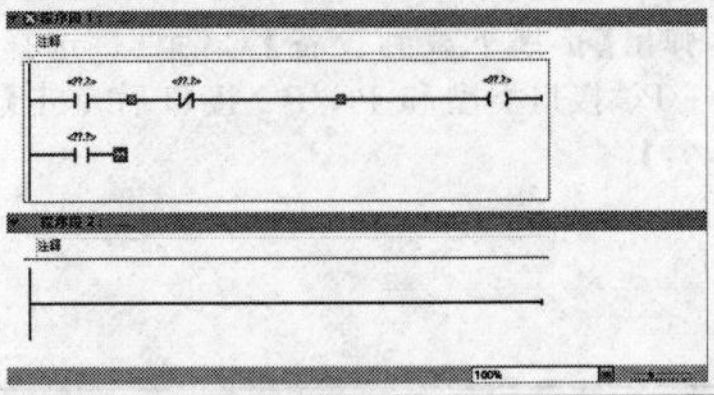

续表

序号	操作步骤	图示
7	双击 <??.?>，输入相应的变量地址即可	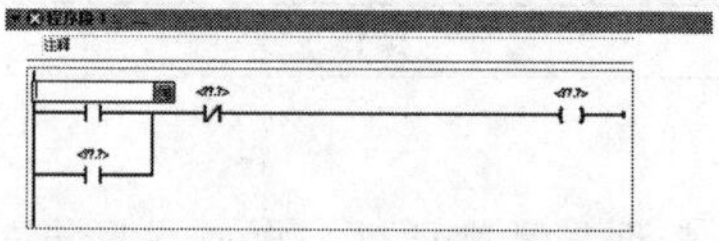 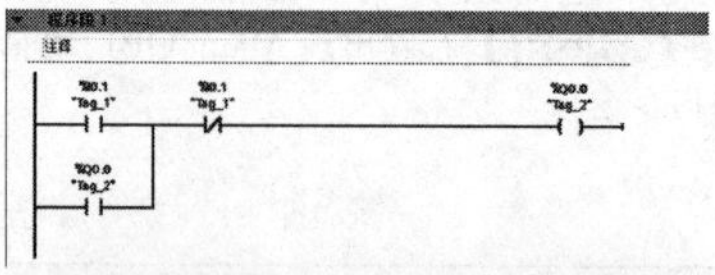
8	单击项目树中的【PLC 变量】，双击【默认变量表】，工作区显示默认表量表	
9	在变量表中依次添加所需变量，输入名称，选择数据类型，输入地址	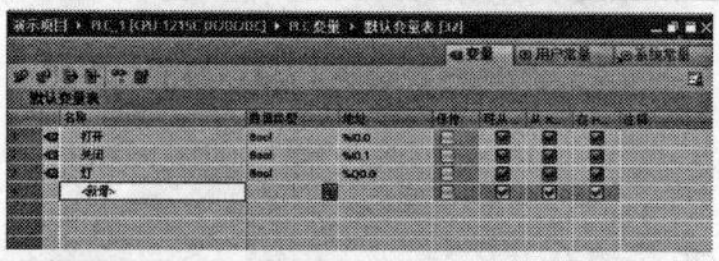
10	切换至编程界面，双击 <??.?>，单击  ，从下拉列表中选中相应变量。	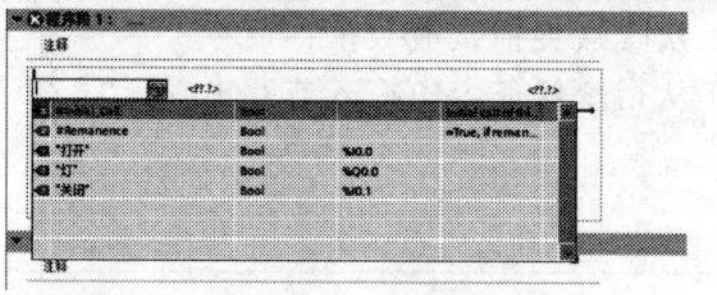 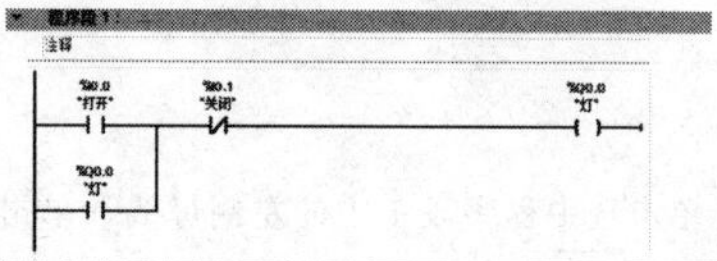

（五）PLC 程序下载操作步骤

序号	操作步骤	图示
1	单击工具栏中的	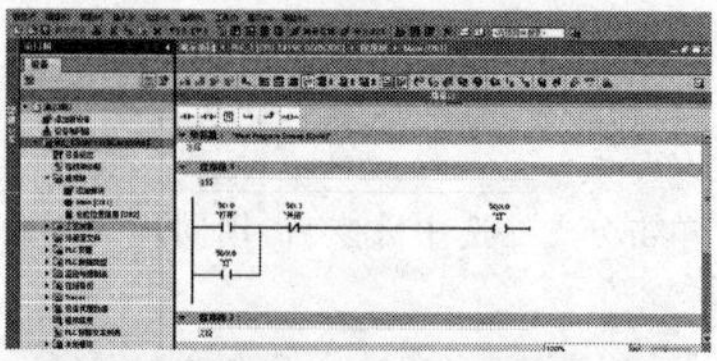
2	弹出【扩展下载到设备】对话框。选择相应 PG/PC 接口类型和 PG/PC 接口后单击【开始搜索】	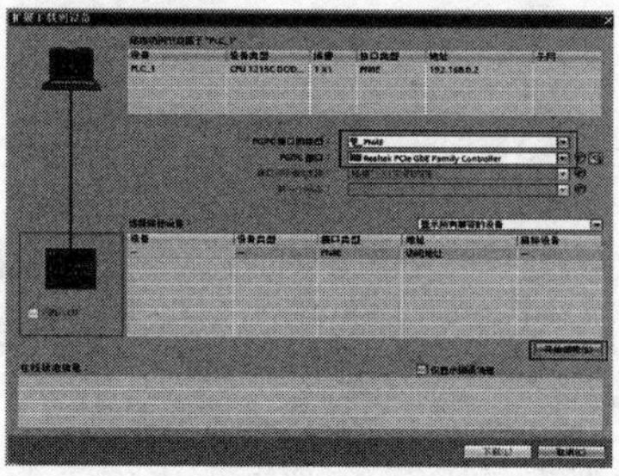

续表

序号	操作步骤	图示
3	搜索完毕,选择好PLC设备,单击【下载】	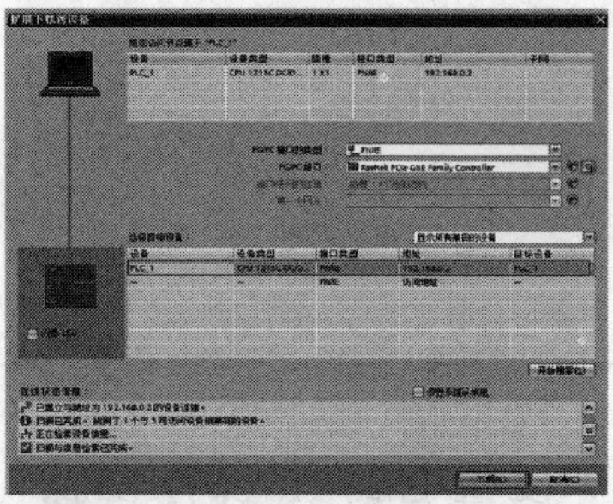
4	开始准备下载	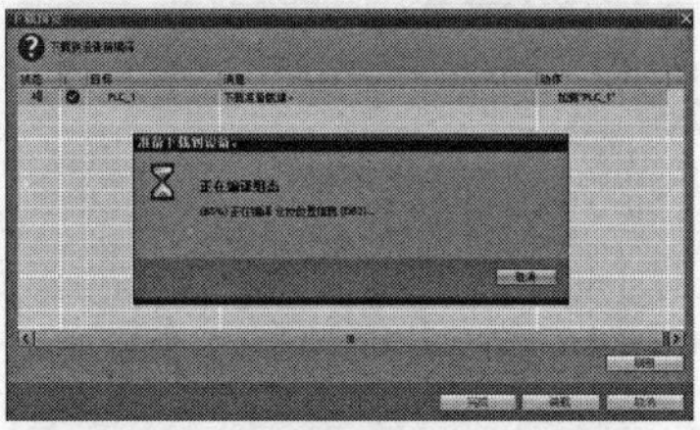
5	单击【在不同步的情况下继续】	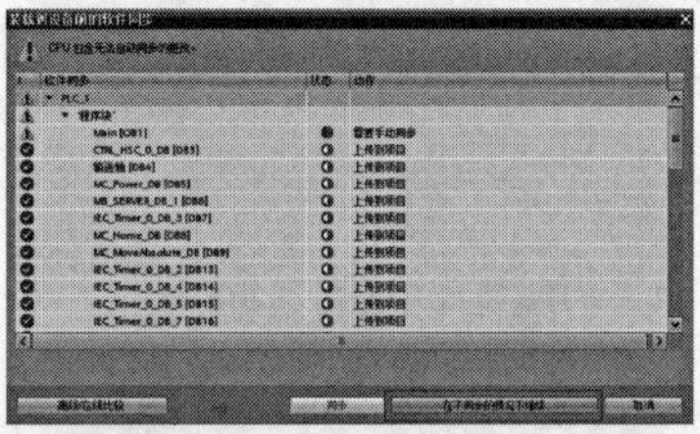
6	单击【装载】	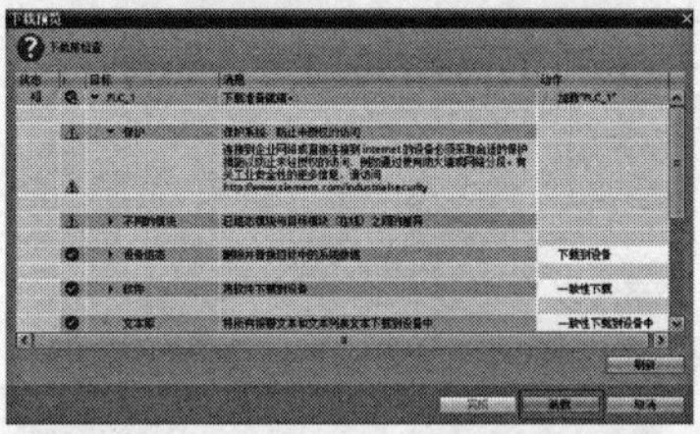
7	开始装载	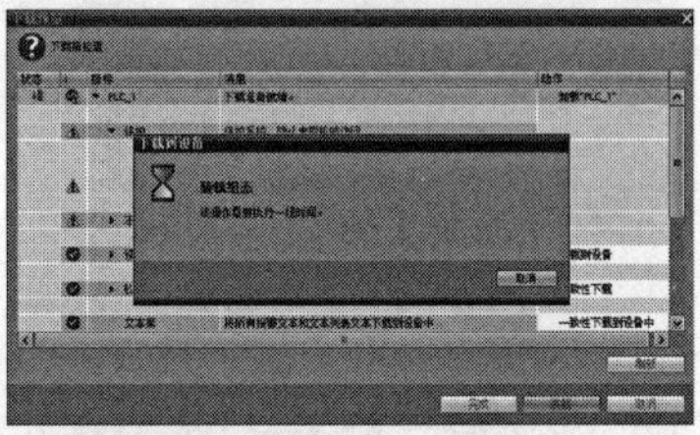
8	选择启动模块	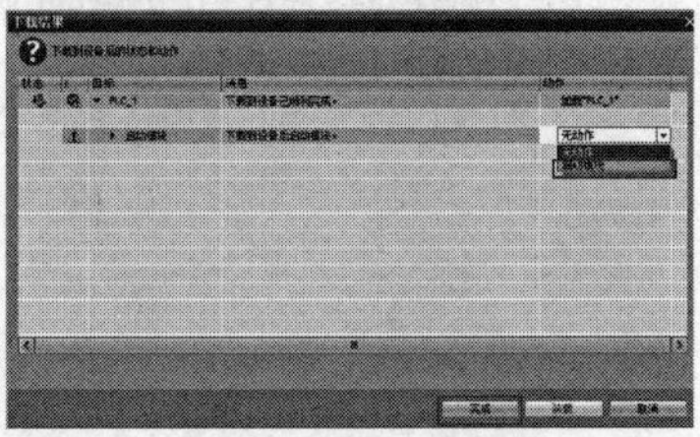

技能库

续表

序号	操作步骤	图示
9	单击【完成】	

（六）设置电脑 IP 操作步骤

序号	操作步骤	图示
1	打开电脑控制面板，单击【查看网络状态和任务】	
2	单击左侧【更改适配器设置】	
3	双击【以太网】	
4	弹出以太网属性对话框选中【Internet 协议版本 4（TCP/IPV4）】，单击【属性】	

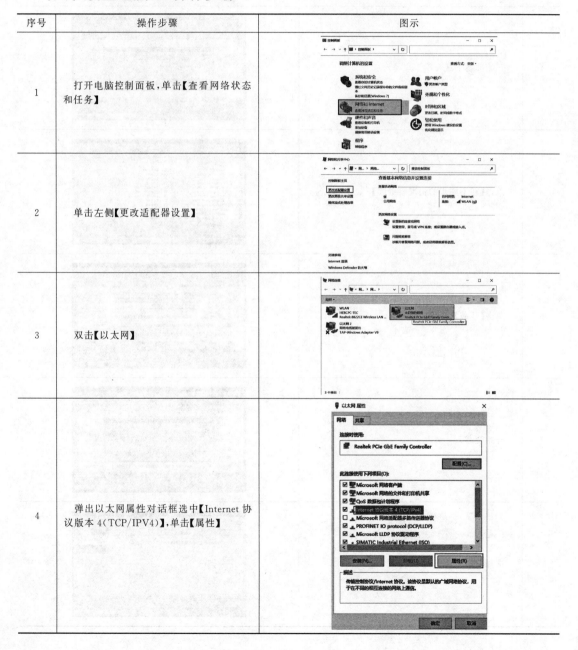

续表

序号	操作步骤	图示
5	勾选【使用下面的 IP 地址】,设置 IP 地址和 PLC 在同一个网段内且不相同,单击【确定】	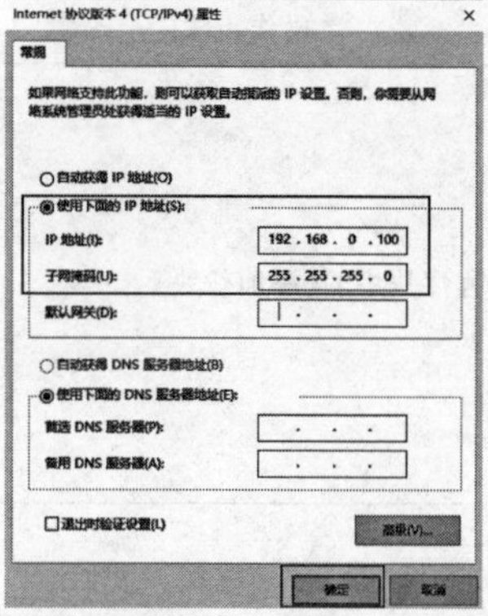

(七)定时器调用基本操作步骤

序号	操作步骤	图示
1	选择指令框,基本指令中选择【定时器操作】,根据需要选择通电延时或断电延时等	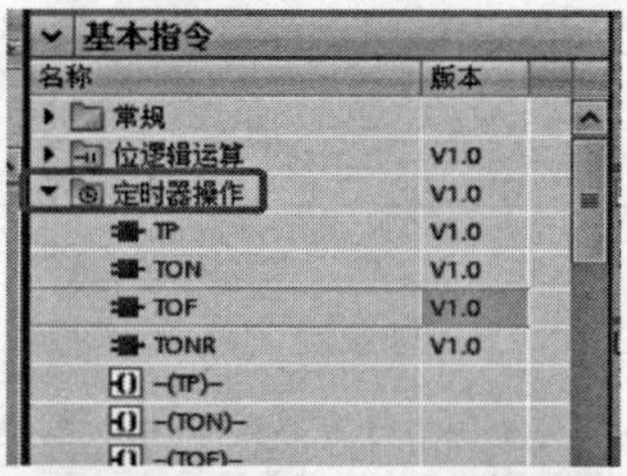
2	以通电延时为例,选择图中通电延时定时器【TON】	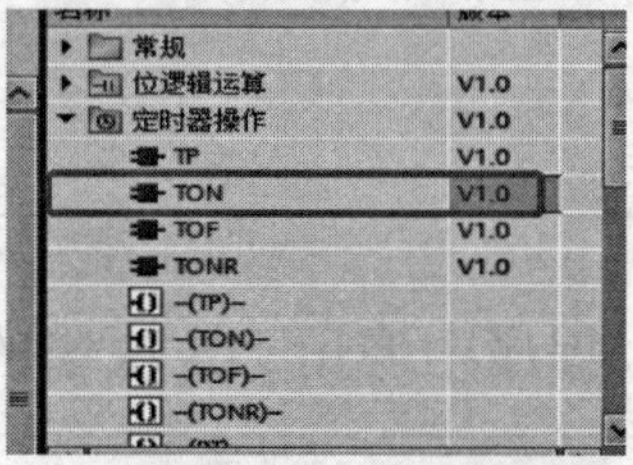
3	双击【TON】,并在【调用选项】对话框中为其命名或使用默认名称	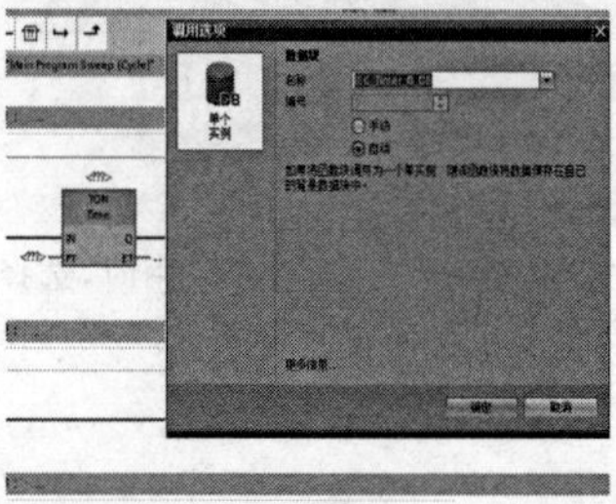
4	设置定时器参数 PT(接通延时的持续时间)。PT 参数的值必须为正数; ET 为当前时间值; IN 为启动输入; Q 为超过时间 PT 后置位的输出	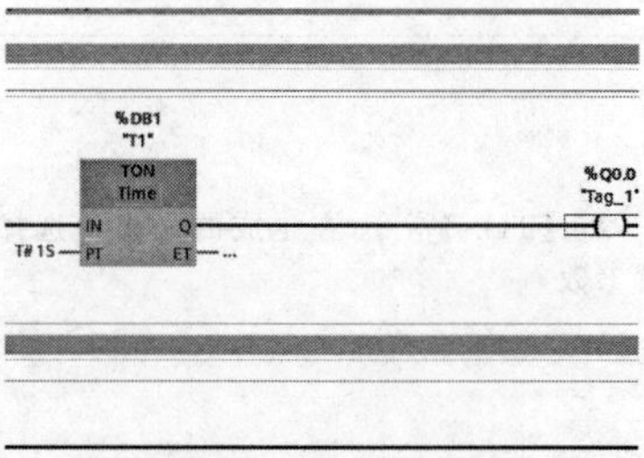

（八）数据库 DB 中建立 IEC_TIMER 类型数据操作步骤

序号	操作步骤	图示
1	选择程序块中的【添加新块】	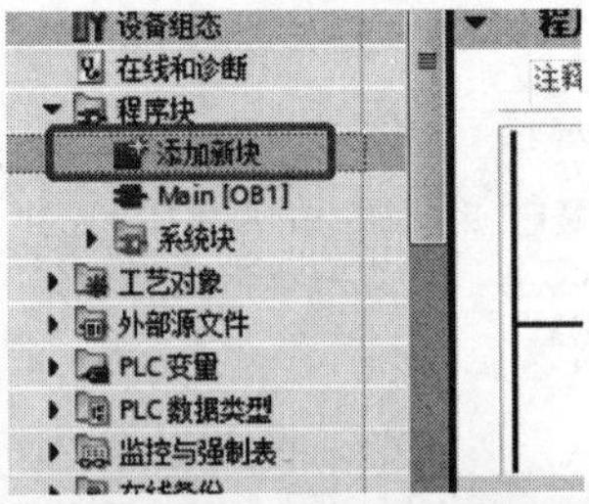
2	双击【添加新块】指令，添加 DB 数据块，类型选择【全局 DB】，设置完成后单击【确定】	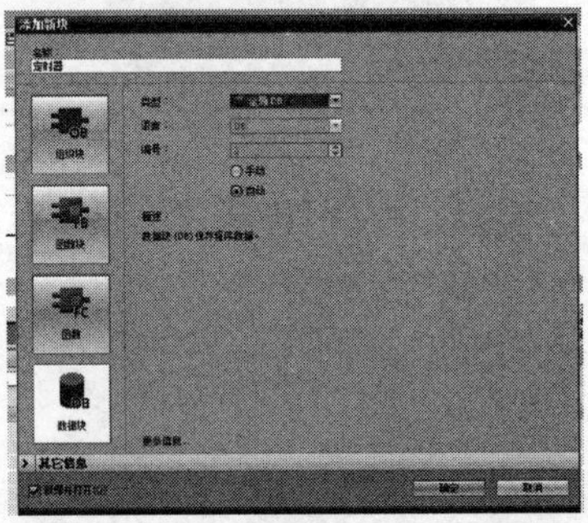
3	在程序资源中设置参数，其中数据类型选择 IEC_TIMER，名称按需要选择	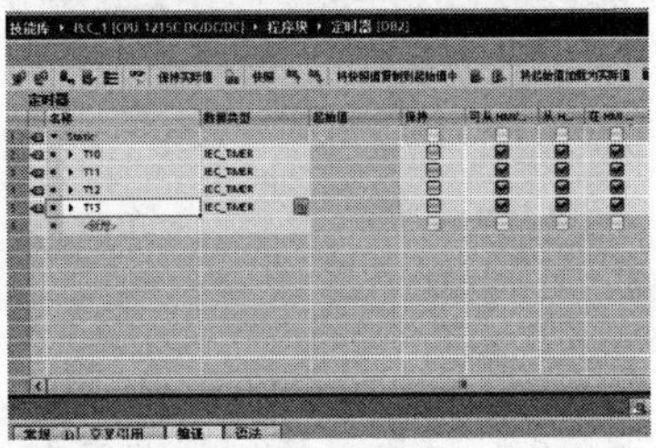

（九）程序中调用 DB 块中的数据操作步骤

序号	操作步骤	图示
1	批量建立完成后，当需要调用时，选择需要使用的定时器（以 TON 为例）	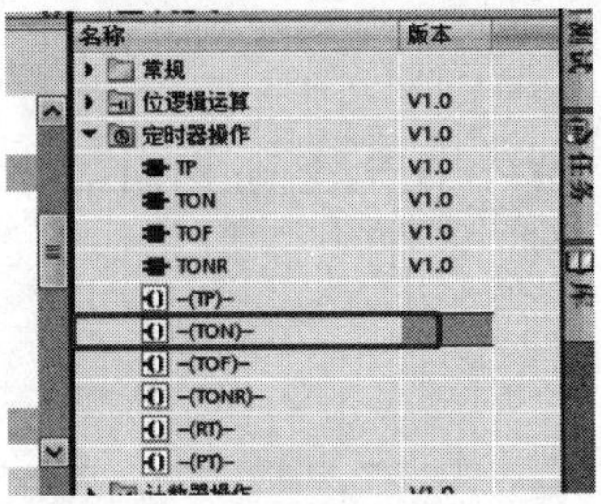
2	双击【TON】指令，在生成的输出中选择及设置参数	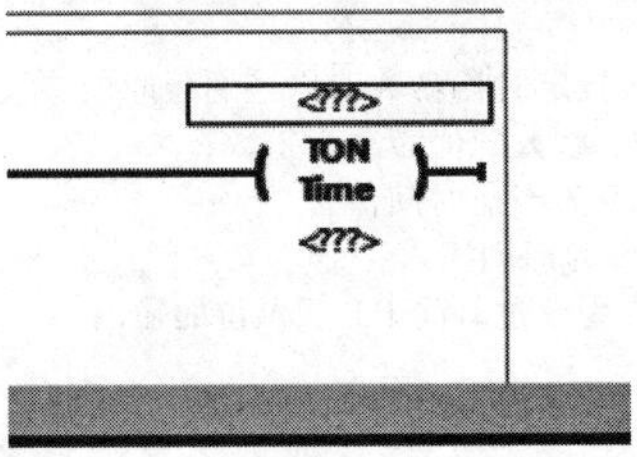

续表

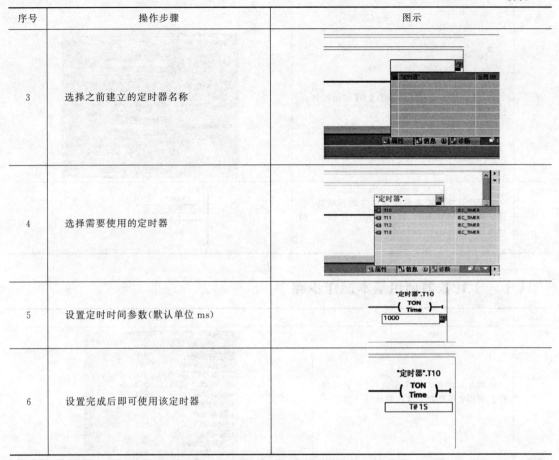

（十）系统与时钟存储器设置方法

序号	操作步骤	图示
1	在项目树中选择PLC的【设备组态】	
2	双击【设备组态】后，选择图中的PLC，在【常规】设置中单击【系统和时钟存储器】	

续表

序号	操作步骤	图示
3	勾选【启用系统存储器字节】和【启用时钟存储器字节】即可完成创建	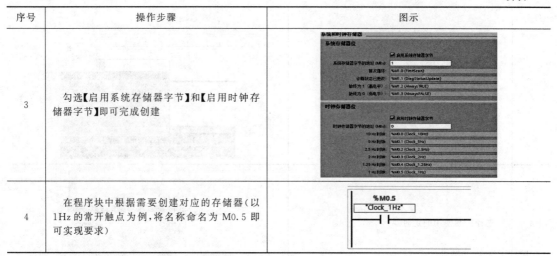
4	在程序块中根据需要创建对应的存储器(以1Hz的常开触点为例,将名称命名为 M0.5 即可实现要求)	

（十一）计数器调用基本操作步骤

序号	操作步骤	图示
1	在指令框的基本指令中选择【计数器操作】,根据需要选择加计数器或减计数器	
2	以加计数器为例,选择通电延时定时器 CTU	
3	在【调用选项】中为其命名或使用默认名称	
4	设置计数值 PV。 CU 为计数输入; R 为复位输入; CV 为当前计数值; Q 为 CV 大于等于 PV 后置位的输出	

（十二）运动控制轴组态方法

序号	操作步骤	图示
1	在【工艺对象】中双击【新增对象】	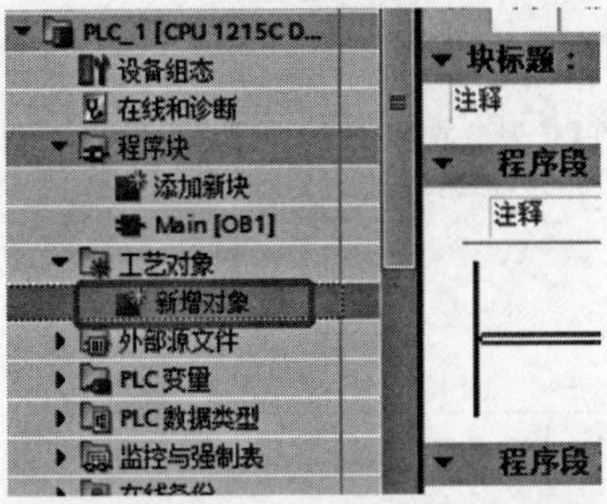
2	将新增对象名称设为"旋转供料轴"，单击【TO_PositioningAxis】，单击【确定】	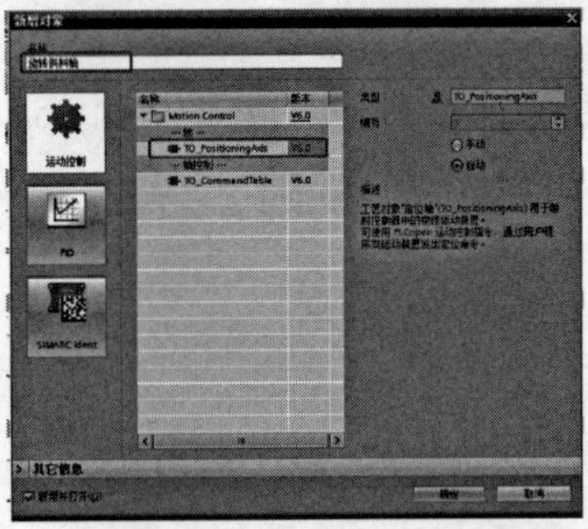
3	在基本参数中设定位置单位为脉冲	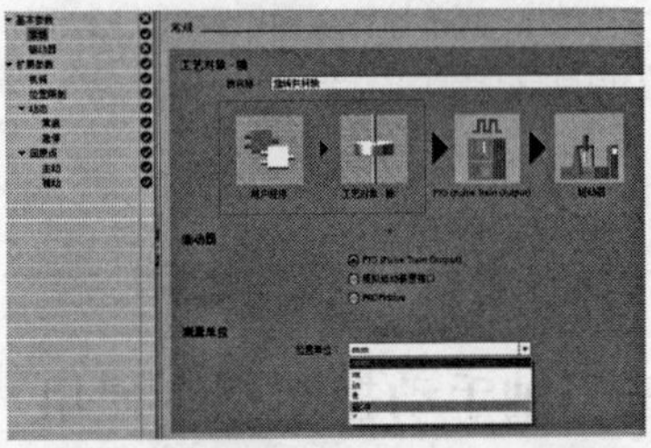
4	在基本参数的【驱动器】栏中脉冲发生器选择 Pulse_3，设定信号类型为 PTO（脉冲A 和方向 B），脉冲输出为 Q0.4，方向输出为 Q0.5，硬件接线保持一致	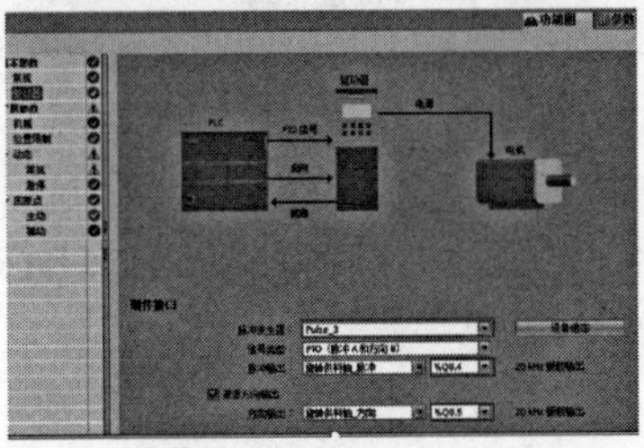
5	在扩展参数中的【机械】栏设置电机每转的脉冲数为5000，与驱动器设置一致	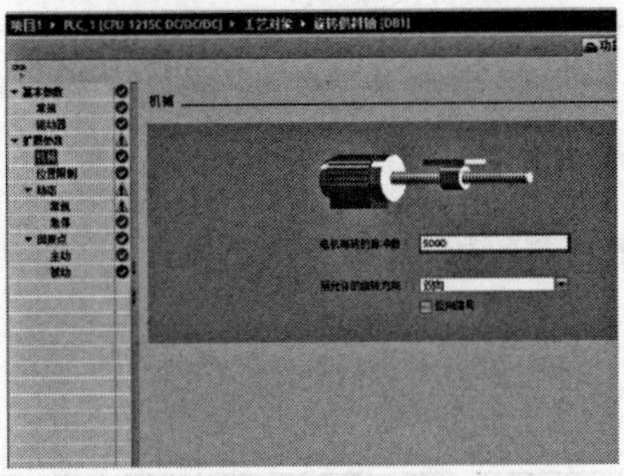

续表

序号	操作步骤	图示
6	在【扩展参数】中的【动态】栏设置最大转速10000,加速时间和减速时间1s	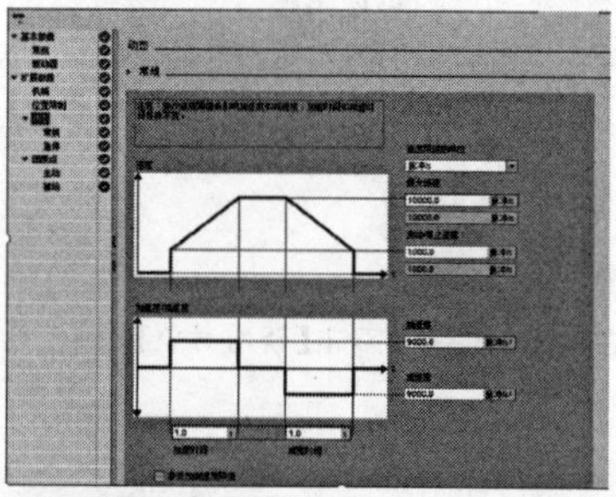
7	【急停】栏的参数设置,急停减速时间0.5s	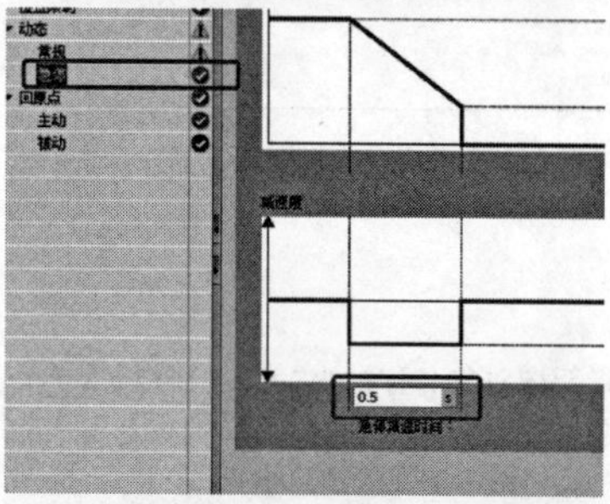
8	在【主动】栏中进行原点开关的设置,使用归位开关I0.3,选择高电平。设置完成后可最小化窗口,进行下一步操作	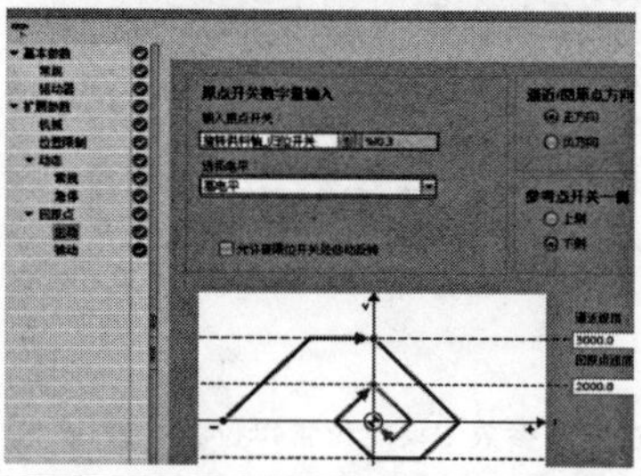

（十三）轴手动控制指令使用

序号	操作步骤	图示
1	单击【工艺】中的【Motion Control】,选择【MC_Power】。	
2	将其命名为"使能块",单击确定	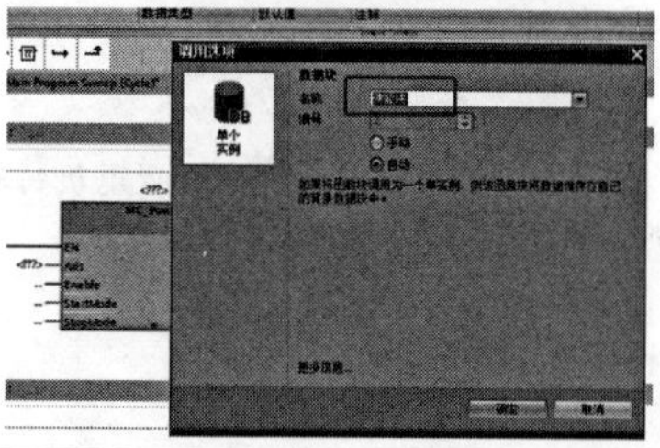

续表

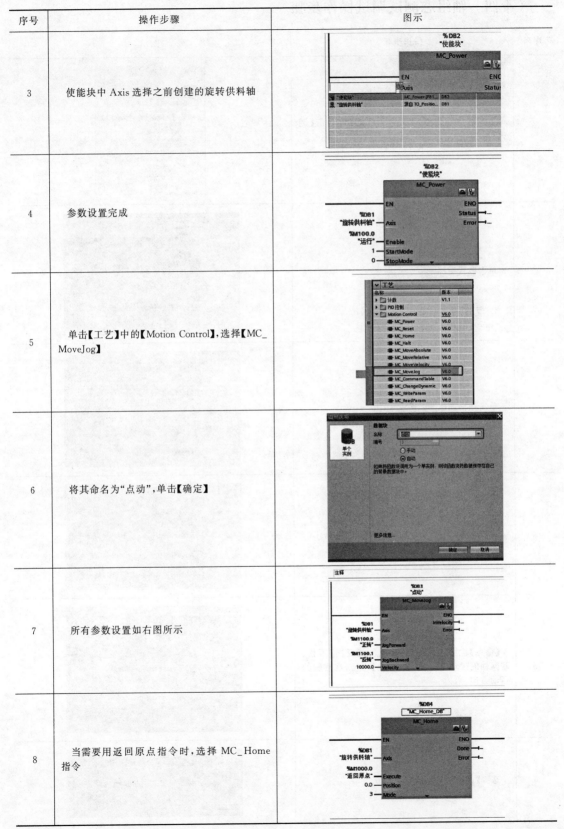

序号	操作步骤	图示
3	使能块中 Axis 选择之前创建的旋转供料轴	
4	参数设置完成	
5	单击【工艺】中的【Motion Control】,选择【MC_MoveJog】	
6	将其命名为"点动",单击【确定】	
7	所有参数设置如右图所示	
8	当需要用返回原点指令时,选择 MC_Home 指令	

（十四）轴组态测试调试操作步骤

序号	操作步骤	图示
1	工艺对象轴组态完成并下载之后，双击【调试】	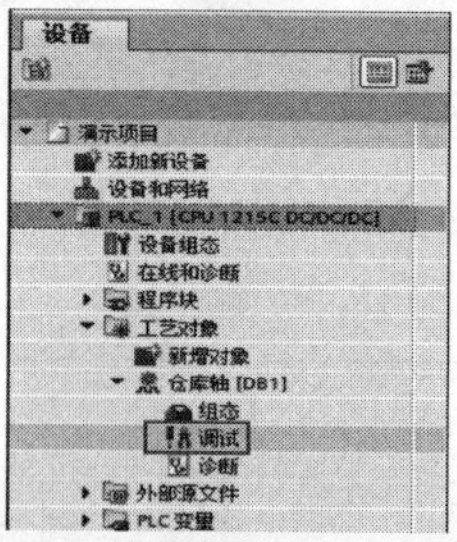
2	单击监视图标	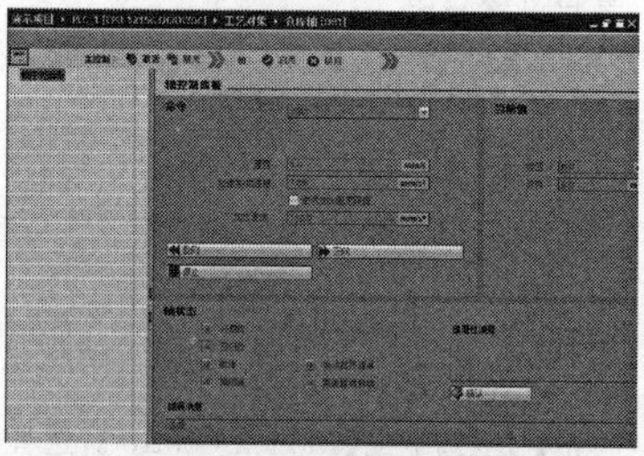
3	单击激活图标 激活	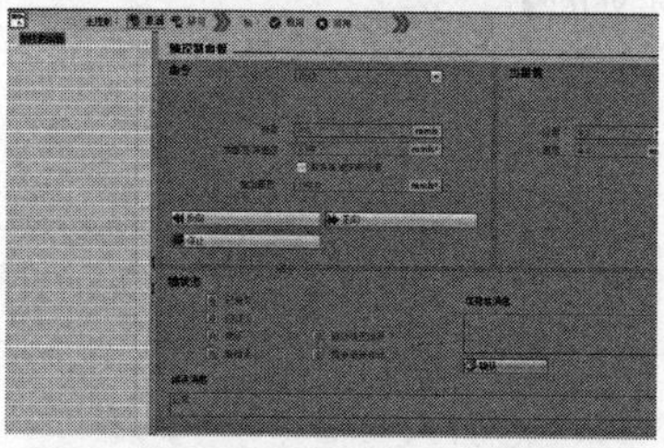
4	单击图标 启用	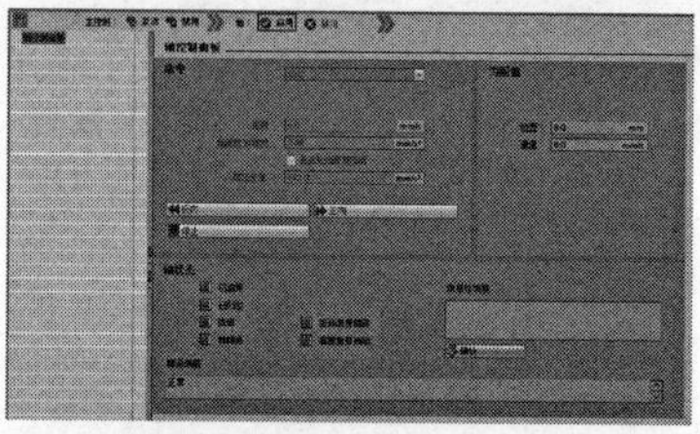
5	【命令】栏中选择【点动】。点中【反向】不松，观察轴的运动方向；点中【正向】不松，观察轴的运动方向	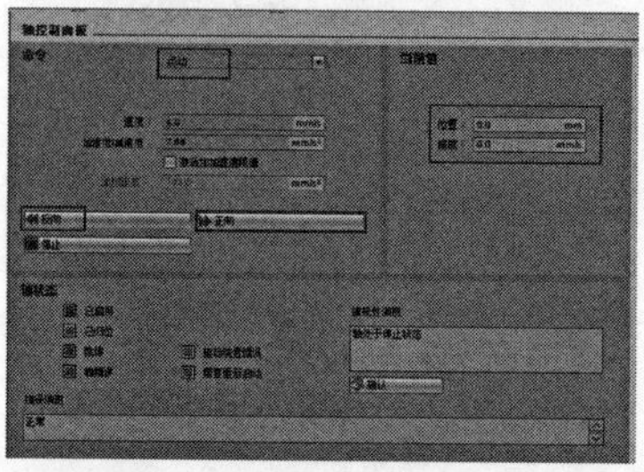
6	选择【回原点】或者【定位】	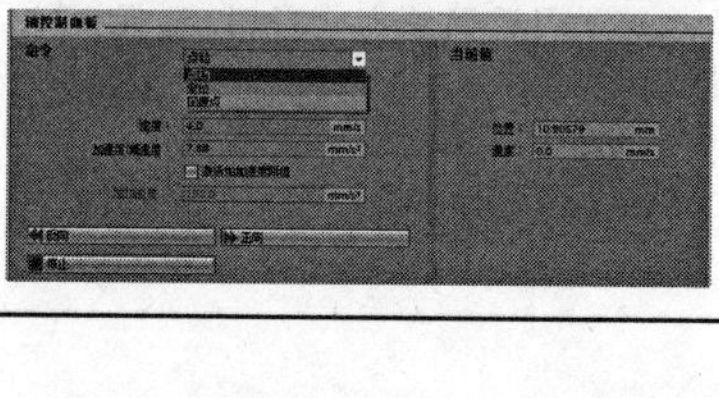

续表

序号	操作步骤	图示
7	选择【定位】,设定目标位置;测试没有问题关闭即可	

（十五）非优化DB块创建步骤

序号	操作步骤	图示
1	选中项目树中【程序块】下面的【添加新块】,并双击,弹出【添加新块】对话框	
2	单击【数据块】,输入名称:仓位位置信息,单击【确定】	
3	选中项目树中【程序块】下的【仓位位置信息】,单击右键,单击右键菜单中的【属性】	
4	单击【常规】-【属性】,不勾选【优化的块访问】,弹出警告对话框	

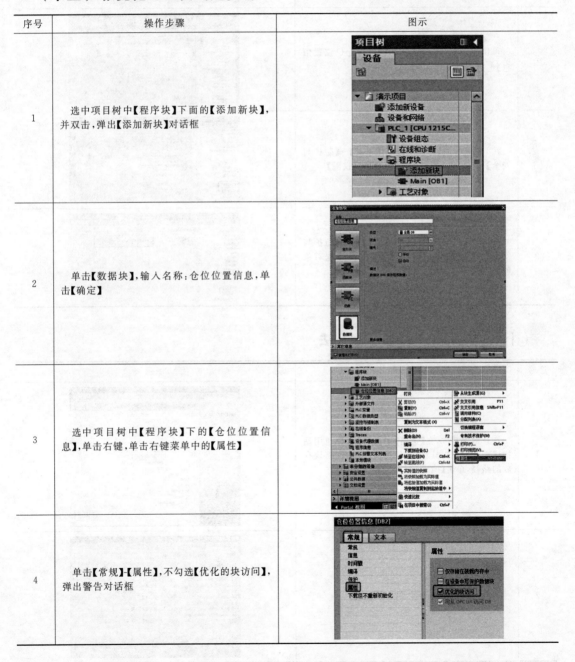

续表

序号	操作步骤	图示
5	单击【确定】,返回【属性】对话框,再单击【属性】对话框的【确定】	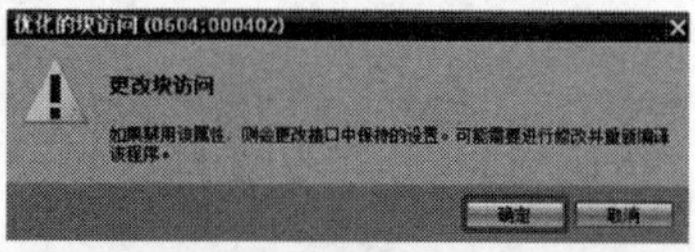
6	在仓位位置信息中依次建立名称"1层取料位置""2层取料位置""3层取料位置",数据类型选择Real的数据	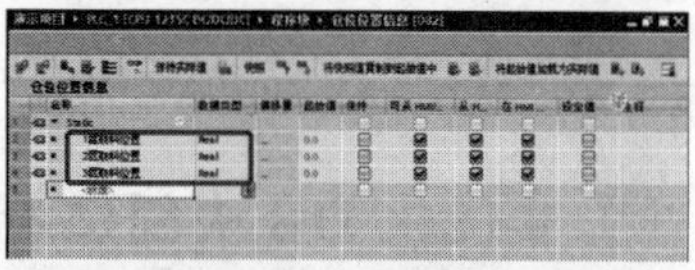
7	单击工具栏图标 ,对数据块【仓位位置信息】进行编译	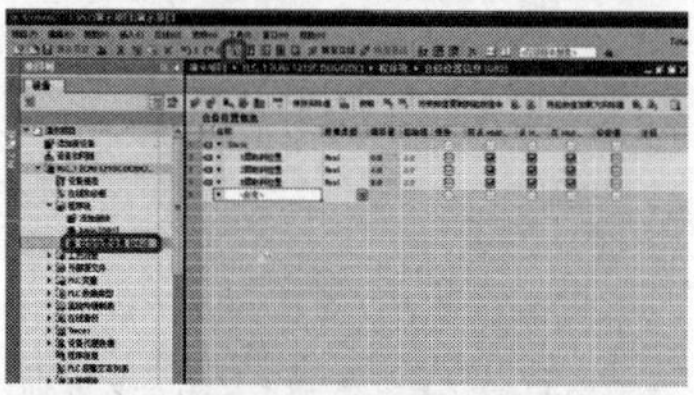
8	在CPU【属性】窗口中,选中【常规】→【防护与安全】→【访问级别】,勾选【完全访问权限】	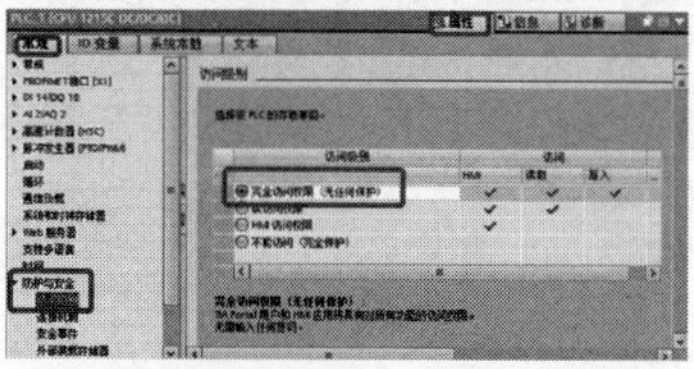
9	在CPU【属性】窗口中,选中【常规】→【防护与安全】→【连接机制】,勾选【允许来自远程对象的PUT/GET通信访问】	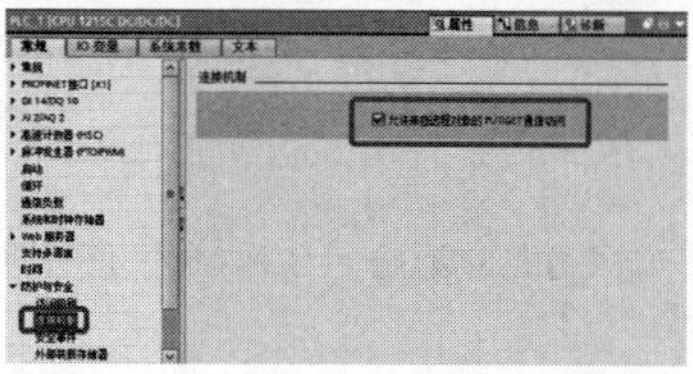

（十六）远程IO组态操作方法

序号	操作步骤	图示
1	打开博途软件,在【选项】中选择【管理通用站描述文件】,弹出其对话框,找到远程IO模块存放的路径,单击【确定】	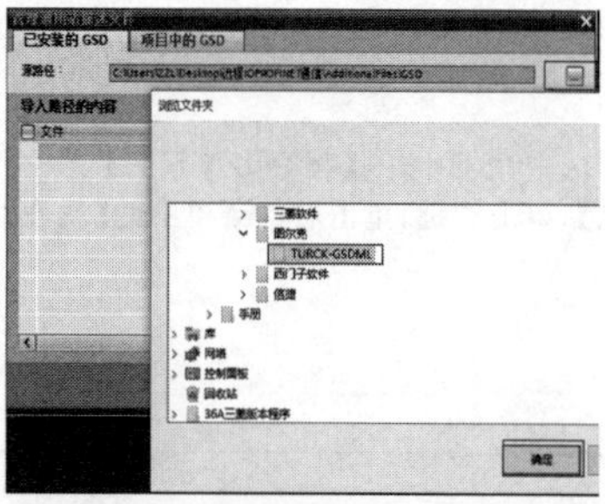
2	勾选导入路径的内容,单击【安装】	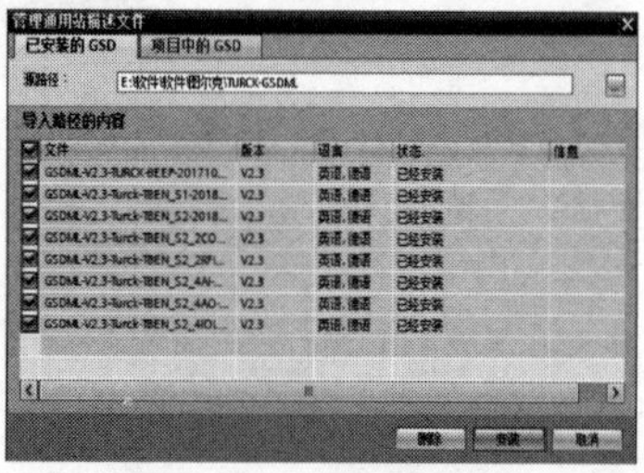

续表

序号	操作步骤	图示
3	在硬件目录中找到【其他现场设备】下的【PROFINET IO】文件夹,在该文件夹中找到"TBEN-S1-8DXP"模块	
4	建立网络连接: 单击远程 IO 模块,单击蓝色字体的"未分配",选择接口,建立网络连接	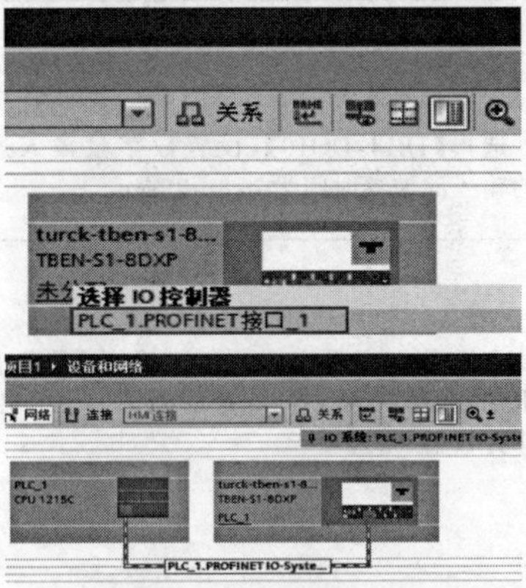
5	在 turck-tben-s1-8dxp 设备视图中,以太网地址选择"在设备中直接设定 IP 地址",勾选"自动生成 PROFINET 设备名称"	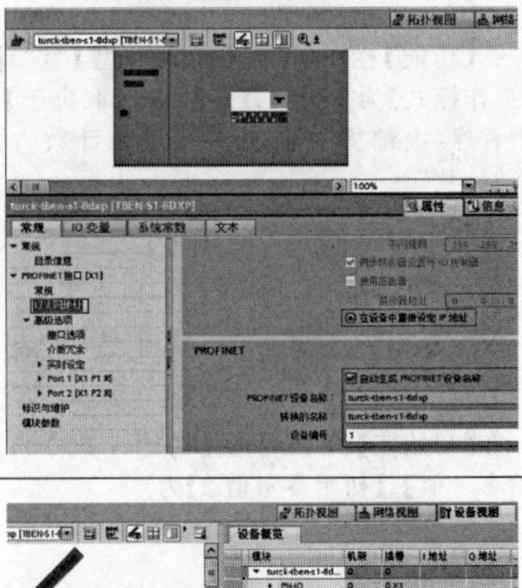
6	在 turck-tben-s1-8dxp 设备概览中设置 IO 起始地址为 6	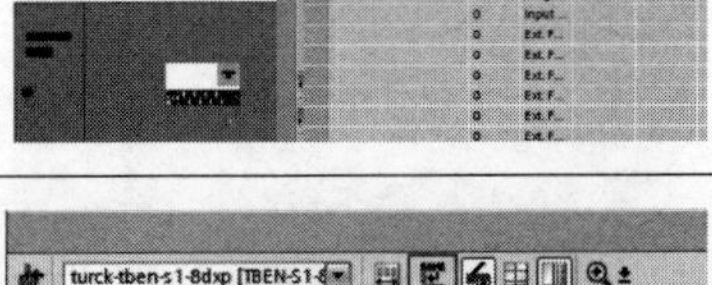
7	单击分配设备名称图标,弹出"分配 PROFI-NET 设备名称"对话框	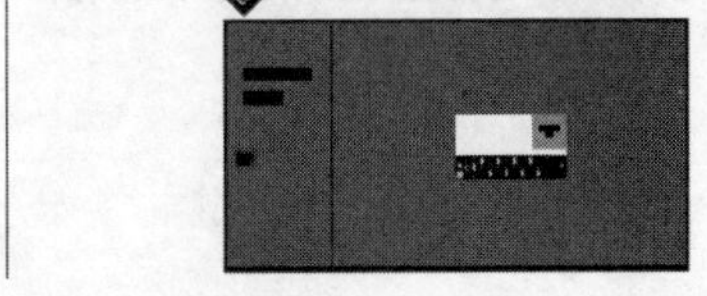

135

续表

序号	操作步骤	图示
8	选择相应的网络接口,单击"更新列表",选择设备"YL-G3-8"点击"分配名称",分配完成后在"在线状态信息"栏中出现相应的提示	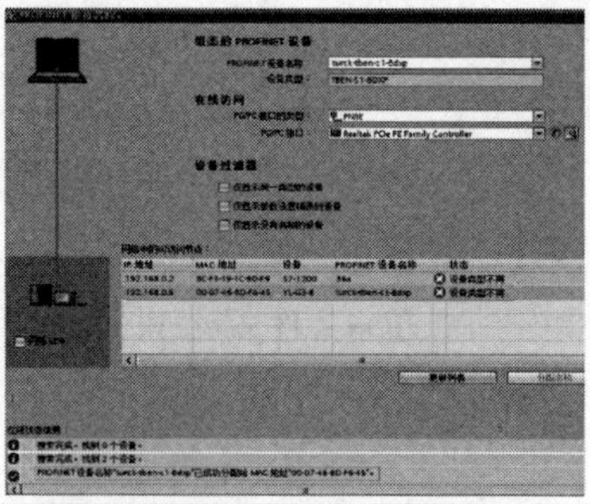

（十七）PLC 组态启用高速计数器方法

序号	操作步骤	图示
1	在设备组态界面选择 CPU 的【属性】选项卡,并选择【DI14/DO10】,设置数字量输入通道 0 的输入滤波器时间为 0.8millisec	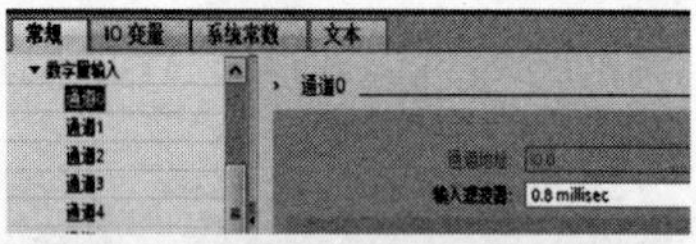
2	在设备组态界面,选择 CPU 的【属性】选项卡,并选择(HSC1)高速计数器,勾选"启用该高速计数器"复选项	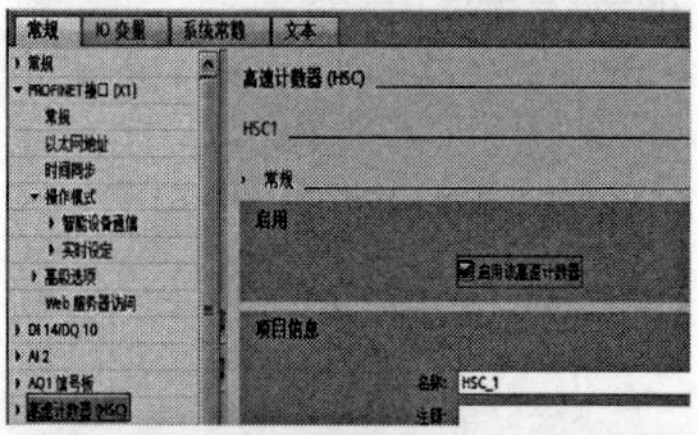
3	在【功能】栏中,设置【计数类型】为"计数",【工作模式】为"单相",【计数方向取决于】为"用户程序(内部方向控制)",【初始计数方向】为"加计数"	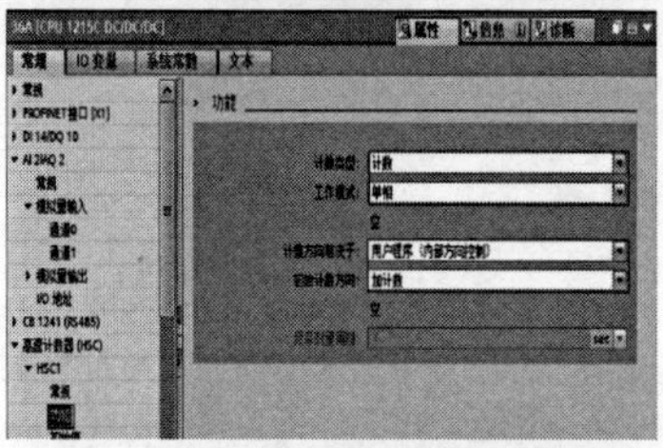
4	在【初始值】栏中,设置【初始计数器值】、【初始参考值】、【初始参考值 2】为 0	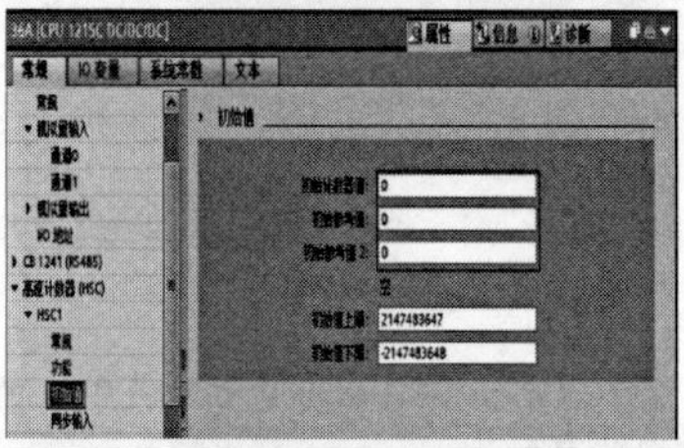
5	【同步输入】、【捕捉输入】、【门输入】栏中使用默认设置	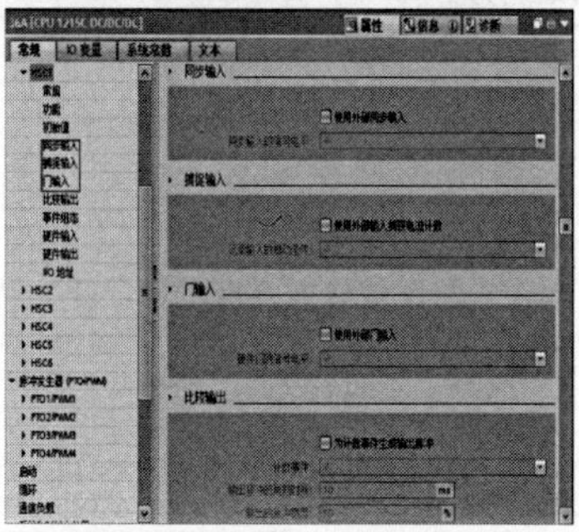

续表

序号	操作步骤	图示
6	在【事件组态】栏中保持默认设置	
7	在【硬件输入】栏中,设置【时钟发生器输入】地址 I0.0	
8	【硬件输出】保持默认设置,在【I/O 地址】栏中,可以设定输入起始地址,系统提供默认值 ID1000	

(十八) PID 功能组态编程与调试操作步骤

序号	操作步骤	图示
1	在工艺指令中将 PID_Compact 指令拖入到循环中断组织块中,并自动创建工艺对象	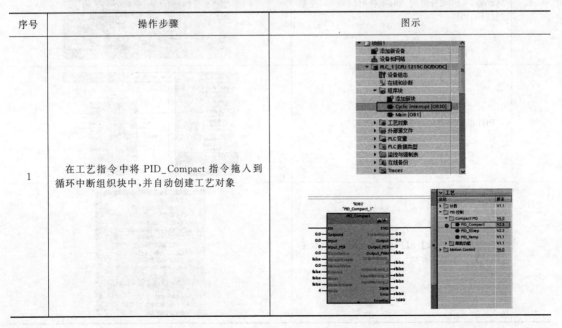

续表

序号	操作步骤	图示
2	单击【组态】,打开组态窗口	 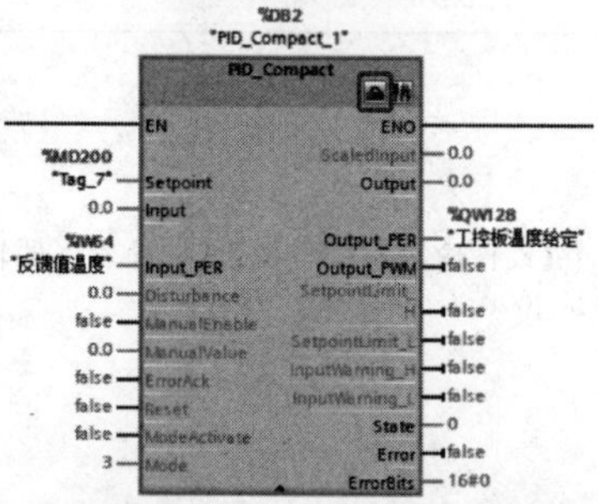
3	工艺对象的【基本设置】中,控制器类型选择"温度",勾选"CPU 重启后激活 Mode",将 Mode 设置为"自动模式",其他设置保持默认值	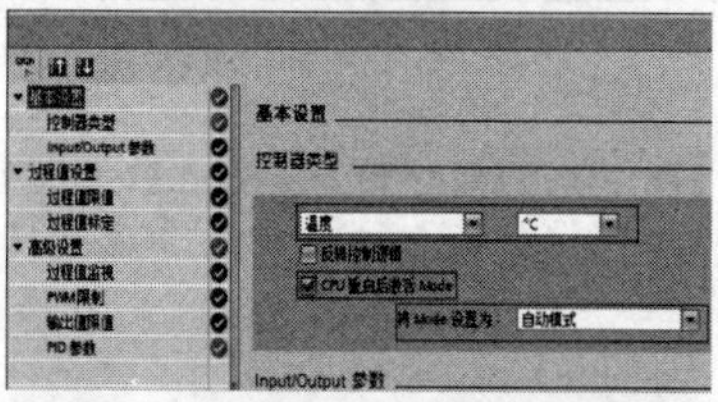
4	工艺对象的【高级设置】下的【PID 参数】,比例增益:3.9,积分时间:20,采样时间 0.5s,控制器结构:PID	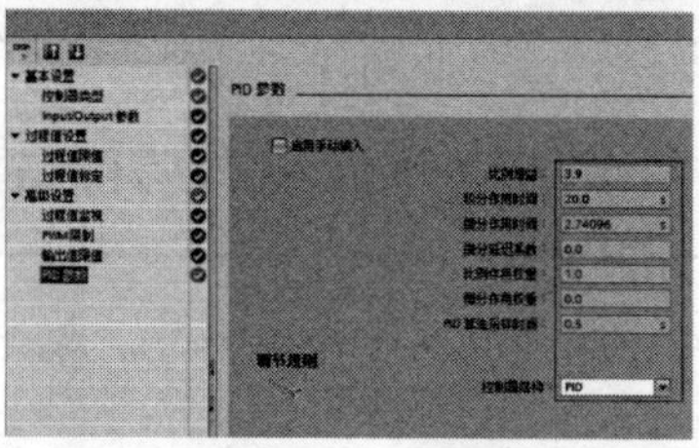
5	PID 指令参数输入如右图所示	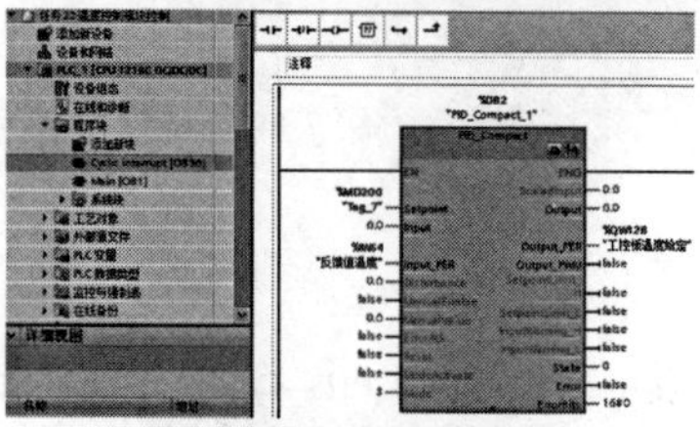
6	选择【工艺对象】→【PID_Compact_1】,双击【调试】,进入调试界面	

续表

序号	操作步骤	图示
7	单击【start】	
8	【调节模式】选择"预调节",单击【start】	
9	调节模式选择精确调节,单击运行【start】	

（十九）博途仿真的使用

序号	操作步骤	图示
1	单击项目中的【开始仿真】图标	
2	弹出警告对话框,单击【确定】,禁用其他在线接口	
3	等待仿真模块加载完毕	

续表

序号	操作步骤	图示
4	单击【下载】按钮,单击【装载】	
5	选择【启动模块】,单击【完成】	
6	加载完毕后,单击【启动/禁用监视】图标	
7	在仿真中,绿色代表回路接通,蓝色代表回路未接通	

(二十)组态直线运动控制工艺对象操作步骤

序号	操作步骤	图示
1	选择项目树的【工艺对象】→【新增对象】,并双击,打开【新增对象】对话框	

续表

序号	操作步骤	图示
2	选择【运动控制】→【Motion Control】→【轴】→【TO_Positioning Axis】,输入名称"仓库轴",最后单击【确定】,完成添加轴工艺对象,并打开参数组态界面	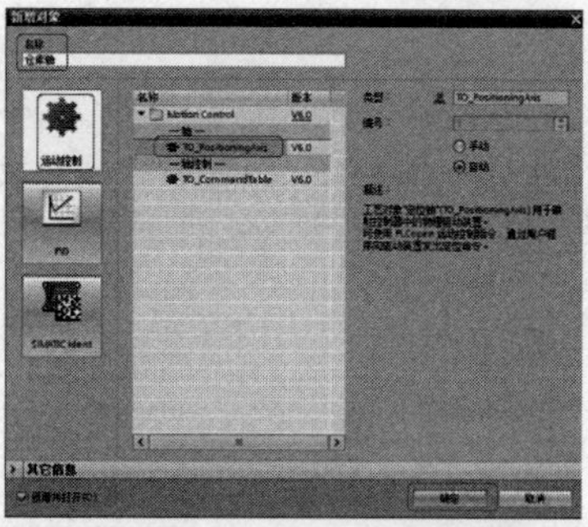
3	在轴工艺对象组态界面下,选择【基本参数】→【常规】,【驱动器】选择【PTO(Pulse Train Output)】;在【位置单位】中输入"mm"	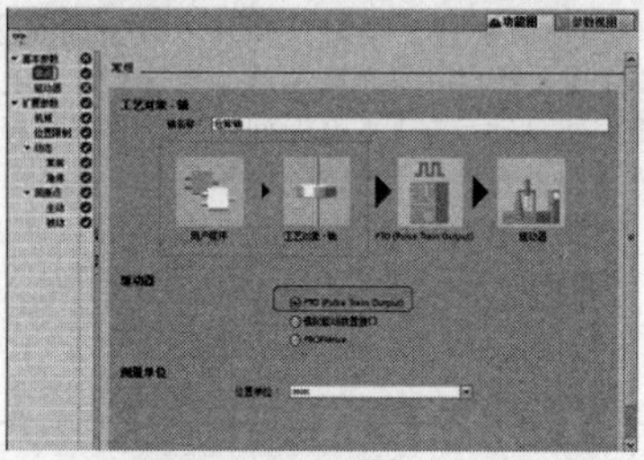
4	在轴工艺对象组态界面下,选择【基本参数】→【驱动器】,在【硬件接口】栏中设定脉冲发生器:"Pulse_2",信号类型:"PTO(脉冲 A 和方向 B)",脉冲输出为 Q0.2,方向输出为 Q0.3,硬件接线保持一致	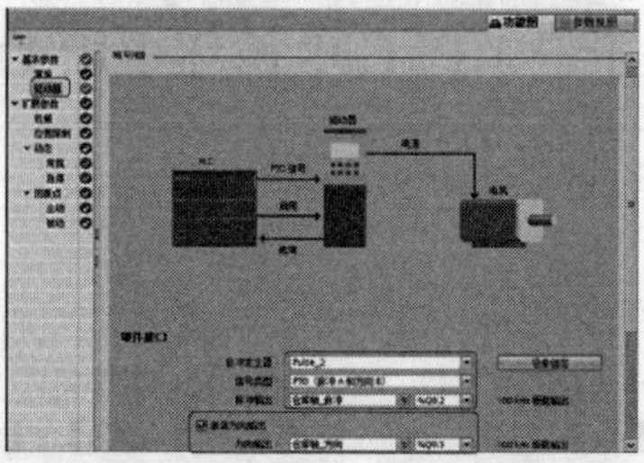
5	在【扩展参数】中的【机械】栏设置电机每转的脉冲数为 5000,电机每转的负载位移为 3mm,与驱动器及丝杆导程设置一致,所允许的旋转方向为双向	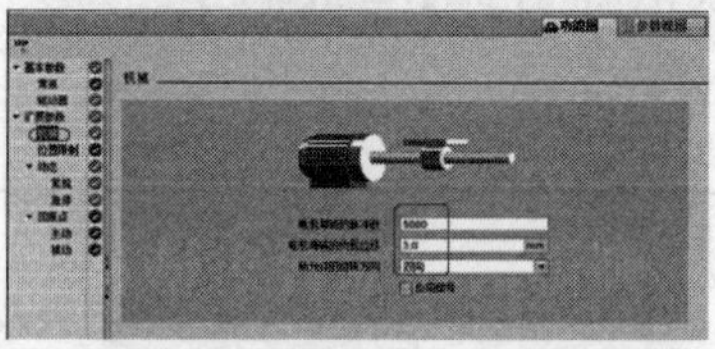
6	在【扩展参数】的【位置限制】栏中,启用软硬限位开关,设定硬件下限位开关输入:I1.3,硬件上限位开关输入:I1.2,电平选择高电平,设定软限位开关下限位置:-35,软限位开关上限位置:135,地址与硬件接线保持一致,数据与实际相符	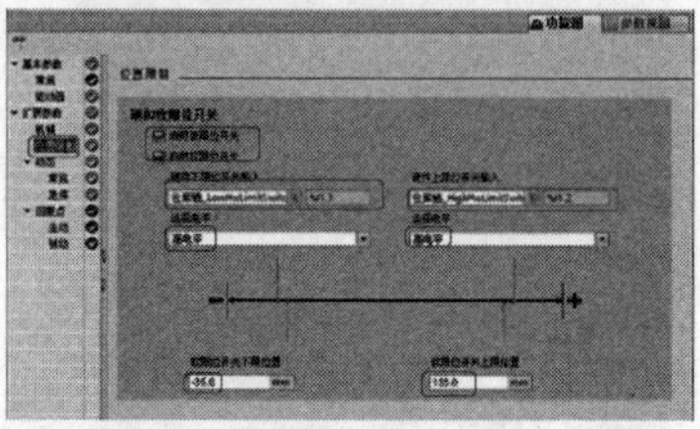
7	在【扩展参数】中的【动态】栏设置最大转速 40,加减速 0.5s	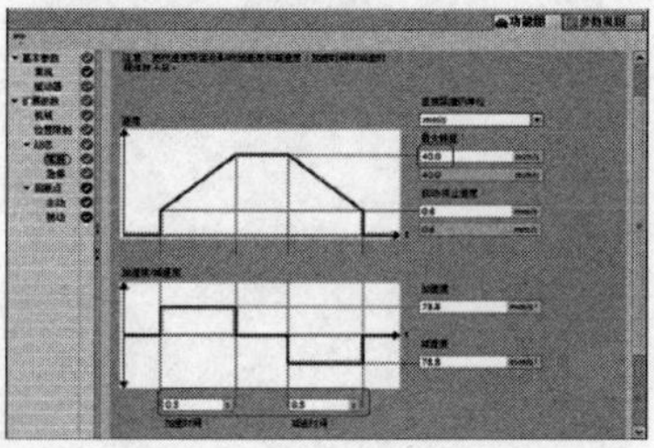

序号	操作步骤	图示
8	【动态】→【急停】栏的参数设置,急停减速时间 0.5s	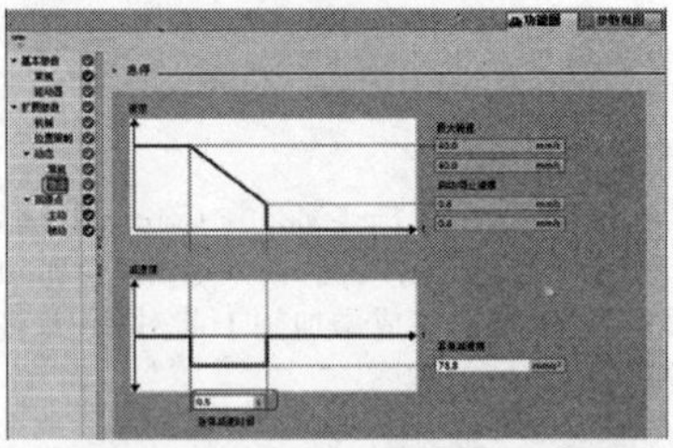
9	【回原点】→【主动】栏中【输入原点开关】选择 I1.1,【选择电平】为高电平,勾选【允许硬限位开关处自动反转】,【逼近回原点方向】选择负方向,【参考点开关一侧】选择下侧。 设置完成后,保存项目并下载	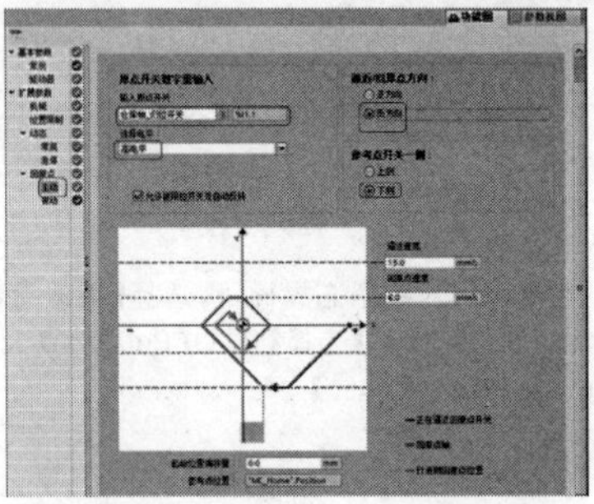

(二十一)PLC 中循环中断 OB 的建立操作步骤

操作步骤	图示
创建循环中断组织块"Cyclic interrupt OB30"。 在 PLC【程序块】目录下,单击【添加新块】→【组织块】,选择【Cyclic interrupt】,单击【确定】	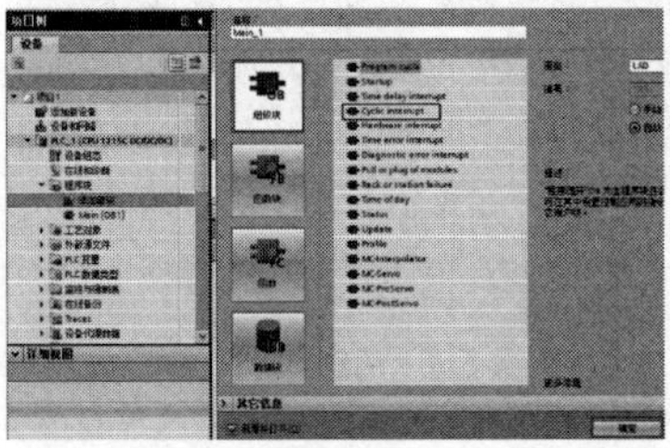

技能点三　信捷触摸屏组态软件操作

一、技能索引

序号	技能库	页码	序号	技能库	页码
1	触摸屏简单工程创建办法操作步骤	143	5	PLC 和触摸屏以太网通信设置操作步骤	147
2	插入静态文本操作步骤	144	6	触摸屏状态显示操作步骤	148
3	触摸屏按钮元件创建操作步骤	145	7	信捷触屏调用 PLC 中 DB 块操作步骤	149
4	触摸屏程序上传操作步骤	146		—	

二、操作

（一）触摸屏简单工程创建办法操作步骤

序号	操作步骤	图示
1	双击触摸屏编辑软件	
2	选择【文件】，然后单击【新建】	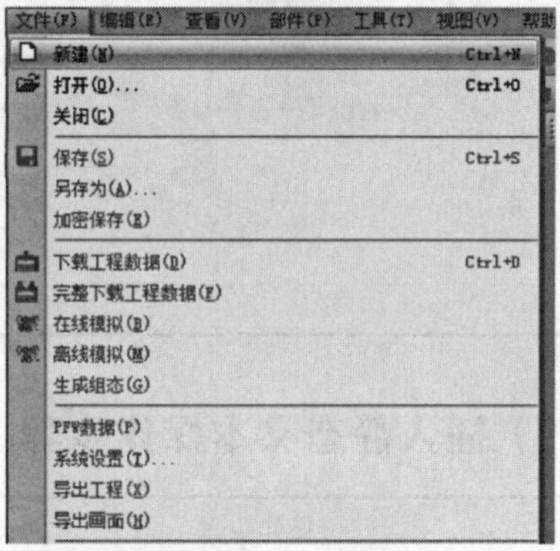
3	选择相应型号的触摸屏，以 TGM765S-ET 触摸屏为例，如右图所示	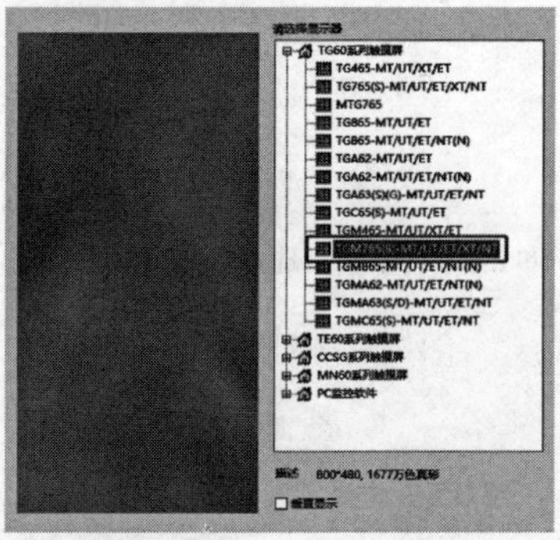

143

续表

序号	操作步骤	图示
4	选择合适的通信模式并进行设置。以以太网通信为例,【串口设备】下的【PLC 口】选择【不使用 PLC 口】,【下载口】选择【不使用下载口】	
5	单击【以太网设备】,在【本机使用 IP 地址】下填写触摸屏的 IP 地址等信息。设置好后单击【下一页】	
6	填写名称、作者、备注等信息,最后单击【完成】,即完成工程创建	

（二）插入静态文本操作步骤

序号	操作步骤	图示
1	单击【部件】,然后选择【文字】→【文字串】	

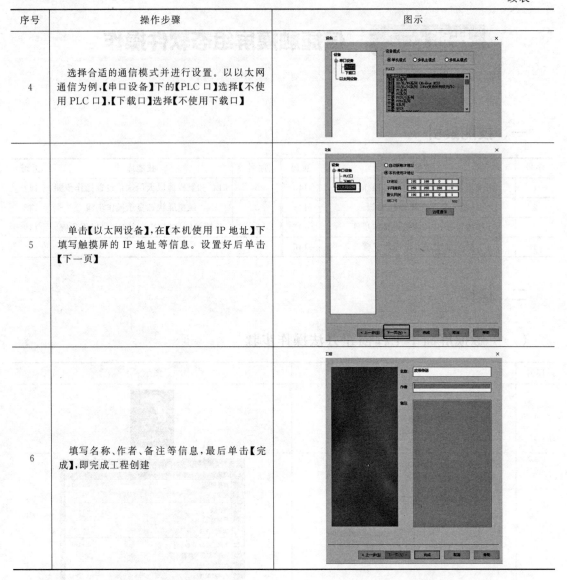

技能点三 信捷触摸屏组态软件操作

续表

序号	操作步骤	图示
2	在页面任意空白处单击,会弹出如右图所示界面	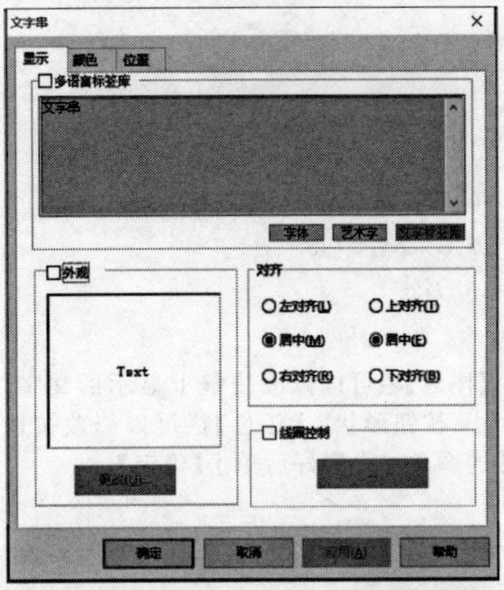
3	在对话框中填写要插入的静态文本,设置字体格式,单击【应用】,再单击【确定】,完成插入静态文本	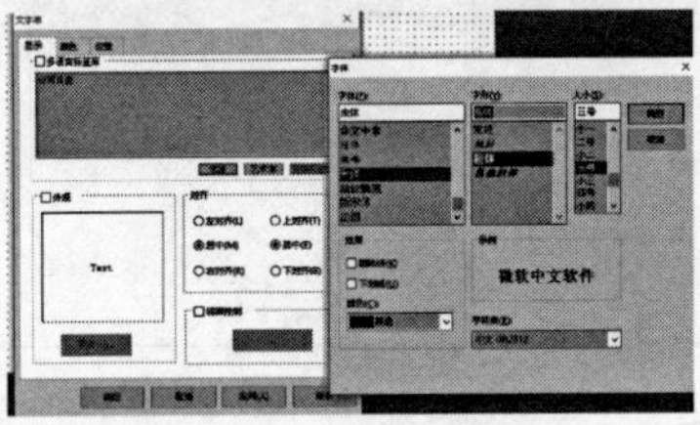
4	移动文本需要鼠标选中文本边框,然后进行拖拽,移动到合适位置	

（三）触摸屏按钮元件创建操作步骤

序号	操作步骤	图示
1	选择【部件】下的【操作键】,单击【按钮】	
2	单击触摸屏软件界面空白处任意点,弹出对话框,【对象】栏【设备】选择【PLC】,对象类型选择 M,100,0	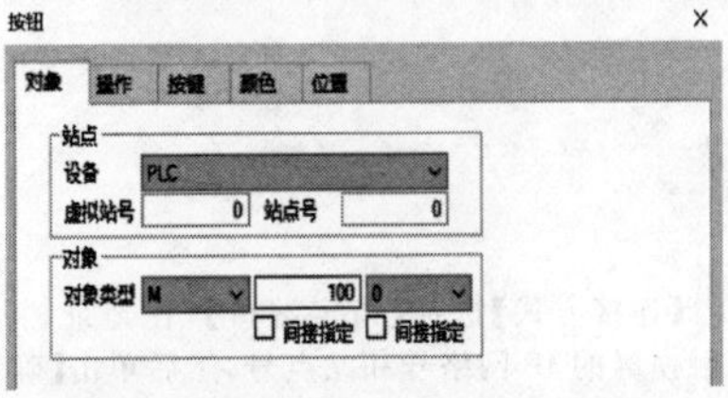
3	【操作】栏选择【瞬时ON】	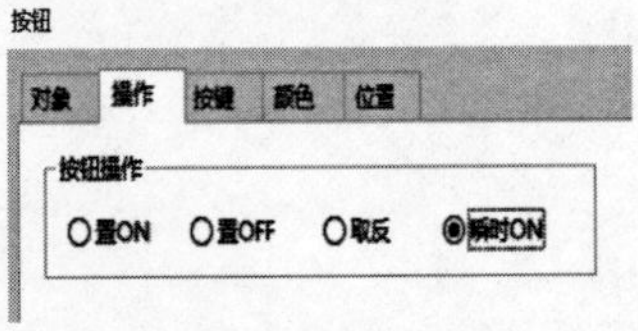

145

序号	操作步骤	图示
4	【按键】栏可以修改按键上显示的文字,字体大小、按钮形状。【颜色】栏可以修改按钮上字体的颜色。设置好后单击【确定】	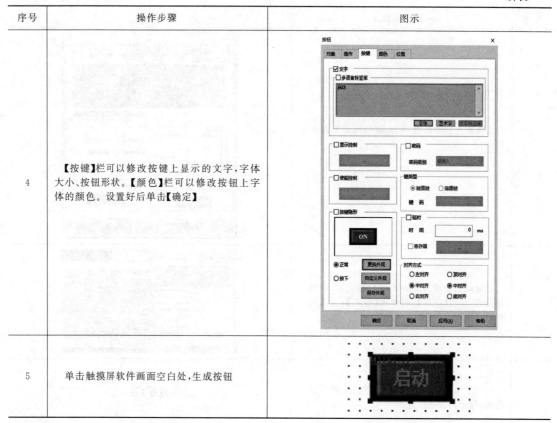
5	单击触摸屏软件画面空白处,生成按钮	

(四) 触摸屏程序上传操作步骤

序号	操作步骤	图示
1	单击触摸屏软件界面任务栏上的【上下载协议栈设置】图标	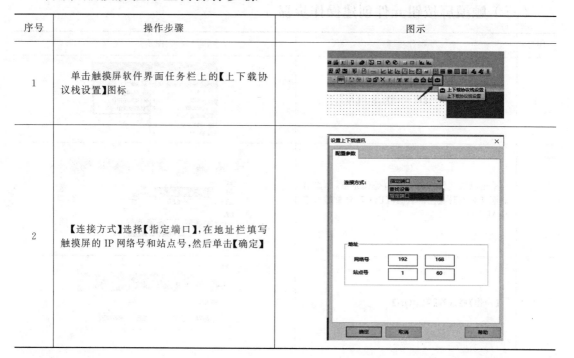
2	【连接方式】选择【指定端口】,在地址栏填写触摸屏的 IP 网络号和站点号,然后单击【确定】	

续表

序号	操作步骤	图示
3	选择【文件】→【下载工程数据】或【完整下载工程数据】,即可完成触摸屏程序上传至触摸屏中	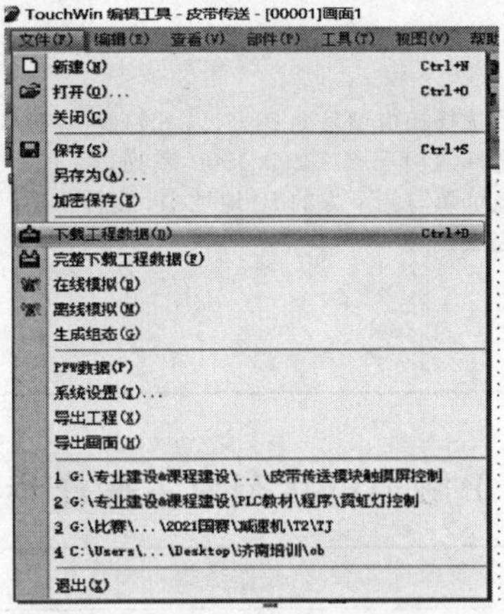

(五)PLC 和触摸屏以太网通信设置操作步骤

序号	操作步骤	图示
1	打开博图软件,选中 PLC,选择【属性】,单击【防护与安全】-【连接机制】,勾选右侧【允许来自远程对象的 PUT/GET 通信访问】	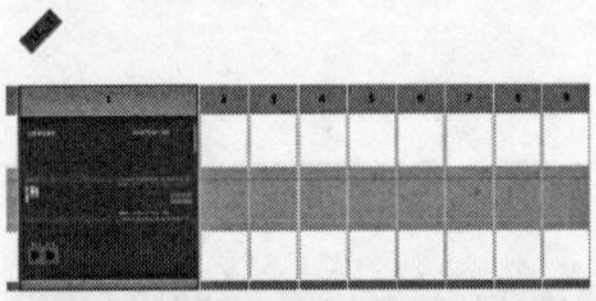 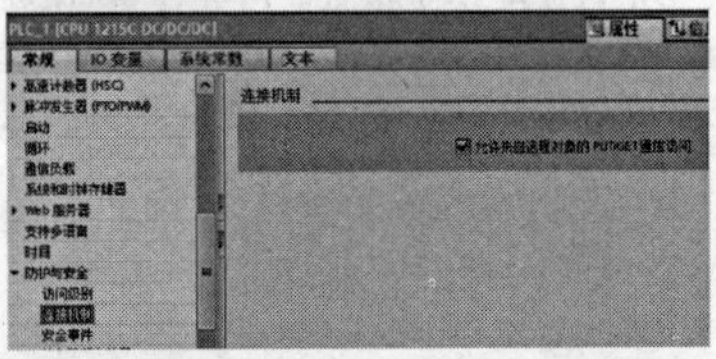
2	打开触摸屏软件,选择【文件】-【系统设置】	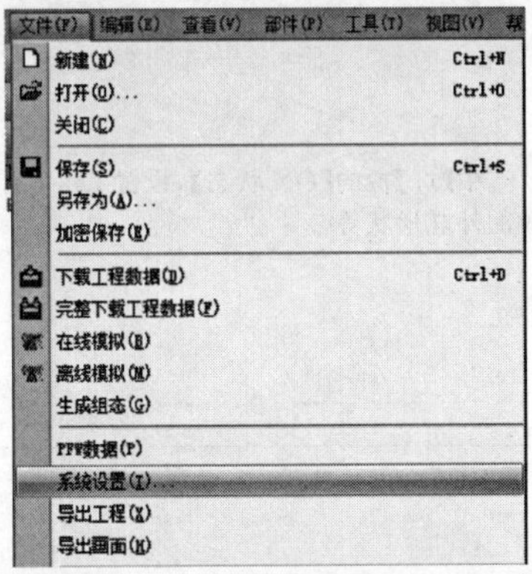
3	右击【以太网设备】,单击【新建】	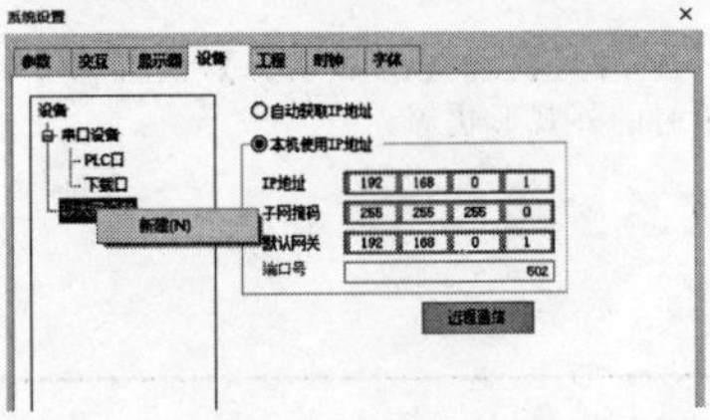

序号	操作步骤	图示
4	选择相应型号的PLC,以S7-1200 PLC为例,选择西门子S7-1200/1500系列,将PLC的IP地址填写到下方的IP地址中,最后单击【确定】完成设置	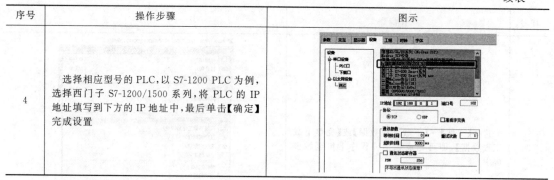

（六）触摸屏状态显示操作步骤

序号	操作步骤	图示
1	选择【部件】下的【操作键】,单击【指示灯】	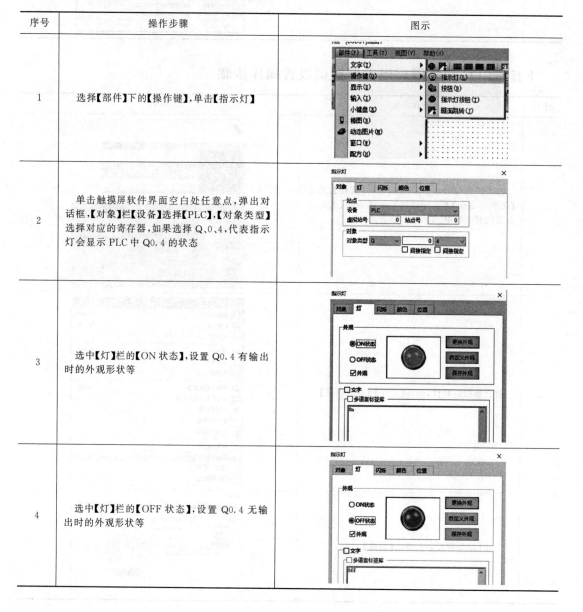
2	单击触摸屏软件界面空白处任意点,弹出对话框,【对象】栏【设备】选择【PLC】,【对象类型】选择对应的寄存器,如果选择Q、0、4,代表指示灯会显示PLC中Q0.4的状态	
3	选中【灯】栏的【ON状态】,设置Q0.4有输出时的外观形状等	
4	选中【灯】栏的【OFF状态】,设置Q0.4无输出时的外观形状等	

续表

序号	操作步骤	图示
5	勾选【文字】,可以在指示灯上显示文字,不勾选时没有文字	
6	设置其他信息,设置完成后单击【确定】,完成指示灯创建	

(七)信捷触屏调用 PLC 中 DB 块操作步骤

序号	操作步骤	图示
1	打开 TouchWin 触屏软件,新建触摸屏工程,选择显示器为 TGM765(S/L)-MT/UT/ET/XT/NT,单击【下一页】	
2	单击【设备】-【串口设备】-【PLC 口】,勾选【单机模式】; 【PLC 口】选择【不使用 PLC 口】	

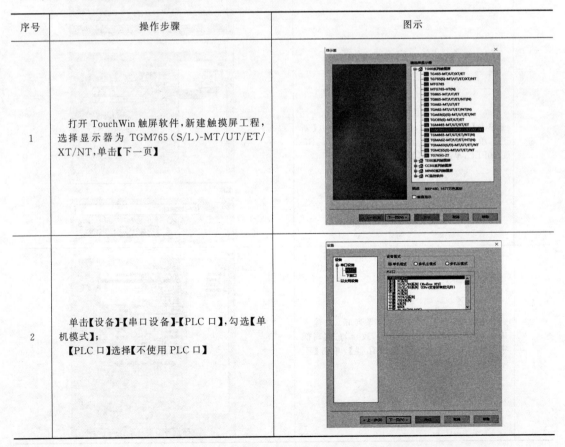

续表

序号	操作步骤	图示
3	单击【设备】-【串口设备】-【下载口】,选中【不使用下载口】	
4	单击【设备】-【以太网设备】,勾选【本机使用IP地址】;输入IP地址、子网掩码、默认网关,与实际保持一致	
5	单击【设备】右击,【以太网设备】,弹出【新建】,单击【新建】,弹出对话框,输入名称:S7-1200PLC,单击【确定】	
6	选中【西门子S7-1200/1500系列 new】,输入IP地址(与西门子PLC保持一致),勾选【高低字交换】,勾选【通讯状态寄存器】,单击【下一页】	

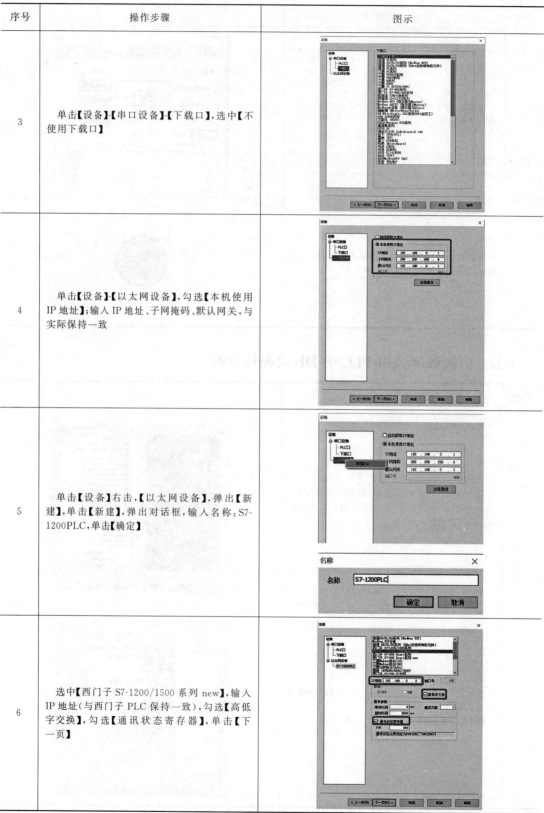

技能点三　信捷触摸屏组态软件操作

续表

序号	操作步骤	图示
7	输入名称:测试工程,单击【完成】	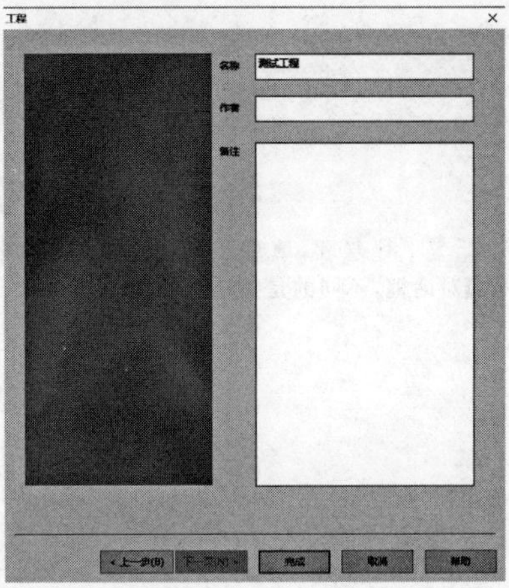
8	在画面区的合适位置建立三个字符串	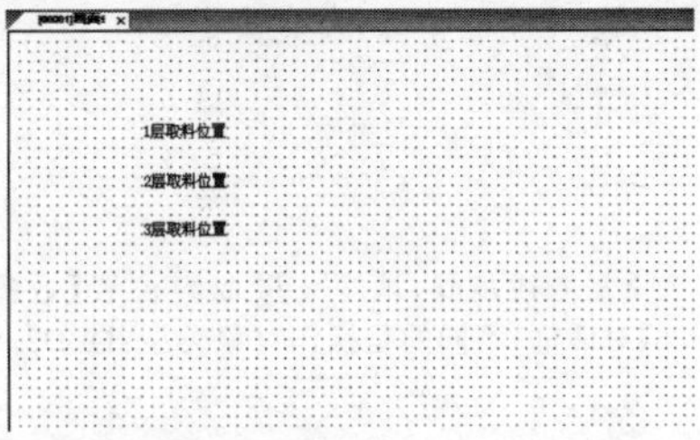
9	单击工具栏中的【数据输入】图标,移动鼠标至"1层取料位置"后面,单击鼠标左键,弹出【数据输入】对话框	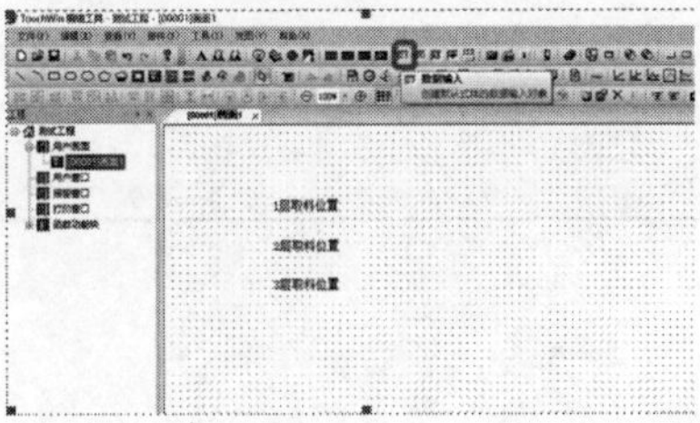
10	在【数据输入】对话框中,单击【对象】,操作对象设备选择 S7-1200PLC,操作对象类型选择 DBD2,0; 操作对象数据类型选择 DWord; 单击【确定】	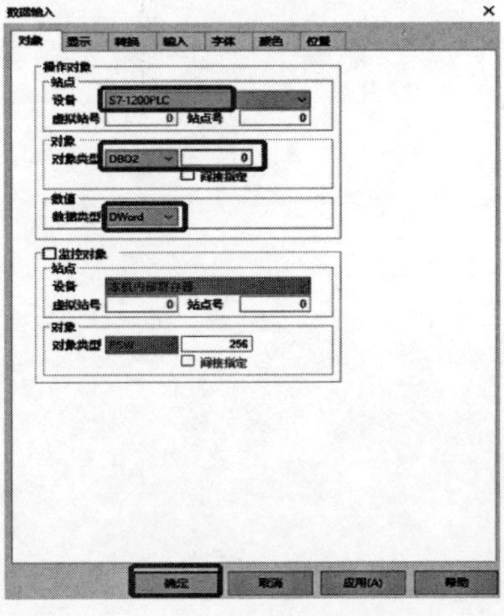

续表

序号	操作步骤	图示
11	重复上述步骤,填写 2 层取料位置【数据输入】对话框,不同的是操作对象类型:DBD2,4	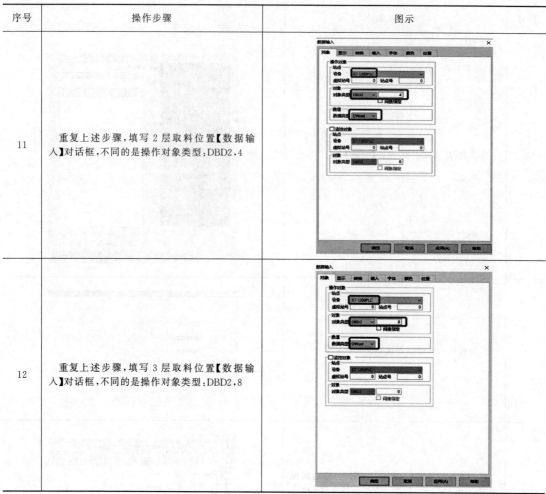
12	重复上述步骤,填写 3 层取料位置【数据输入】对话框,不同的是操作对象类型:DBD2,8	

技能点四　伺服驱动接线与参数设置

一、技能索引

序号	技能库	页码	序号	技能库	页码
1	步进电机驱动器的 DIP 功能设定操作步骤	153	3	驱动轴参数设置方法操作步骤	155
2	参数初始化方法操作步骤	154	4	X、Y、Z 轴参数设置操作步骤	157

二、操作提示

（一）步进电机驱动器的 DIP 功能设定操作步骤

序号	操作步骤	图示
1	选用 Kinco 3M458 三相步进电机驱动器	
2	典型接线如右图所示。（本设计中接线已全部内置，只需将旋转供料模块与设备用九针公对公转接线连接即可，需要注意脉冲信号对应 PLC 的 Q0.4，方向信号对应 PLC 的 Q0.5）	
3	在 3M458 驱动器的侧面连接端子中间有一个红色的八位 DIP 功能设定开关，可以用来设定驱动器的工作方式和工作参数，包括细分设置、静态电流设置和电流设置	

开关序号	ON功能	OFF功能
DIP1～DIP3	细分设置用	细分设置用
DIP4	静态电流全流	静态电流半流
DIP5～DIP8	电流设置用	电流设置用

DIP1	DIP2	DIP3	细分
ON	ON	ON	400步/转
ON	ON	OFF	500步/转
ON	OFF	ON	600步/转
ON	OFF	OFF	1000步/转
OFF	ON	ON	2000步/转
OFF	ON	OFF	4000步/转
OFF	OFF	ON	5000步/转
OFF	OFF	OFF	10000步/转

DIP5	DIP6	DIP7	DIP8	输出电流
OFF	OFF	OFF	OFF	3.0A
OFF	OFF	OFF	ON	4.0A
OFF	OFF	ON	ON	4.6A
OFF	ON	ON	ON	5.2A
ON	ON	ON	ON	5.8A

（二）参数初始化方法操作步骤

序号	操作步骤	图示
1	打开 Turck Service Tool 配置工具	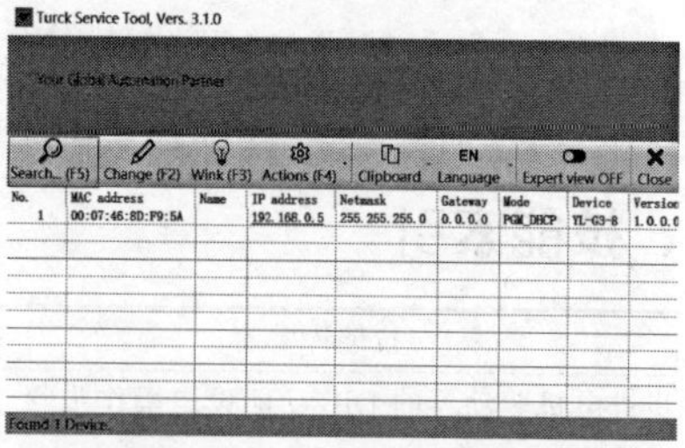
2	双击【Change(F2)】，弹出网络设置对话框，【IP address】设置成 192.168.0.5，【Netmask】设置成 255.255.255.0，然后单击【set in device】完成 IP 地址设置	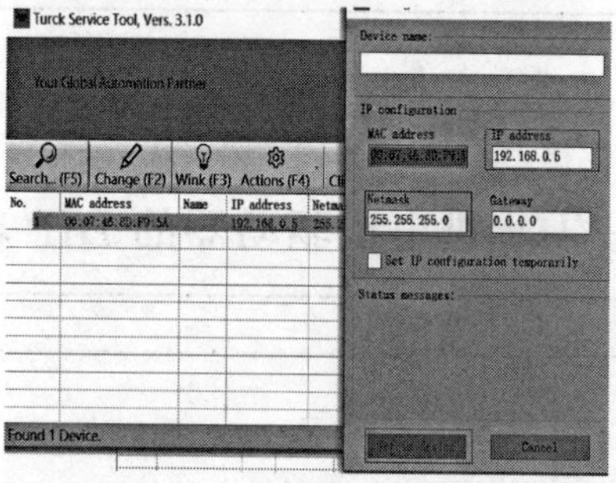
3	单击【Actions(F4)】，在下拉菜单中双击【Reboot】，重启设备，IP 地址设置生效	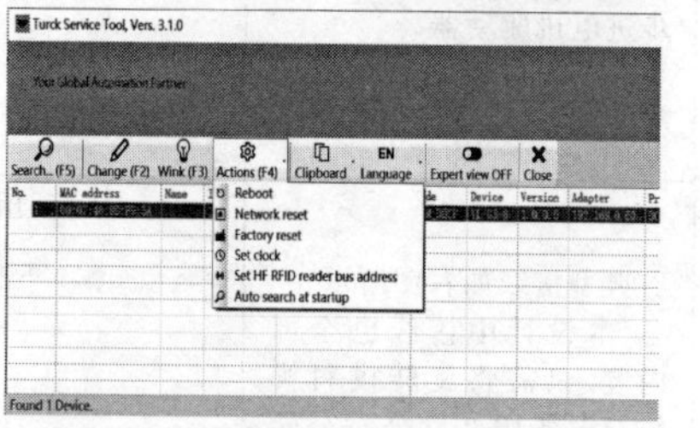
4	双击【IP address】，弹出参数设置界面，在【LOGIN】栏输入登录密码 password	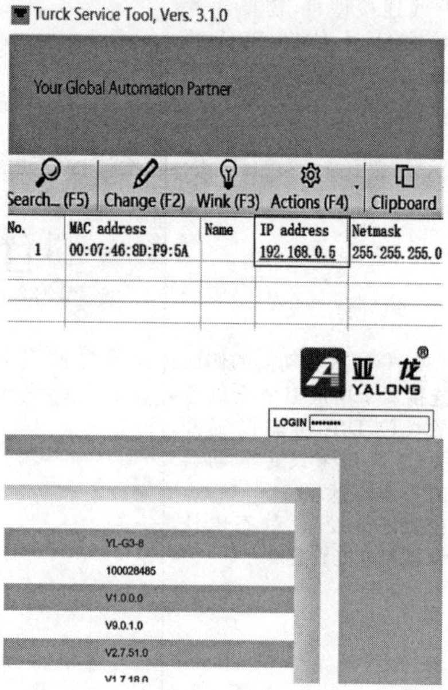

（三）驱动轴参数设置方法操作步骤

序号	操作步骤	图示
1	伺服驱动器端子排布	供电电源、电机接线 → 信号端；标准RJ45网口；编码器口
2	主电路端子说明	端子 L、N：主电路电源输入端子，单相交流200～240V，50/60Hz；·：空引脚 —；U、V、W：电机连接端子，与电机相连接，注：地线在散热片上，请上电前检查。；P+、D、C：使用内置再生电阻——短接P+和D端子，P+和C断开；设置P0-24=0。使用外置再生电阻——将再生电阻接至P+和C端子、P+和D短线拆掉；设置P0-24=1，P0-25=功率值，P0-26=电阻值
3	信号端口CN0说明	1 P- 脉冲输入PUL-；2 P+24V 集电极开路接入；3 D- 方向输入DIR-；4 D+24V 集电极开路接入；5 SI1 输入端子1；6 SI2 输入端子2；7 SI3 输入端子3；8 +24V 输入+24V；9 SO1 输出端子1；10 SO2 输出端子2；11 SO3 输出端子3；12 COM 输出端子地
4	输送单元伺服控制器的接线	AC220V L N PE；P- → Q0.0；P+24；D- → Q0.1；D+24；SI1 → I0.6；SI2；SI3 → I0.7；+24V → I1.0；SO1；SO2；SO3；COM；U V W PE → SM；24V 0V

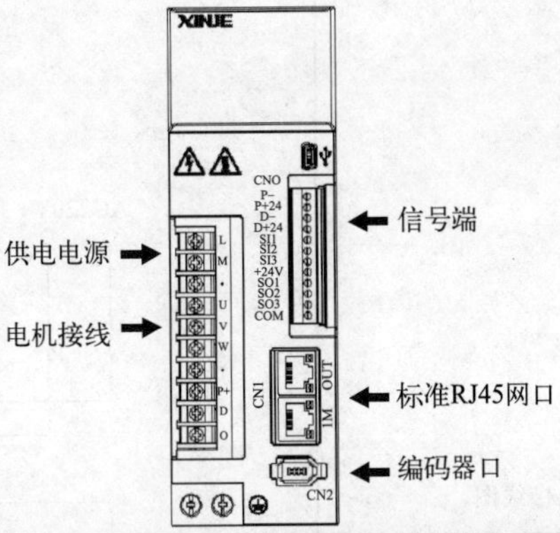

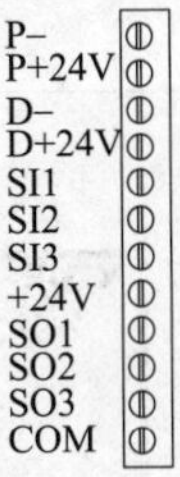

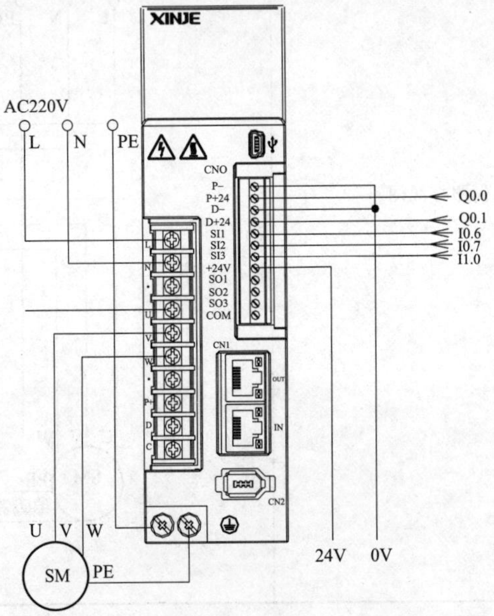

续表

序号	操作步骤	图示
5	X 伺服接线图	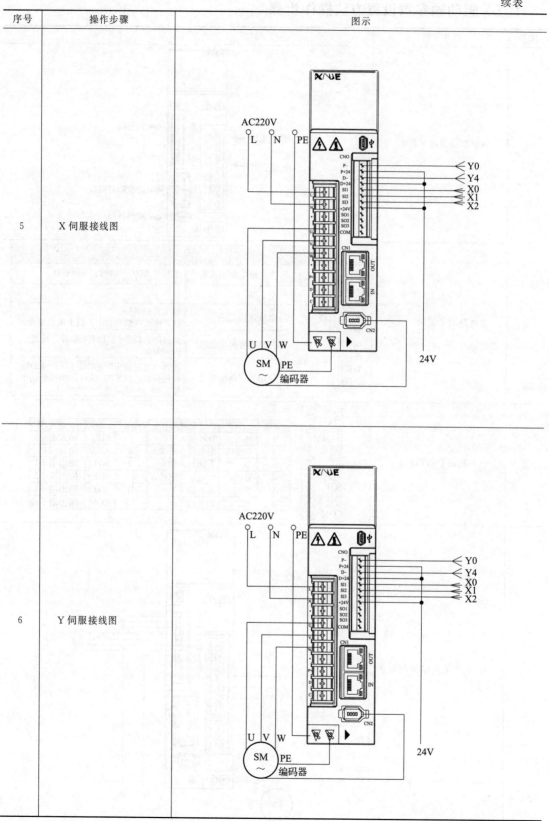
6	Y 伺服接线图	

续表

序号	操作步骤	图示
7	Z伺服接线图	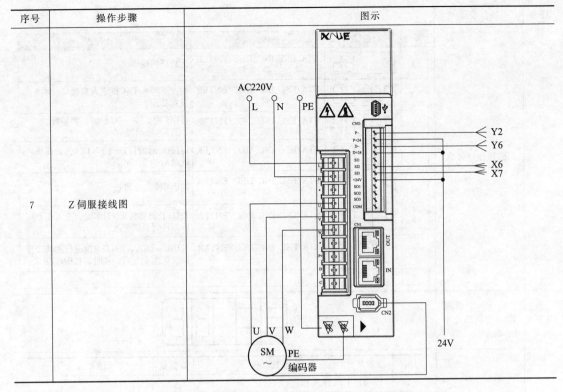

（四）X、Y、Z轴参数设置操作步骤

序号	操作步骤	图示
1	了解面板基础显示和按钮	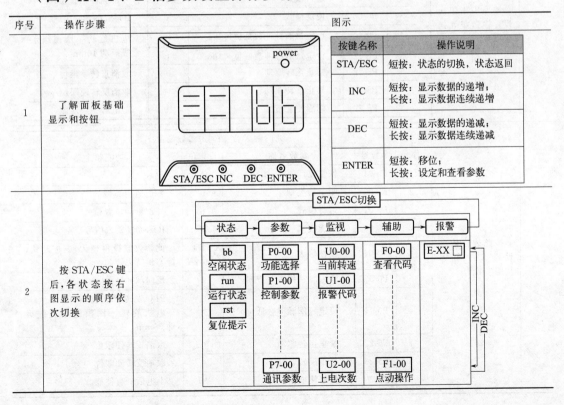
2	按STA/ESC键后，各状态按右图显示的顺序依次切换	

续表

序号	操作步骤	图示				
3	面板按键操作	步骤	面板显示	使用的按键		具体操作
		1	bb	STA/ESC ◎ INC ◎ DEC ◎ ENTER ◎		无需任何操作
		2	P0-00	STA/ESC ◎ INC ◎ DEC ◎ ENTER ◎		按一下STA/ESC键进入参数设置功能
		3	P3-00	STA/ESC ◎ INC ◎ DEC ◎ ENTER ◎		按INC键,按一下就加1,将参数加到3,显示P3-00
		4	P3-00	STA/ESC ◎ INC ◎ DEC ◎ ENTER ◎		短按(短时间按)一下ENTER键,面板的最后一个0会闪烁
		5	P3-09	STA/ESC ◎ INC ◎ DEC ◎ ENTER ◎		按INC键,加到9
		6	P3-09	STA/ESC ◎ INC ◎ DEC ◎ ENTER ◎		长按(长时间按)ENTER键,进入P3-09内部进行数值更改
		7	3000	STA/ESC ◎ INC ◎ DEC ◎ ENTER ◎		按INC、DEC,ENTER键进行加减和移位,更改完之后,长时间按ENTER确认
		8		操作结束		

序号	操作步骤	图示				
4	将P5-20设置为0,使伺服处于BB状态	E-bb				

序号	操作步骤	序号	参数号	参数名称	设定值	功能和含义
5	按照表格依次设置输送单元伺服参数	0	F0-01	恢复出厂	1	
		1	P0-00	驱动器类型	0	普通通用类型
		2	P0-01	运行模式	6	外部脉冲位置模式
		3	P0-03	使能模式	1	IO/SON输入信号
		4	P0-11	设定每圈脉冲数低位×1	0	电机旋转一圈模组走直线运动10mm
		5	P0-12	设定每圈脉冲数低位×10000	1	
		6	P5-22	禁止正转驱动	0	取消正转硬限位
		7	P5-23	禁止反转驱动	0	取消反转硬限位
		8	P5-20	伺服使能信号	10	上电后一直使能

序号	操作步骤	龙门站 X、Y 轴伺服参数设置				
		序号	参数号	参数名称	设定值	功能和含义
6	按照表格依次设置 X、Y 轴的伺服参数	0	F0-01	恢复出厂	1	
		1	P0-00	驱动器类型	0	普通通用类型
		2	P0-01	运行模式	6	外部脉冲位置模式
		3	P0-03	使能模式	1	IO/SON输入信号
		4	P0-04	刚性等级	X 轴 4-6 Y 轴 2-3	此参数值设得越大,响应越快,静态保持力矩越大
		5	P0-09	输入脉冲指令正方向	1	反向脉冲计数
		6	P0-11	设定每圈脉冲数低位×1	7500	PLC发送7500个脉冲 电机旋转一圈模组走直线运动75mm
		7	P5-22	禁止正转驱动	0	取消正转硬限位
		8	P5-23	禁止反转驱动	0	取消反转硬限位
		9	P5-20	伺服使能信号	10	上电后一直使能

续表

序号	操作步骤	图示				
7	按照表格依次设置 Z 轴的伺服参数。配置完后，伺服控制器部分重新上电，使设置参数生效	龙门站 Z 轴伺服参数设置				
		序号	参数号	参数名称	设定值	功能和含义
		0	F0-01	恢复出厂	1	
		1	P0-00	驱动器类型	0	普通通用类型
		2	P0-01	运行模式	6	外部脉冲位置模式
		3	P0-03	使能模式	1	IO/SON 输入信号
		4	P0-04	刚性等级	12-16	此参数值设得越大，响应越快，静态保持力矩越大
		5	P0-09	输入脉冲指令正方向	0	正向脉冲计数
		6	P0-11	设定每圈脉冲数低位×1	3000	PLC 发送 3000 个脉冲 电机旋转一圈模组走直线运动 3mm
		7	P5-22	禁止正转驱动	0	取消正转硬限位
		8	P5-23	禁止反转驱动	0	取消反转硬限位
		9	P5-20	伺服使能信号	10	上电后一直使能

技能点五 PLC控制器件接线与参数设置

一、技能索引

序号	技能库	页码	序号	技能库	页码
1	PLC与变频器接线方法	160	4	编码器接线方法	163
2	变频器参数设置方法	161	5	高速计数器的使用操作步骤	163
3	西门子模拟量模块组态与控制变频器接线方法	162		—	

二、操作

（一）PLC与变频器接线方法

序号	操作步骤	图示
1	变频器控制电路接线	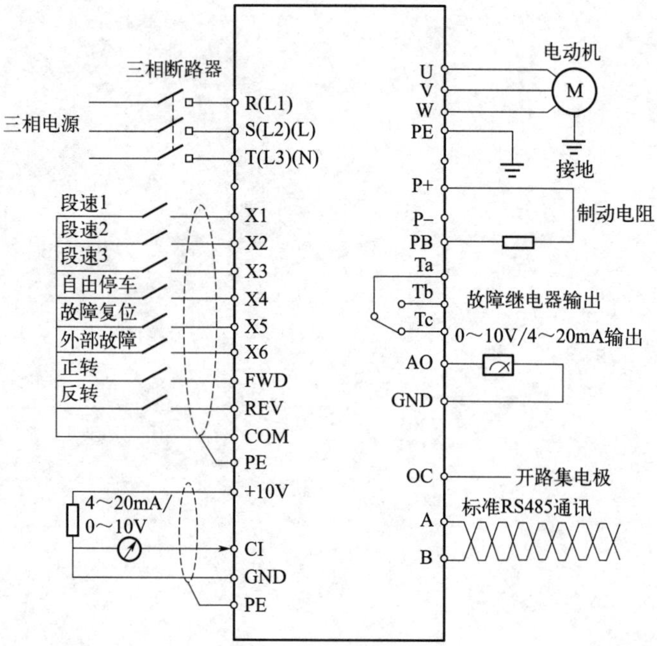 （变频器接线图：三相电源经三相断路器接R(L1)、S(L2)(L)、T(L3)(N)；段速1、段速2、段速3、自由停车、故障复位、外部故障、正转、反转分别接X1、X2、X3、X4、X5、X6、FWD、REV、COM、PE；4~20mA/0~10V接+10V、CI、GND、PE；U、V、W接电动机M；PE接地；P+、P-、PB接制动电阻；Ta、Tb、Tc故障继电器输出；AO、GND为0~10V/4~20mA输出；OC开路集电极；A、B标准RS485通讯）

续表

序号	操作步骤	图示
2	SF0810 为高低电平转化板，PLC 的输出端通过该转化板后与 VB5N 变频器的输入端相连。具体为： 0V——COM； Q2.4（变频器正转）——FWD； Q2.5（变频器反转）——REV； Q2.6（多段速1）——X1； Q2.7（多段速2）——X2； Q3.0（多段速3）——X3	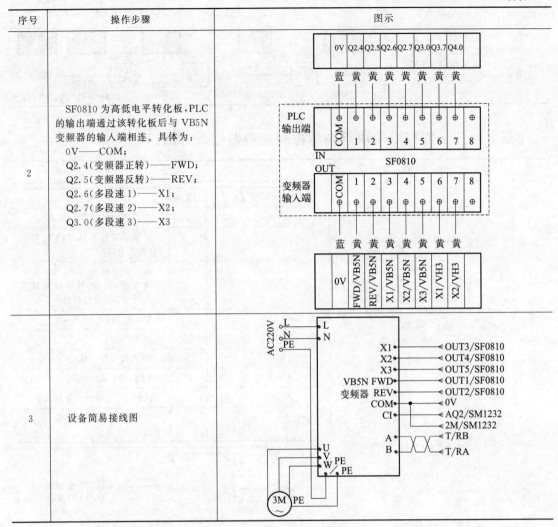
3	设备简易接线图	

（二）变频器参数设置方法

序号	操作步骤	图示
1	参数修改： 以功能码 P3.06 从 5.00Hz 更改为 8.50Hz 为例说明	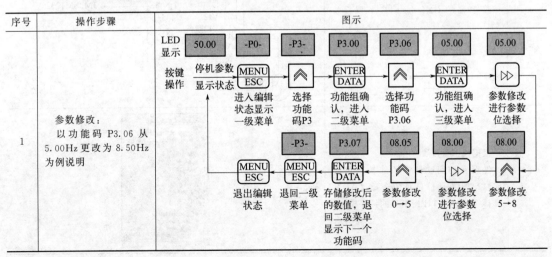

161

续表

序号	操作步骤	图示
2	点动运行操作：假设当前运行命令通道为操作面板，停机状态，点动运行频率5Hz，操作见右图	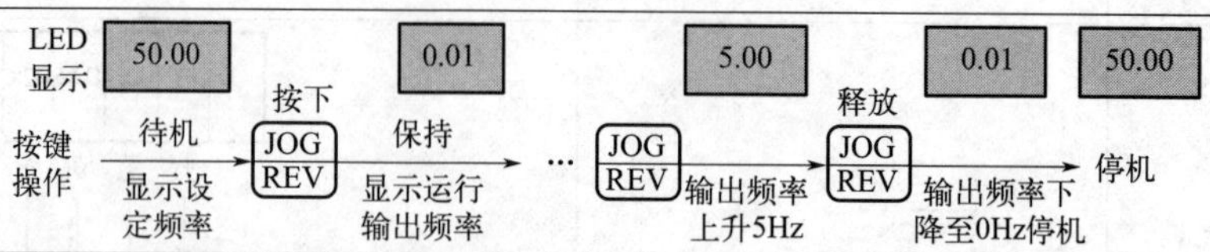 LED显示：50.00 → 0.01 → 5.00 → 0.01 → 50.00 按键操作：待机（显示设定频率）→ 按下JOG/REV（保持显示运行输出频率）→ …… → JOG/REV（输出频率上升5Hz）→ 释放JOG/REV（输出频率下降至0Hz停机）→ 停机

（三）西门子模拟量模块组态与控制变频器接线方法

序号	操作步骤	图示			
		参数号	出厂值	设置值	说明
1	将 VH3 变频器参数按照右表设置，变频器 VI2 跳线端子 2 和 3 短接，表示选择输入电流（4～20mA）	PB-26	0	1	参数初始化
		P0-01	0	3	频率给定通道选择：VI2 给定（输入电流）
		P0-03	0	1	运行命令通道选择：端子运行命令通道。用外部控制端子X1～X6等进行启停。
		P0-17	0	0.1	加速时间1
		P0-18	0	0.1	减速时间1
		P1-07	0	2	VI 曲线 2 最小标定
		P1-09	10	10	VI 曲线 2 最大标定
		P4-00	00	1	正转运行 FWD 或运行命令
		P4-01	00	2	反转运行 REV 或正反运行方向
2	VH3 变频器的接线见右图。 其中，变频器的 VI2 端子接 PLC 扩展模块 SM1232 的 AQ3； 变频器的 GND 接 PLC 扩展模块 SM1232 的 3M	AC380V L1/L2/L3/PE 接 R/S/T/PE；X1←OUT6/SF0810；X2←OUT7/SF0810；X3、X4、X6；COM←0V；VI2←AQ3/SM1232；GND←3M/SM1232；485+、485−；VI2 跳线选择电流；U/V/W/PE 接电机 3M～ PE			
3	根据模拟量接线。 然后在博图软件中添加扩展模块 SM1232。在硬件目录中选择【AQ】，选择【AQ 4×14BIT】里的扩展模块	目录：CPU、信号板、通信板、电池板、DI、DQ、DI/DQ、AI、AQ（AQ 2×14BIT、AQ 4×14BIT：6ES7 232-4HD30-0X...、6ES7 232-4HD32-0X...）、AI/AQ			

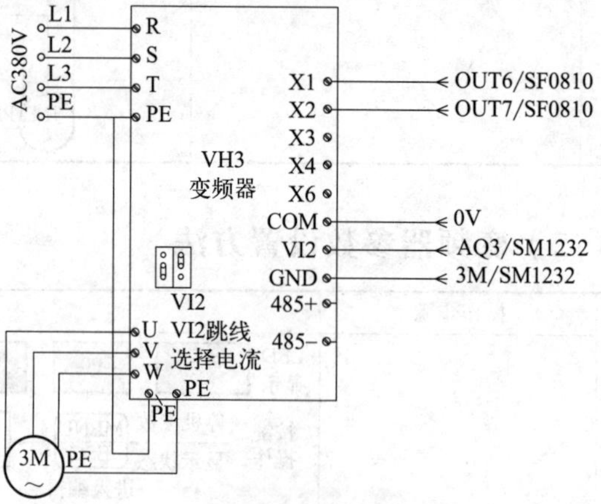

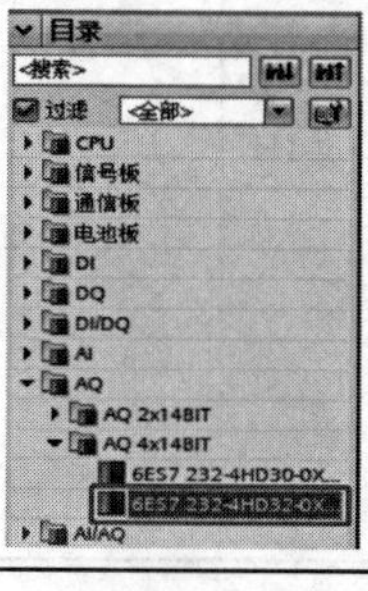

续表

序号	操作步骤	图示
4	双击添加	
5	单击【设备组态】，选择刚创建的扩展模块 SM1232，在【常规】设置中，选择【AQ4】里的【模拟量输出】，选择【通道 3】进行参数设置： 【模拟量输出的类型】：电流； 【电流范围】：4 到 20mA； 【通道的替代值】：4.000	

（四）编码器接线方法

操作	图示
编码器红色线接 24V，黑色线接 0V，编码器白色线 B 接 PLC 输入点 I0.0	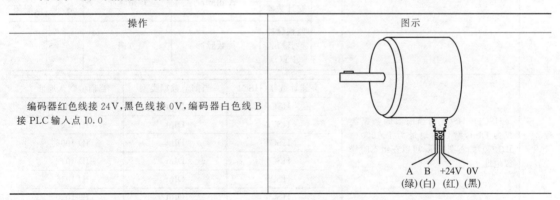 A　B　+24V　0V (绿)(白)(红)(黑)

（五）高速计数器的使用操作步骤

序号	操作步骤	图示
1	高速计数器（HSC）有两种功能：频率测量功能和计数功能。 S7-1200 V4.0 CPU 提供了最多 6 个高速计数器，CPU 1215C 可以使用 HSC1～HSC6。 在用户程序使用 HSC 之前，需要对 HSC 组态，设置 HSC 的计数模式。 HSC 有四种工作模式：内部方向控制的单相计数器、外部方向控制的单相计数器、两路计数脉冲输入的计数器和 A/B 相正交计数器	

续表

序号	操作步骤	图示					
2	同一个输入点不能同时用于两种不同的功能，但是高速计数器当前模式未使用的输入点可以用于其他功能	描述		默认输入地址			功能
		HSC	HSC1	I0.0，I4.0，监视PTO 0脉冲	I0.1，I4.1，监视PTO 0方向	I0.3	
			HSC2	I0.2，I4.2，监视PTO 1脉冲	I0.3，I4.3，监视PTO 1方向	I0.1	
			HSC3	I0.4	I0.5	I0.7	
			HSC4	I0.6	I0.7	I0.5	
			HSC5	I1.0 或 I4.0	I1.1 或 I4.1	I1.2	
			HSC6	I1.3	I1.4	I1.5	
		模式	内部方向控制的单相计数器	计数脉冲		计数复位	计数或测频
			外部方向控制的单相计数器	计数脉冲	方向	计数复位	计数或测频
			两路计数脉冲输入的计数器	加计数脉冲	减计数脉冲	计数复位	计数或测频
			A/B相正交计数器	A相脉冲	B相脉冲	Z相脉冲	计数或测频
			监视脉冲列输出（PTO）	计数脉冲	方向		

序号	操作步骤	图示		
3	HSC1～HSC6 的当前值的数据类型为 DInt，默认的地址为 ID1000～ID1020，如右图所示，可以在组态时修改地址	高速计数器（HSC）	当前值数据类型	当前值默认地址
		HSC1	DInt	ID 1000
		HSC2	DInt	ID 1004
		HSC3	DInt	ID 1008
		HSC4	DInt	ID 1012
		HSC5	DInt	ID 1016
		HSC6	DInt	ID 1020

序号	操作步骤	图示			
4	按分拣单元三相异步电动机同步转速1500r/min，即25r/s，考虑减速比1∶20，所以分拣站主动轴转速理论最大值1.25r/s，编码器500线（500pls/r），所以PLC脉冲输入的最大频率为625Hz。实际运行达不到此速度，故可选0.8millisec	输入滤波器时间	可检测到的最大输入频率	输入滤波器时间	可检测到的最大输入频率
		0.1microsec	1MHz	0.05millisec	10kHz
		0.2microsec	1MHz	0.1millisec	5kHz
		0.4microsec	1MHz	0.2millisec	2.5kHz
		0.8microsec	625kHz	0.4millisec	1.25kHz
		1.6microsec	312kHz	0.8millisec	625Hz
		3.2microsec	156kHz	1.6millisec	312Hz
		6.4microsec	78kHz	3.2millisec	156Hz
		10microsec	50kHz	6.4millisec	78Hz
		12.8microsec	39kHz	10millisec	50Hz
		20microsec	25kHz	12.8millisec	39Hz

技能点六　视觉软件操作

一、技能索引

序号	技能库	页码	序号	技能库	页码
1	拍照采集操作步骤	165	3	字符串比较操作步骤	170
2	RGB 识别操作步骤	166	4	PLC 与视觉 ModbusTCP 通信操作步骤	171

二、操作

（一）拍照采集操作步骤

序号	操作步骤	图示
1	打开视觉编程软件 X-SIGHT VISION STUDIO Edu，在【指令栏】-【相机采集】-【相机类型】下选择【MV 工业相机】单击【确定】	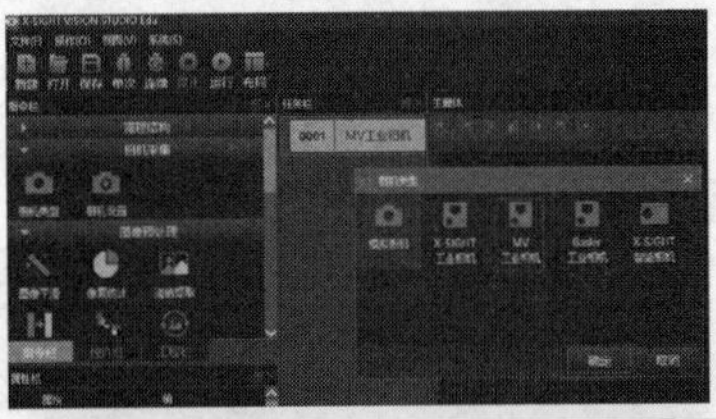
2	单击【MV 工业相机】，弹出【相机列表选择】对话框，选择分拣模块上的相机 ID	
3	单击【控件栏】-【特殊控件】，单击【图形显示】	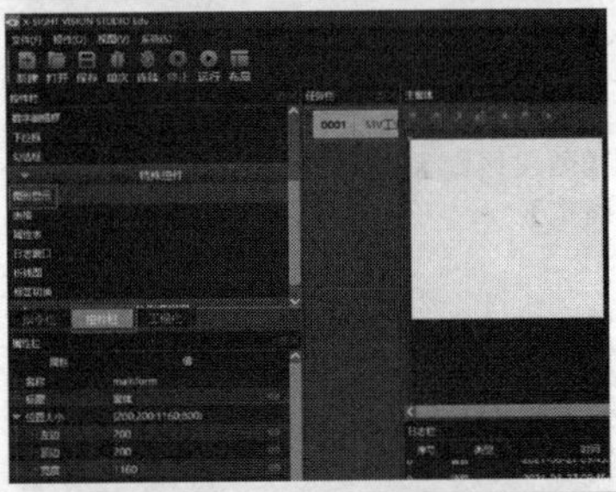
4	单击【指令栏】-【图像预处理】-【图像转换】弹出【图像转换】对话框，选择【旋转图片】，单击【确定】	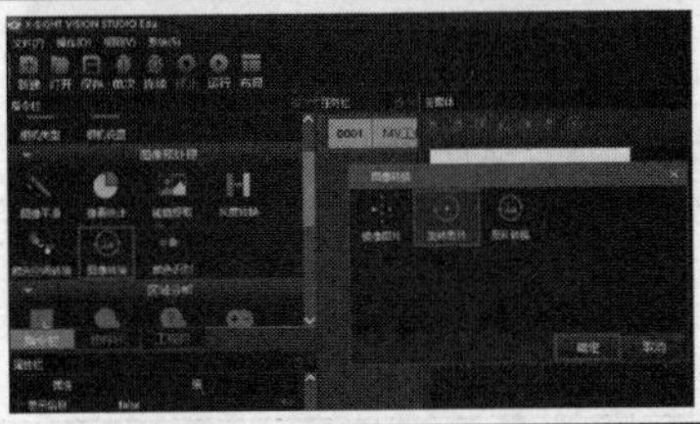

技能库

续表

序号	操作步骤	图示
5	在【属性栏】中,【输入图像】选择【0001-MV工业相机输出图像】,【旋转角度】选择【顺时针270度】	
6	在主窗体中单击图形显示区,【属性栏】-【背景图】选择旋转图片输出图像	
7	单击【连续】,【主窗体】图形显示框中显示当前视觉图片	

（二）RGB 识别操作步骤

序号	操作步骤	图示
1	单击【指令栏】-【区域分析】-【创建区域】,弹出【创建区域】对话框,单击【矩形区域】,单击【确定】	
2	单击【任务栏】中的【矩形区域】,在【属性栏】中【参考图像】选择【0002-旋转图片、输出、输出图像】	

续表

序号	操作步骤	图示
3	单击【输入矩形】,弹出图形编辑框,在图形中绘制检测的区域,单击【确定】; 【有效宽度】和【有效高度】分别选择旋转图片输出图像的宽度和高度	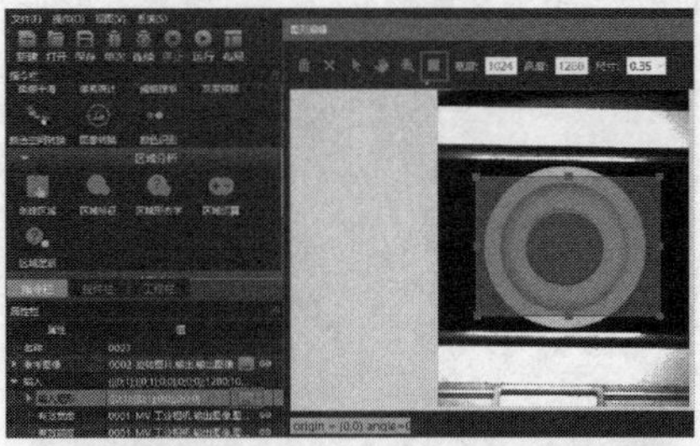 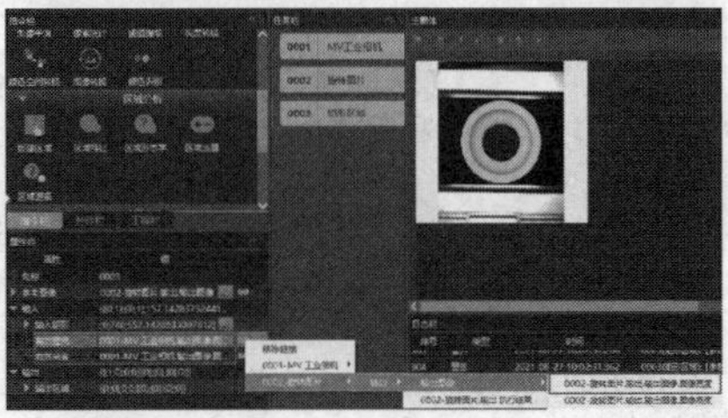
4	单击【控件栏】-【特殊控件】-【图形显示】	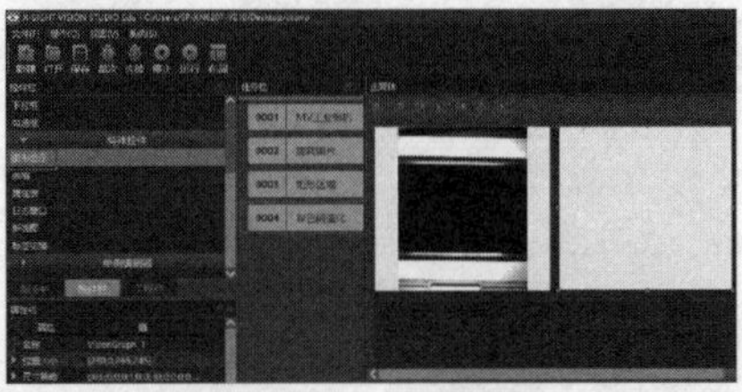
5	在主窗体中单击图形,【属性栏】-【背景图】选择旋转图片输出图像,【显示信息】选择 TRUE	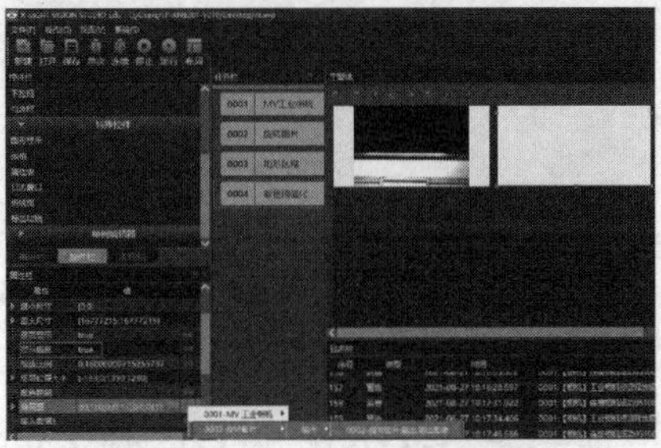
6	单击【指令栏】-【图像预处理】-【阈值提取】,选择【彩色阈值化】,单击【确定】	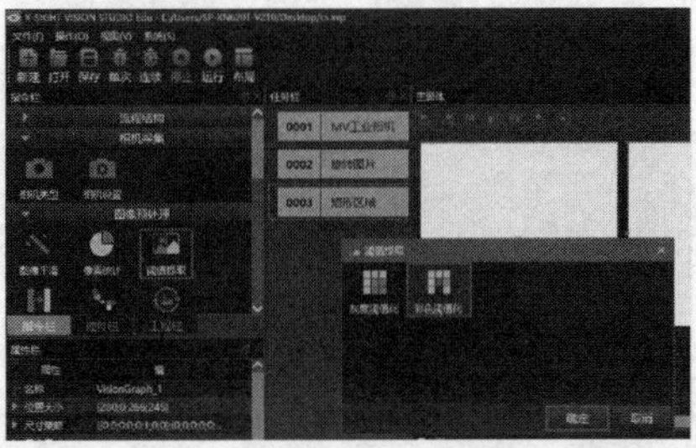

167

技能库

续表

序号	操作步骤	图示
7	单击【任务栏】-【彩色阈值化】,【属性栏】-【输入图像】按图示选择,【感兴趣区域】按图示选择; 在视觉相机下方,人工放入绿色工件。单击【单次】或【连续】拍照,主窗体中有图形显示,单击主窗体中的运行图标,在【属性栏】中更改三个通道的最大值为50(根据实际值修改就行)	
8	单击【指令栏】-【区域分析】-【区域运算】,在对话框中选择【区域差集】,单击【确定】;在区域差集属性栏中,【输入区域1】和【输入区域2】按图示选择	

续表

序号	操作步骤	图示
9	单击【指令栏】-【区域分析】-【区域形态学】,在对话框中选择【形态变换】,单击【确定】;在形态变换属性栏中,【输入区域】、【运算类型】、【核宽】、【核高】按图示设置	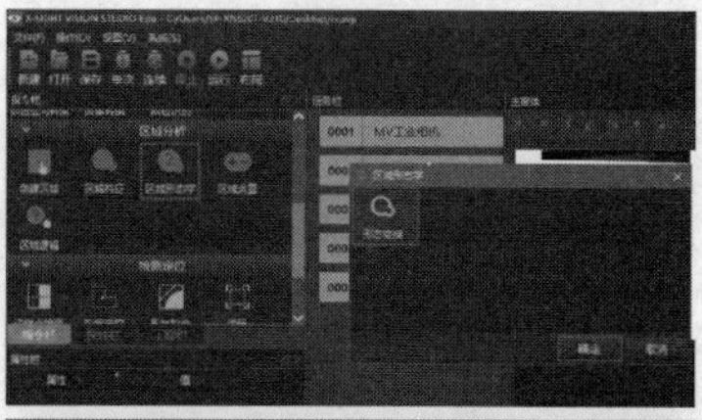 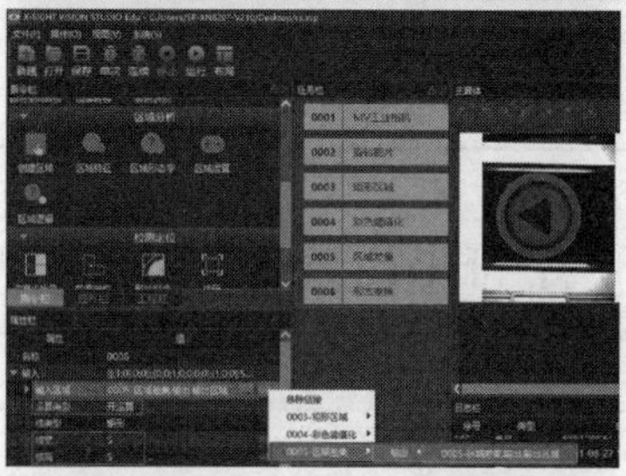
10	在主窗体中选择图形,在属性栏中,【背景图】及【输入数据1】按图示选择	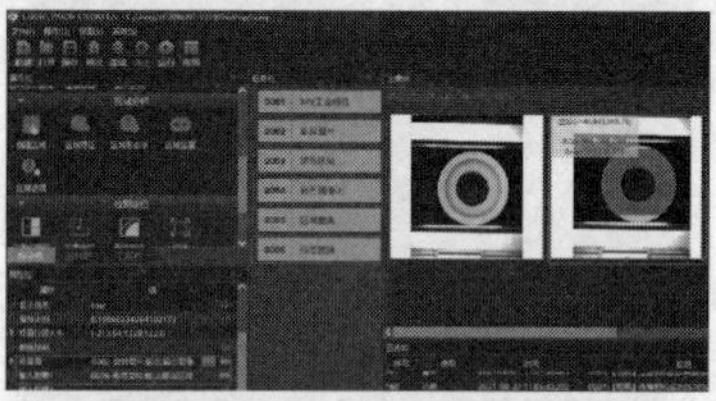
11	单击【指令栏】-【图像预处理】-【颜色识别】,在对话框中选择【RGB识别】,单击【确定】,【输入图像】、【感兴趣区域】按图示选择	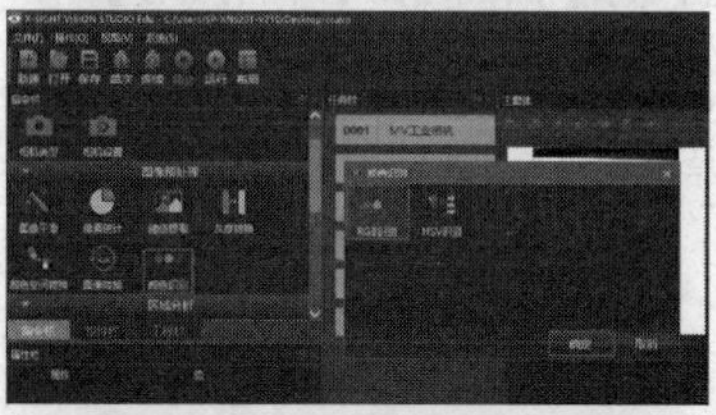 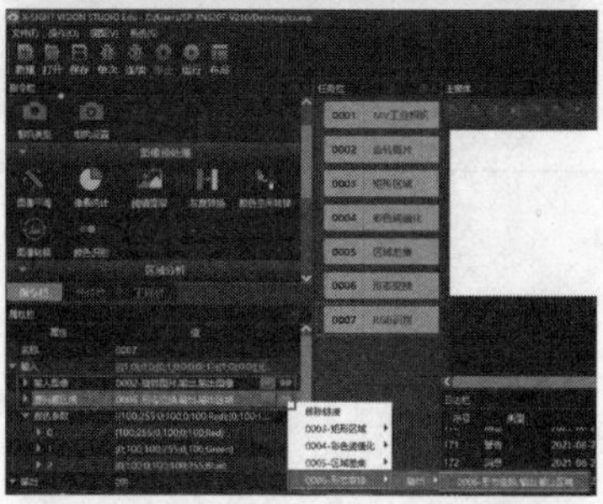
12	在RGB识别属性栏单击【颜色参数】-【添加子项】,修改RGB数值。1通道最小值:100,最大值:255。2通道最小值:100,最大值:255。3通道最小值:0,最大值:100。颜色名称:Yellow	

序号	操作步骤	图示
13	单击【控件栏】-【常规控件】,将【编辑框】拖入主窗体,选择【编辑框】,在属性栏【文本】选项中关联 RGB 识别输出颜色类型	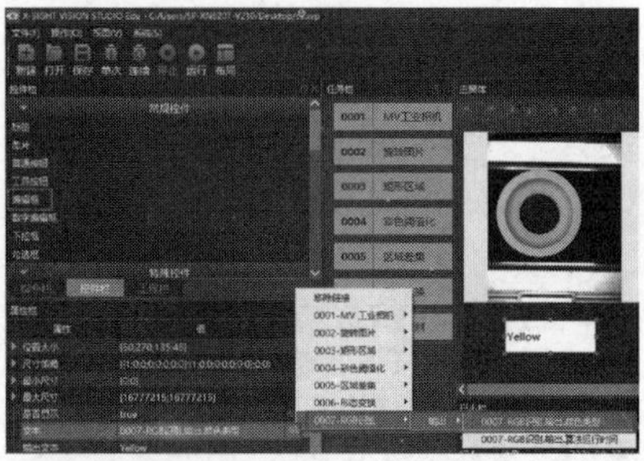

(三)字符串比较操作步骤

序号	操作步骤	图示
1	单击【指令栏】-【系统指令】-【字符串】,在对话框中选择【字符串比较】,单击【确定】。 在字符串比较属性栏中,【字符串 1】选择 RGB 识别输出颜色类型,【字符串 2】选择 red,【是否区别大小写】选择 false	 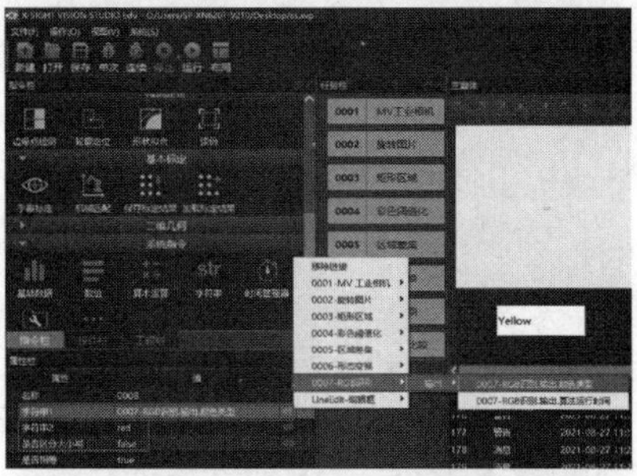
2	在指令栏-流程结构-选择 If 语句-在表达式编辑框中-点击添加-Main 入口函数-字符串比较-outValue 是否相等-单击【选择】,创建表达式 X0==1 单击【确定】	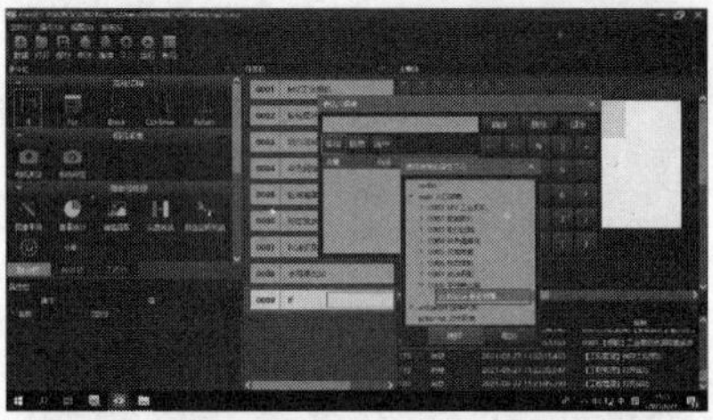 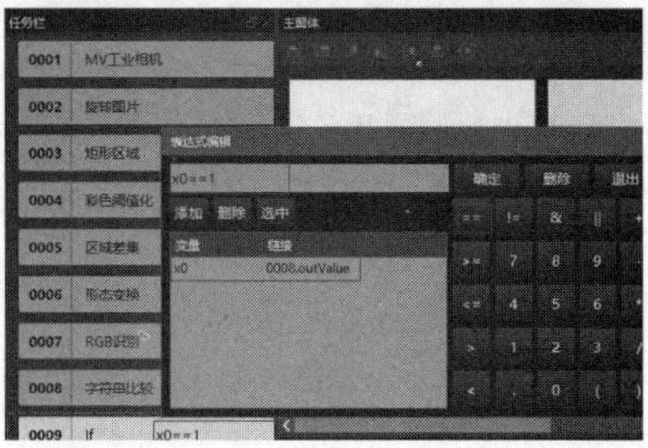

（四）PLC 与视觉 ModbusTCP 通信操作步骤

序号	操作步骤	图示
1	单击【指令栏】-【通讯】-【Modbus】，在对话框中选择【ModbusTCP】，单击【确定】。 单击【ModbusTCP】，在属性栏中设置服务器（从站）的 IP 地址：192.168.0.2，端口：502	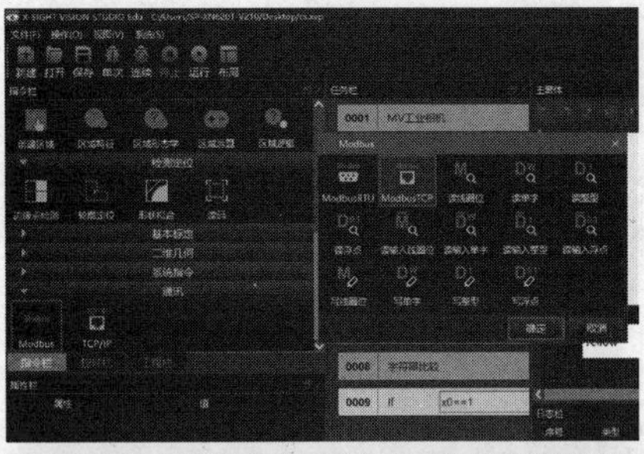 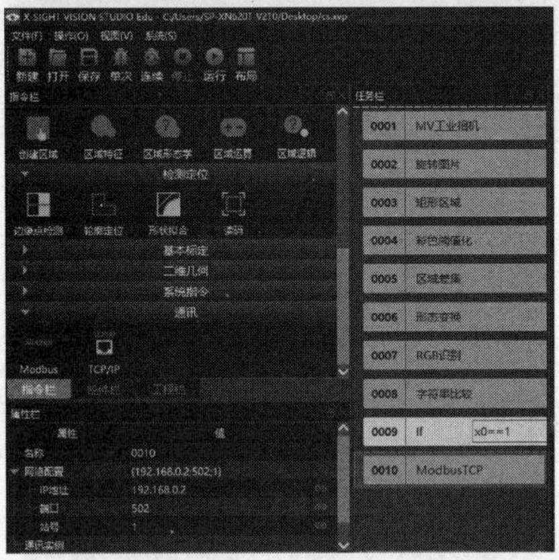
2	在任务栏中将【ModbusTCP】语句拖拽至任务栏语句第一行，单击 0010 行【If】语句，单击【指令栏】-【通讯】-【Modbus】，在对话框中选择【写单字】-单击【确定】；并将任务栏中的【写单字】语句拖入到【IF】语句下，单击【写单字】，在属性栏中单击【写入单字数组】，选择【添加子项】	 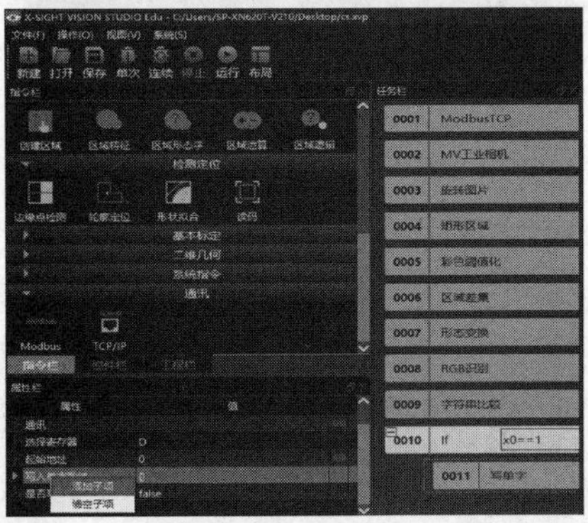

序号	操作步骤	图示
3	在【写单字】属性栏的【写入单字数值】中写入1,【通讯】选择"ModbusTCP通讯实例"	
4	重复字符串比较操作步骤和上述步骤的流程,增加绿色字符串比较,在【写单字】属性栏-【写入单字数值】中写入2,增加黄色字符串比较,在【写单字属性栏】-【写入单字数值】中写入3,通讯选择"ModbusTCP通讯实例"	
5	设置视觉IOT控制器与PLC连接的网口IP地址为:192.168.0.4	
6	设置S7-1200 PLC的IP地址:192.168.0.2,子网掩码:255.255.255.0	

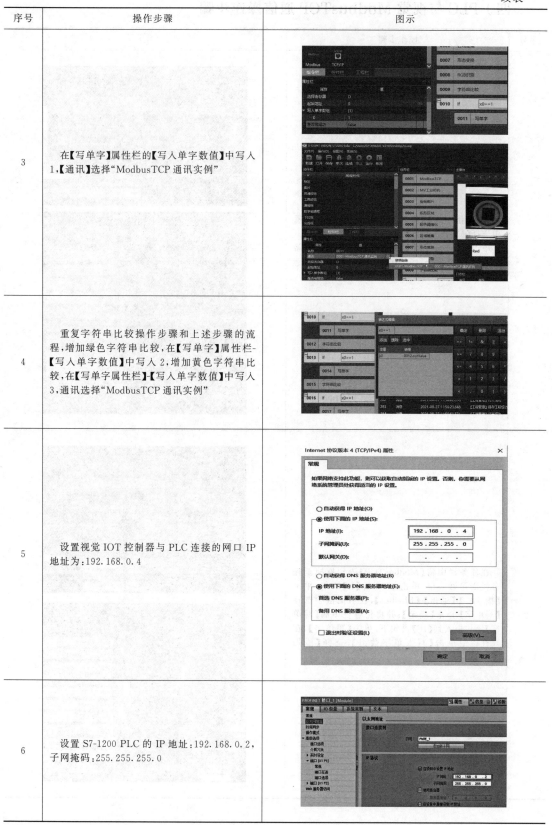

续表

序号	操作步骤	图示
7	S7-1200 PLC 与视觉相机 TCP 通信使用 Modbus TCP 协议，S7-1200PLC 作服务器，程序中调用 MB_SERVER 指令块，创建数据块并建立数据类型为"TCON_IP_v4"的数据 Server	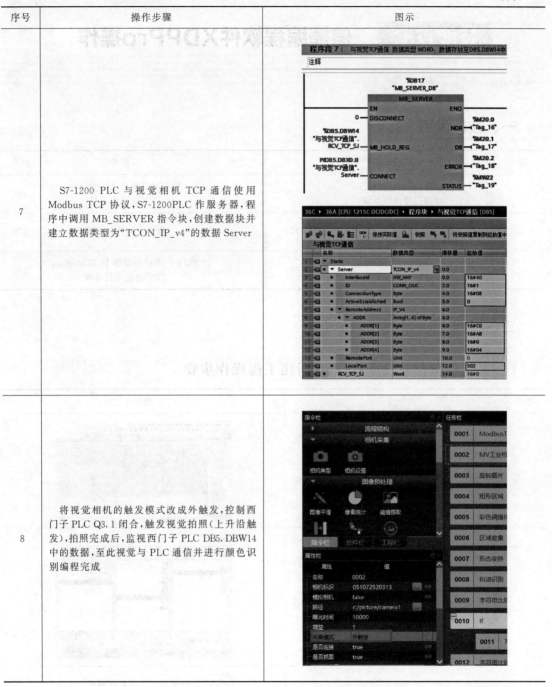
8	将视觉相机的触发模式改成外触发，控制西门子 PLC Q3.1 闭合，触发视觉拍照（上升沿触发），拍照完成后，监视西门子 PLC DB5.DBW14 中的数据，至此视觉与 PLC 通信并进行颜色识别编程完成	

技能点七　信捷编程软件XDPPro操作

一、技能索引

序号	技能库	页码	序号	技能库	页码
1	信捷编程软件 XDPPro 新建工程操作步骤	174	4	信捷编程软件 XDPPro 程序下载操作步骤	178
2	信捷编程软件 XDPPro 联机操作步骤	175	5	程序上传操作步骤	179
3	信捷编程软件 XDPPro 程序输入操作步骤	176	6	西门子 PLC 与信捷 PLC Modbus TCP 通信操作步骤	179

二、操作

（一）信捷编程软件 XDPPro 新建工程操作步骤

序号	操作步骤	图示
1	双击桌面上的快捷图标  ；选择菜单栏【文件】—【退出】或直接单击按钮  ，XDPPro 就会关闭	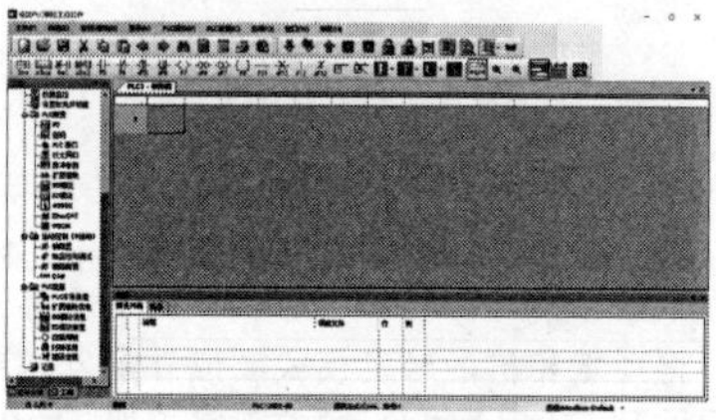
2	选择【文件】—【创建新工程】或单击图标 ，弹出【机型选择】窗口。如果当前已连接 PLC，软件将自动检测出机型。 在【机型选择】窗口中，请按照实际连接机型选择工程机型，然后单击【确定】，完成一个新工程的建立	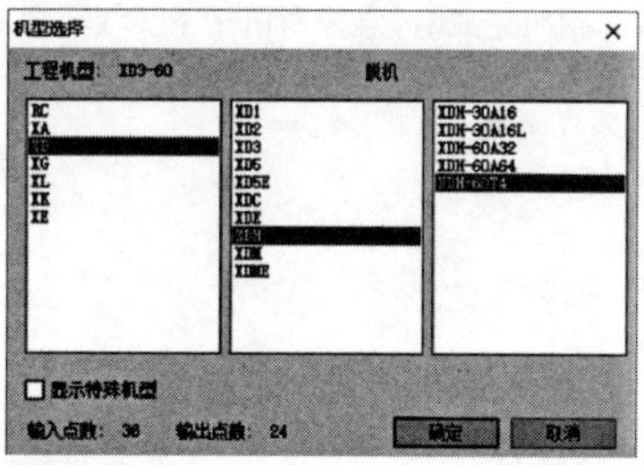
3	单击【文件】—【保存工程】，选择存储路径，输入文件名称，单击【保存】	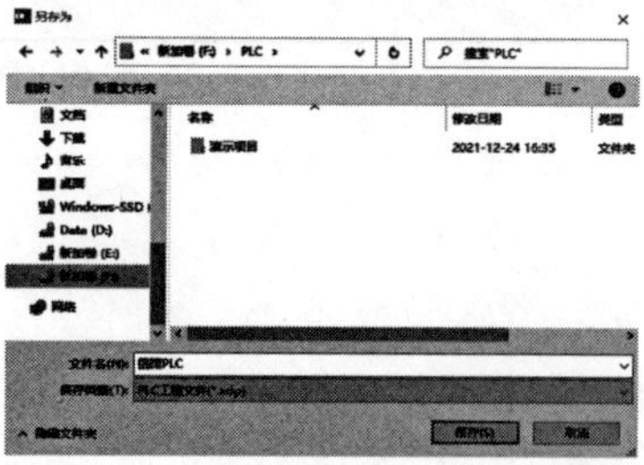

(二)信捷编程软件 XDPPro 联机操作步骤

序号	操作步骤	图示
1	单击工具栏上的图标 ▭,弹出【通信配置】窗口	
2	选择连接模式,并单击【扫描IP】	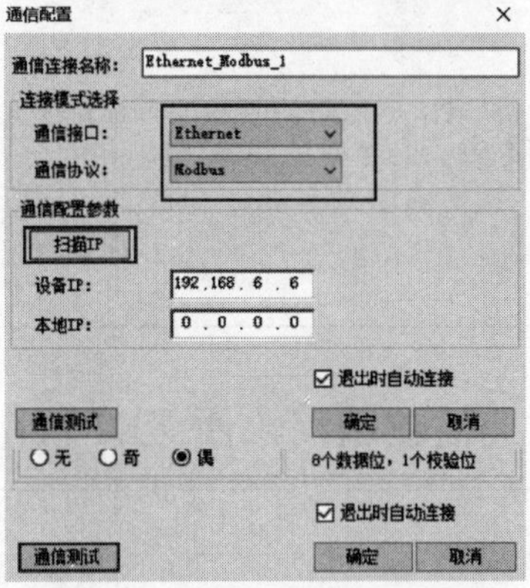
3	扫描完毕,弹出对话框,单击【确定】	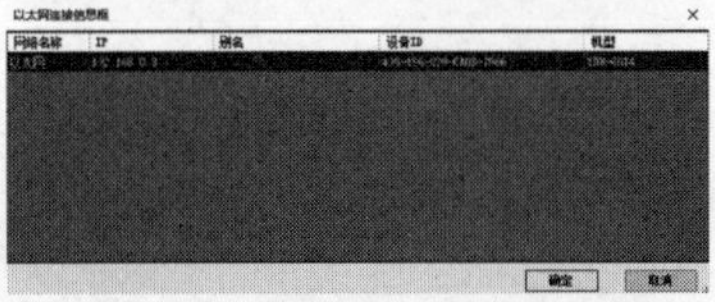
4	配置通信参数,单击【通信测试】	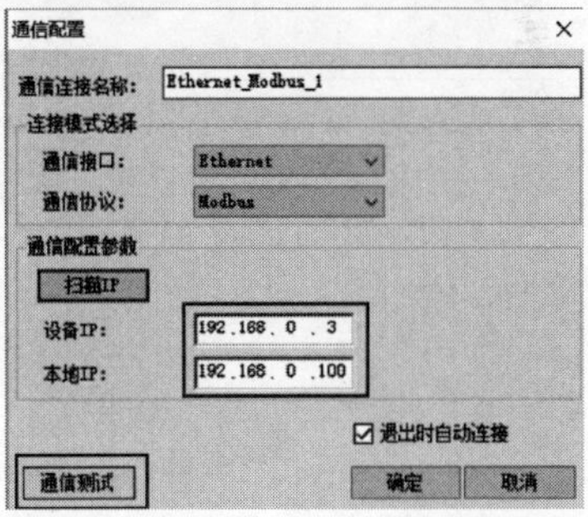
5	显示"成功连接 PLC",单击【确定】	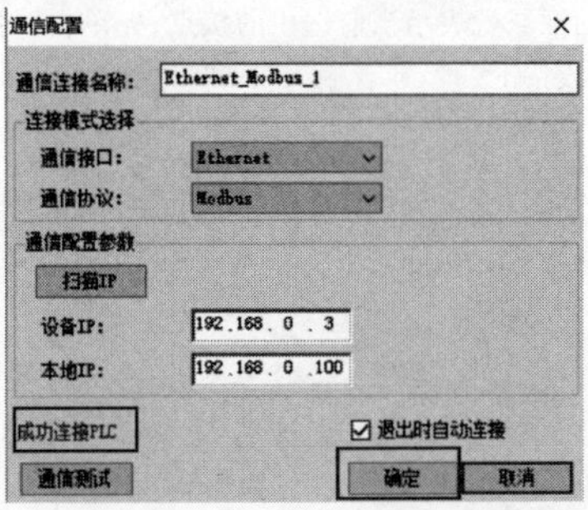

续表

序号	操作步骤	图示
6	通信配置显示已连接	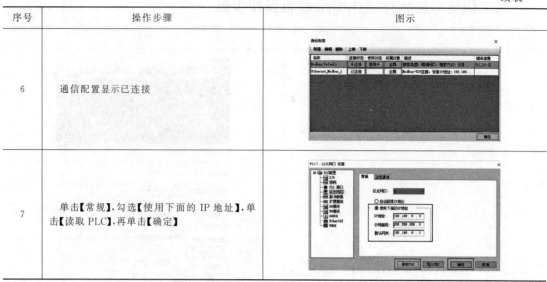
7	单击【常规】，勾选【使用下面的 IP 地址】，单击【读取 PLC】，再单击【确定】	

（三）信捷编程软件 XDPPro 程序输入操作步骤

序号	操作步骤	图示
1	单击左侧【工程】-【PLC1】-【程序】-【梯形图编程】；在工作区打开梯形图编辑界面	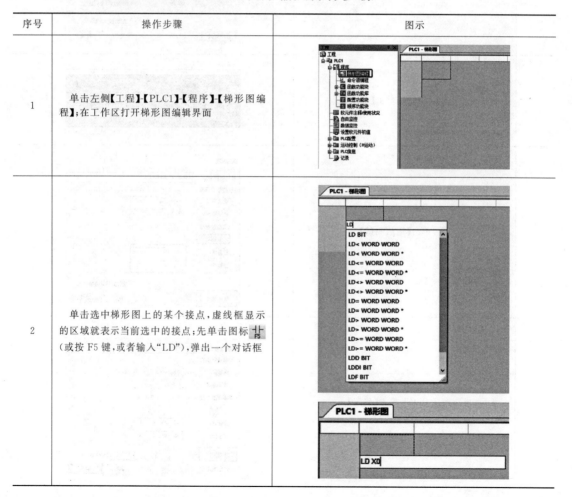
2	单击选中梯形图上的某个接点，虚线框显示的区域就表示当前选中的接点；先单击图标 ⊢⊢F5 （或按 F5 键，或者输入"LD"），弹出一个对话框	

176

续表

序号	操作步骤	图示
3	可以编辑对话框中指令和线圈,如输入"LD X0"。编辑完成之后按 Enter 键。如果输入错误,则该接点显示为红色。双击该接点,可重新输入	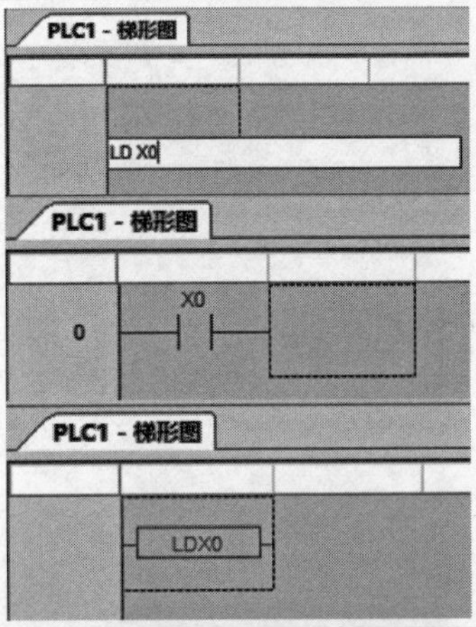
4	在梯形图的第一个接点输入 X0 后,虚线框右移一格	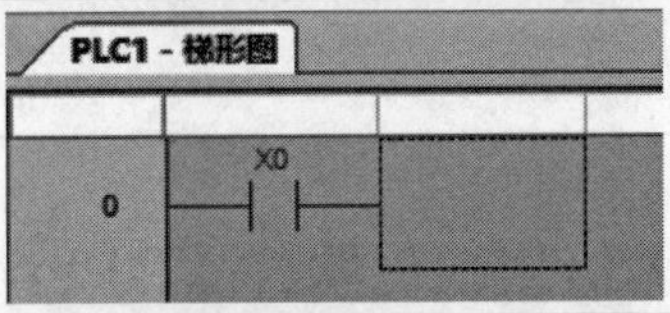
5	单击图标 〈 〉 F7 (或按 F7 键,或输入"OUT"),出现指令对话框	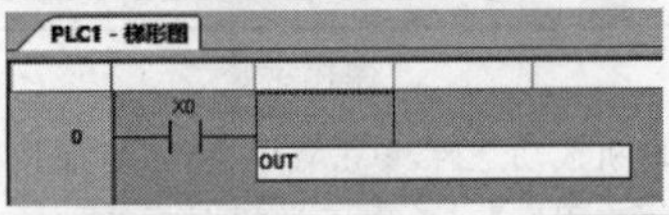
6	在光标处输入Y0	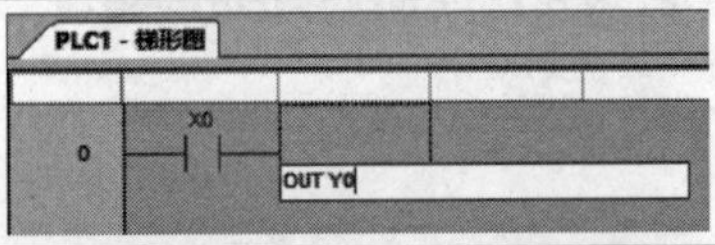
7	按 Enter 键,如果输入正确则虚线框移到下一行;如果输入不正确则该接点显示为红色,双击该接点进行修改	
8	其他常用指令见右图工具栏图标	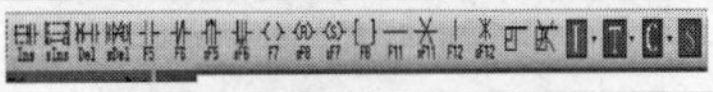
9	单击左下方的指令分类栏图标 指令分类,切换至指令分类	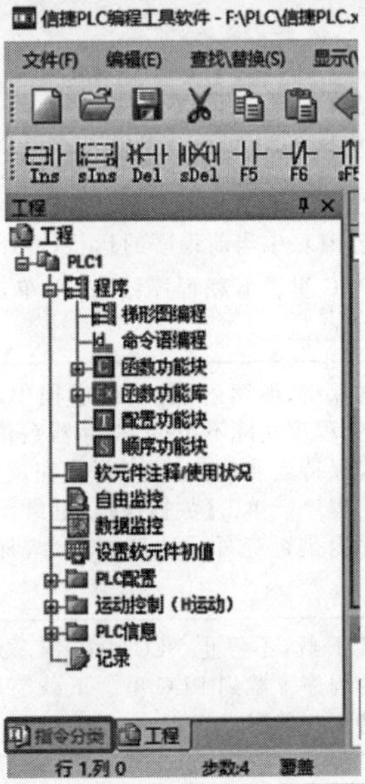

续表

序号	操作步骤	图示
10	左侧栏显示指令列表;双击要输入的指令,该指令将在指定区域激活,输入参数即可	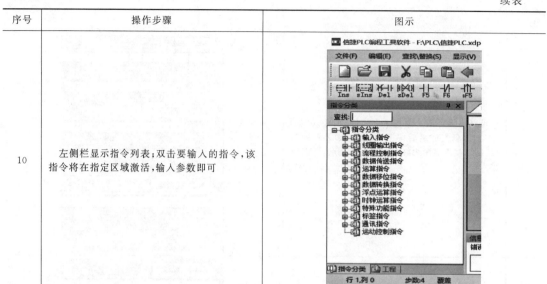

(四)信捷编程软件 XDPPro 程序下载操作步骤

序号	操作步骤	图示
1	联机成功之后,单击菜单栏【PLC 操作】—【下载用户程序】或单击工具栏图标 ⬇,可以将程序下载至 PLC 中	—
2	若 PLC 为非在线下载机型且正在运行,则弹出提示窗口	
3	若 PLC 为在线下载机型且正在运行,则弹出提示窗口	
4	停止 PLC 中当前程序的运行,并下载新的程序到 PLC 里。下载程序结束后,单击 ▶ 按钮运行 PLC	—
5	数据保持,继续下载:下载过程中,PLC 为运行状态,程序实际不执行,寄存器数值和线圈状态始终保持当前状态,程序下载完成后,立即执行新的程序。单击【数据保持,继续下载】后,无论程序内是否有写运动控制指令,都弹出提示窗口	
6	在线下载:不停止 PLC 中的程序运行,同时把新的程序下载到 PLC 里。下载前后,PLC 始终保持运行状态	—

（五）程序上传操作步骤

序号	操作步骤	图示
1	联机成功之后，单击菜单栏【PLC 操作】-【上传用户程序】，或单击工具栏图标 ⬆，可以将程序上传至软件中	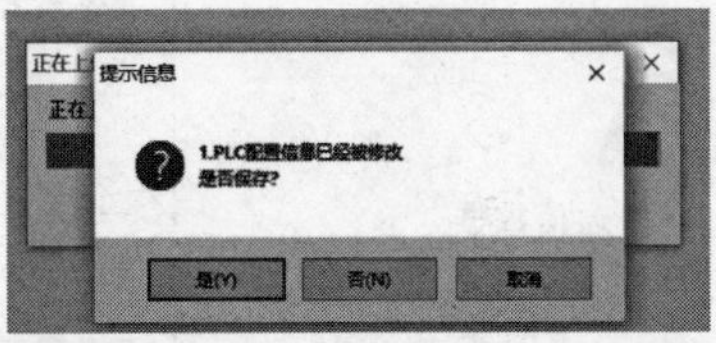
2	上传完毕弹出提示信息，单击【确定】	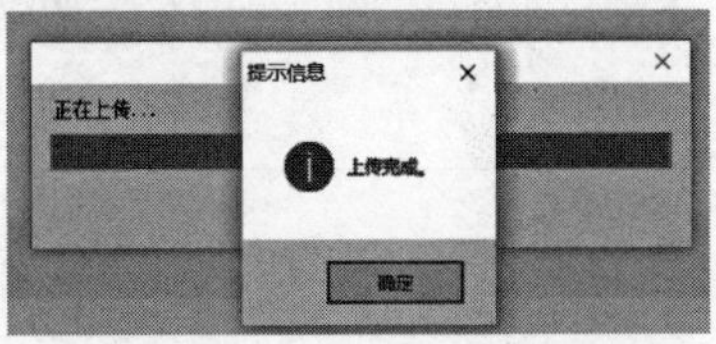

（六）西门子 PLC 与信捷 PLC Modbus TCP 通信操作步骤

序号	操作步骤	说明
1	西门子 S7-1200 与信捷 Modbus TCP 通信时，S7-1200 作客户端，信捷 PLC 作服务器，信捷 PLC 的以太网机型上电默认开启 MODBUS 服务器功能，不需编写程序	—
2	单击【工程】-【PLC 配置】-【以太网口】，在弹出的对话框中设置信捷 PLC 的 IP 地址：192.168.0.3，子网掩码：255.255.255.0，设置完成后单击【写入 PLC】，写入完成后，单击【确定】	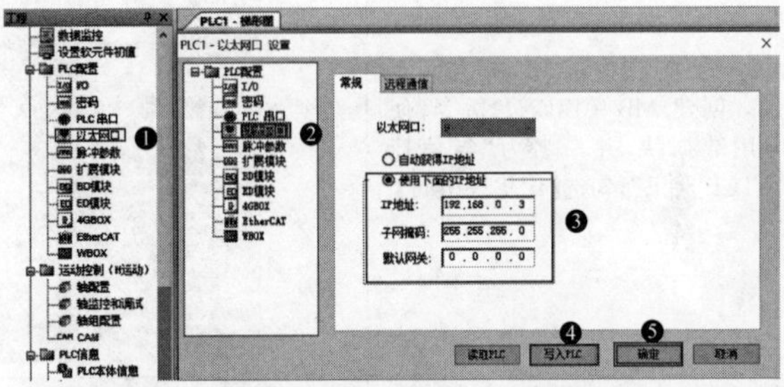
3	XDH 系列 Modbus 地址与内部软元件对照表	
4	网络读写数据区规划	见下表

序号	S7-1200（主站）	传输方向	XDH-60T4（从站）
1	M100.0 —— M101.7	→	M1000 —— M1015
2	M120.0 —— M121.7	←	M1020 —— M1035

续表

序号	操作步骤	说明					
5	网络通信数据	S7-1200主站数据发送区地址	数据意义	XDH从站数据接收区地址	S7-1200主站数据接受区地址	数据意义	XDH从站数据发送区地址
		M100.0	联机启动	M1000	M120.0	龙门复位完成	M1020
		M100.1	联机停止	M1001	M120.1	入库完成	M1021
		M100.2	联机复位	M1002			
		M100.3	联机转换	M1003			
		M100.4	联机皮输物料到达	M1004			
6	双击西门子S7-1200的【PROFINET接口】,然后在【系统常数】中查看网口的硬件标识符	
7	创建MB_CLIENT指令,使用数据块,并命名为"与信捷TCP通讯",勾选【优化块访问】	
8	在数据块中创建变量名称"MB-TCP",数据类型为"TCON_IP_v4",然后按Enter键,该数据类型结构创建完毕。设置： InterfaceId:16#40 ID:16#2 Connection Type:16#0B ActiveEstablished:1 ADDR:填写信捷PLC的IP地址 RemotePort:502	

InterfaceId	硬件标识符。
ID	连接ID,取值范围1~4095
Connection Type	连接类型。TCP连接默认为:16#0B
ActiveEstablished	建立连接。主动为1(客户端),被动为0(服务器)。
ADDR	服务器侧的IP地址
RemotePort	远程端口号
LocalPort	本地端口号

续表

序号	操作步骤	说明
9	通信程序示例：检查连接状态，建立连接后，给控制位和状态位复位	
10	与信捷 PLC 的写操作	
11	通过给通信控制位赋值实现读写轮换	
12	与信捷 PLC 的读操作	

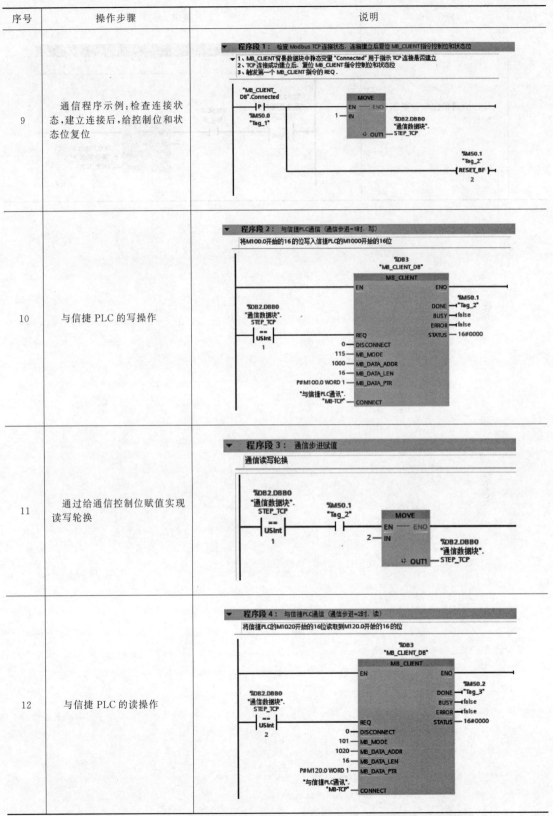

续表

序号	操作步骤	说明
13	通过给通信控制位赋值实现读写轮换	![程序段5：通信步进赋值，通信读写轮换，%DB2.DBB0 "通信数据块".STEP_TCP == USInt 2，%M50.2 "Tag_3"，MOVE EN ENO，1 IN，OUT1 %DB2.DBB0 "通信数据块".STEP_TCP]

参考文献

[1] 肖军,孟令军. 可编程控制器原理及应用 [M]. 北京:清华大学出版社, 2018.
[2] 周四六,纪文超. 可编程控制器应用基础 [M]. 北京:人民邮电出版社, 2019.
[3] 张林国,王淑英. 可编程控制器技术(电气运行与控制专业)[M]. 2版. 北京:高等教育出版社, 2012.
[4] 张鹤鸣,刘耀元. 可编程控制器原理及应用教程 [M]. 北京:北京大学出版社, 2007.
[5] 姜久超,刘振方,沈敏. 可编程控制器原理及应用 [M]. 西安:西安电子科技大学出版社,2019.
[6] 王海燕,李精明. 可编程控制器及工业控制网络 [M]. 上海:上海交通大学出版社, 2015.

可编程控制器系统应用工作页

目录

任务 1	直流 LED 灯点动控制	1
任务 2	直流 LED 灯长动控制	6
任务 3	三相异步电机控制	11
任务 4	指示灯延时开关控制	16
任务 5	设备三色灯控制	21
任务 6	指示灯状态单按钮控制	26
任务 7	抢答器控制	31
任务 8	跑马灯控制	36
任务 9	红绿灯控制	41
任务 10	霓虹灯控制	46
任务 11	桁架机械手控制	51
任务 12	旋转供料模块控制	56
任务 13	立体仓库单仓位取料控制	61
任务 14	立体仓库指定仓位取料控制	66
任务 15	输送单元定位控制	71
任务 16	仓储单元入库控制	76
任务 17	分拣模块多段速控制	81
任务 18	皮带输送模块无级变速控制	86
任务 19	分拣模块物料瓶推出控制	91
任务 20	分拣模块视觉分拣控制	96

任务1　直流LED灯点动控制

一、任务描述

灯是 PLC 控制的典型负载之一，而其中最简单的就是灯的点动控制。

某直流 LED 灯点动控制要求为：按下按钮 SB1，灯亮。松开按钮 SB1，灯灭。灯的规格为直流。请根据提供的输入/输出端口分配、电气原理图和 PLC 梯形图程序，完成直流 LED 灯点动控制硬件接线，在博途软件中输入梯形图程序并下载至 PLC，并能够操作亚龙 YL-36A 型可编程控制器系统，实现直流 LED 灯的点动控制展示。

二、任务目标

（一）知识目标

1. 熟悉 S7-1200 外部结构；
2. 了解 S7-1200 内部结构组成；
3. 掌握数字量输入接线方法（无源触点）；
4. 掌握数字量输出接线方法；
5. 理解 PLC 控制本质；
6. 熟悉开关电源作用及接线方法；
7. 了解博途软件；
8. 熟悉点动控制电气原理图。

（二）能力目标

1. 能够根据直流 LED 灯点动控制电气原理图，完成硬件接线；
2. 能够利用博途软件完成直流 LED 灯点动控制的硬件与网络组态；
3. 能够利用博途软件完成直流 LED 灯点动控制梯形图程序的输入；
4. 能够将直流 LED 灯点动控制梯形图程序载入 PLC；
5. 能够正确操作亚龙 YL-36A 型可编程控制器系统，展示点动控制效果。

（三）素质目标

1. 养成规范的操作习惯；
2. 养成绿色安全生产意识；
3. 养成主动思考问题的习惯；
4. 养成团队协作及有效沟通的精神；
5. 养成吃苦耐劳的职业精神。

三、任务提示

（一）知识库

1. S7-1200 外部结构；

2. 梯形图编程特点；
3. 梯形图编程注意事项；
4. 中间继电器特性及其主要应用；
5. PLC 数字量输入接线规范（无源触点）；
6. PLC 数字量输出接线规范；
7. 梯形图启保停电路。

（二）技能库

1. 亚龙 YL-36A 型可编程控制器系统应用实训考核装置上电流程；
2. 博途软件创建项目方法；
3. 组态硬件设备及网络方法；
4. PLC 程序输入方法；
5. PLC 程序下载方法；
6. PLC 程序在线监测方法。

四、工作过程

姓名：_____   日期：_____

（一）资讯

查阅相关资料，填写表 1-1。

表 1-1 信息一览表

1	实验台所用 PLC 型号是什么？订货号是多少？
2	如某 PLC 的型号是 CPU 1214C AC/DC/RLY,型号中各部分代表什么意思？
3	请分别列举出常见的 PLC 输入元件和输出元件
4	LED 灯的直流电源是哪个器件提供的？这个器件的作用是什么？
5	使用 PLC 控制系统的主要目的是什么？
6	PLC 的中文意思是什么？PLC 主要应用在哪些方面？

（二）计划

根据任务要求，制订本任务工作方案，填写表1-2。

表1-2 计划表

1. 根据提供的电气原理图，列出所有元器件名称和电气符号
2. 重描电气原理图
3. 画出梯形图程序

（三）决策

小组讨论后（经培训教师确认），优化确定本任务工作方案和完成本次任务可实施的完整工作计划（任务尽量细化，让小组成员都能参与），分别填写表1-3和表1-4。

表1-3 工量具与耗材准备一览表

小组名称			设备台号	
小组成员				
序号	名称	所选规格型号	选型是否合适	
1			是□	否□
2			是□	否□
3			是□	否□
4			是□	否□
5			是□	否□
6			是□	否□

表1-4 直流LED灯点动控制任务实施安排表

小组名称		设备台号	
小组成员			

续表

序号	方案名称	工作内容	注意事项	负责人	用时/min
1					
2					
3					
4					
5					
6					

(四)实施

各小组按照确定的实施方案完成直流 LED 灯点动控制任务,由记录员对实施过程进行记录,如表 1-5 和表 1-6 所示。

表 1-5 直流 LED 灯点动控制任务实施基本情况表

序号	工作内容	实施人	实施评价
1			
2			
3			
4			
5			
6			

实施评价选项:①工具使用规范;②工具使用不规范;③接线工艺规范;④接线工艺不规范;⑤通电前,电气线路检查流程和方法正确;⑥通电前,电气线路检查流程和方法有问题;⑦博途软件设备组态方法正确;⑧博途软件设备组态方法不正确;⑨能够正确输入梯形图程序;⑩不能够正确输入梯形图程序;⑪梯形图程序正确导入 PLC;⑫梯形图程序不能正确导入 PLC;⑬能够正确进行程序在线监测;⑭不能够正确进行程序在线监测

表 1-6 直流 LED 灯点动控制任务实施问题/解决情况记录表

序号	问题(状况)描述	解决过程	实施人员
1			
2			
3			
4			
5			
6			

(五)检查

任务调试完毕后,小组互相检查,教师抽查核准评分,并填写表 1-7。

表 1-7 直流 LED 灯点动控制任务调试检查结果记录表

序号	检查项目	配分	得分	评分人	核准分数
1	走线正确规范、整洁、牢固				

续表

序号	检查项目	配分	得分	评分人	核准分数
2	电机能够正确按照任务要求正常运转				
3	小组成员配合良好				
4	场地整理整顿良好				
5	回答问题正确得当				
6	有创新点				
	结果				

（六）评价

1. 小组成果分享和自我评价（选派 1～2 组，一般由记录人负责）。
2. 任务完成情况及他组评价（选派 1～2 组，一般由评分人负责）。
3. 成绩统计，完成表 1-8。

表 1-8　直流 LED 灯点动控制任务成绩统计表

序号	评价项目	评价结果	权重系数	单项得分
1	资讯		0.2	
2	计划		0.2	
3	决策		0.2	
4	实施		0.2	
5	检查		0.1	
6	评价		0.1	
	总得分			

五、总结与提高

总结自己在本次任务完成过程中存在的问题，分析原因并提出改进措施，完成表 1-9。

表 1-9　自我总结与分析

存在问题	原因分析	改进措施

任务2　直流LED灯长动控制

一、任务描述

与点动控制相比，长动控制应用场景更加普遍。某直流 LED 灯长动控制要求为：按下按钮 SB1，LED 灯亮并保持。按下按钮 SB2，LED 灯灭，LED 灯的规格为直流。请根据输入/输出端口分配、电气原理图完成直流 LED 灯长动控制硬件接线。试进行 PLC 梯形图程序设计，在博途软件中输入梯形图程序并下载至 PLC，能够操作亚龙 YL-36A 型可编程控制器系统，实现直流 LED 灯的长动控制展示。

二、任务目标

（一）知识目标

1. 掌握 PLC 工作原理；
2. 了解西门子 PLC 寻址方式；
3. 了解 S7-1200 PLC 的主要编程元件；
4. 掌握输入继电器本质；
5. 掌握输出继电器本质；
6. 了解 PLC 编程语言类别；
7. 掌握 PLC 梯形图特点；
8. 理解启保停电路。

（二）能力目标

1. 能够根据直流 LED 灯长动控制电气原理图，完成硬件接线；
2. 能够利用博途软件完成直流 LED 灯长动控制的硬件与网络组态；
3. 能够利用博途软件完成直流 LED 灯长动控制梯形图程序的输入；
4. 能够将直流 LED 灯长动控制梯形图程序载入 PLC；
5. 能够正确操作亚龙 YL-36A 型可编程控制器系统，展示长动控制效果。

（三）素质目标

1. 养成规范的操作习惯；
2. 养成绿色安全生产意识；
3. 养成主动思考问题的习惯；
4. 养成团队协作及有效沟通的精神；
5. 养成吃苦耐劳的职业精神。

三、任务提示

（一）知识库

1. PLC 工作原理；

2. 西门子 PLC 寻址方式；
3. S7-1200 PLC 的主要编程元件；
4. 输入继电器本质；
5. 输出继电器本质；
6. PLC 编程语言简介；
7. 梯形图概述；
8. 启保停电路。

(二) 技能库

1. 亚龙 YL-36A 型可编程控制器系统应用实训考核装置上电流程；
2. 博途软件创建项目方法；
3. 组态硬件设备及网络方法；
4. PLC 程序输入方法；
5. PLC 程序下载方法；
6. PLC 程序在线监测方法。

四、工作过程

姓名：_____   日期：_____

(一) 资讯

查阅相关资料，填写表 2-1。

表 2-1 信息一览表

1	PLC 编程的本质是什么？	
2	输入继电器符号是什么？其寻址方式是怎样的？其主要特点有哪些？	
3	输出继电器符号是什么？其主要特点有哪些？	
4	PLC 的工作方式是什么？主要完成的工作有哪些？	
5	请写出启-保-停梯形图程序，并说明各符号的含义及其作用	
6	如果 PLC 正在进行程序编译时，操作人员按下了启动按钮，PLC 能马上采集到该信号吗？LED 灯能够正常点亮吗？为什么？	

(二) 计划

根据任务要求，制订本任务工作方案，填写表2-2。

表2-2 计划表

1. 根据提供的电气原理图，列出所有元器件名称和电气符号
2. 重描电气原理图
3. 画出梯形图程序

(三) 决策

小组讨论后（经培训教师确认），优化确定本任务工作方案和完成本次任务可实施的完整工作计划（任务尽量细化，让小组成员都能参与），分别填写表2-3和表2-4。

表2-3 工量具与耗材准备一览表

小组名称			设备台号	
小组成员				
序号	名称	所选规格型号	选型是否合适	
1			是□	否□
2			是□	否□
3			是□	否□
4			是□	否□
5			是□	否□
6			是□	否□

表2-4 直流LED灯长动控制任务实施安排表

小组名称			设备台号		
小组成员					
序号	方案名称	工作内容	注意事项	负责人	用时/min
1					
2					
3					
4					
5					
6					

(四)实施

各小组按照确定的实施方案完成直流 LED 灯长动控制任务,由记录员对实施过程进行记录,见表 2-5 和表 2-6。

表 2-5 直流 LED 灯长动控制任务实施基本情况表

序号	工作内容	实施人	实施评价
1			
2			
3			
4			
5			
6			

实施评价选项:①工具使用规范;②工具使用不规范;③接线工艺规范;④接线工艺不规范;⑤通电前,电气线路检查流程和方法正确;⑥通电前,电气线路检查流程和方法有问题;⑦博途软件设备组态方法正确;⑧博途软件设备组态方法不正确;⑨能够正确输入梯形图程序;⑩不能够正确输入梯形图程序;⑪梯形图程序正确导入 PLC;⑫梯形图程序不能正确导入 PLC;⑬能够正确进行程序在线监测;⑭不能够正确进行程序在线监测

表 2-6 直流 LED 灯长动控制任务实施问题/解决情况记录表

序号	问题(状况)描述	解决过程	实施人员
1			
2			
3			
4			
5			
6			

(五)检查

调试完毕后,小组互相检查,教师抽查核准评分,并填写表 2-7。

表 2-7 直流 LED 灯长动控制任务调试检查结果记录表

序号	检查项目	配分	得分	评分人	核准分数
1	走线正确规范、整洁、牢固				
2	电机能够正确按照任务要求正常运转				
3	小组成员配合良好				
4	场地整理整顿良好				
5	回答问题正确得当				
6	有创新点				
	结果				

(六)评价

1. 小组成果分享和自我评价(选派 1~2 组,一般由记录人负责)。
2. 任务完成情况及他组评价(选派 1~2 组,一般由评分人负责)。

3. 成绩统计，完成表2-8。

表 2-8　直流 LED 灯长动控制任务成绩统计表

序号	评价项目	评价结果	权重系数	单项得分
1	资讯		0.2	
2	计划		0.2	
3	决策		0.2	
4	实施		0.2	
5	检查		0.1	
6	评价		0.1	
		总得分		

五、总结与提高

总结自己在本次任务完成过程中存在的问题，分析原因并提出改进措施，完成表2-9。

表 2-9　自我评价与分析

存在问题	原因分析	改进措施

任务3　三相异步电机控制

一、任务描述

三相交流异步电动机是一种将电能转化为机械能的电力拖动装置，具有结构简单、运行可靠、价格便宜、过载能力强及使用、安装、维护方便等优点，广泛应用于多个生产领域。三相异步电机点动控制多用于机床刀架、横梁、立柱等快速移动和机床对刀等需要做微距调整的场合。而长动控制应用更加广泛，如钻孔加工、机床冷却等。

某三相异步电机点长动控制要求为：按下点动按钮 SB1，电动机点动运行。按下长动启动按钮 SB2，电动机运行并保持；按下停止按钮 SB3，电动机停止，控制电机用接触器线圈电压为交流 220V。

请尝试设计电气原理图，根据电气原理图完成硬件接线。然后，完成 PLC 梯形图程序设计，在博途软件中输入梯形图程序并下载至 PLC 进行调试。最后，通过简单操作实现三相交流异步电机点长动控制动作。

二、任务目标

(一) 知识目标

1. 熟悉辅助继电器及其应用；
2. 掌握梯形图编程特点；
3. 了解梯形图编程注意事项；
4. 掌握中间继电器特性及其主要应用。

(二) 能力目标

1. 能够设计三相交流异步电机点长动 PLC 控制电气原理图；
2. 能够根据电气原理图，完成三相交流异步电机点长动 PLC 控制硬件接线；
3. 能够正确编写三相交流异步电机点长动 PLC 控制梯形图程序；
4. 能够用博途软件完成三相交流异步电机点长动 PLC 控制梯形图程序输入和下载；
5. 能够利用博途软件在线监测功能，完成程序调试工作。

(三) 素质目标

1. 养成规范的操作习惯；
2. 养成绿色安全生产意识；
3. 养成主动思考问题的习惯；
4. 养成团队协作及有效沟通的精神；
5. 养成吃苦耐劳的职业精神。

三、任务提示

(一) 知识库

1. 辅助继电器 M 及其应用；

2. 梯形图编程特点；
3. 梯形图编程注意事项；
4. 中间继电器特性及其主要应用；
5. PLC 数字量输入接线规范（无源触点）；
6. PLC 数字量输出接线规范；
7. 梯形图启保停电路。

（二）技能库

1. 亚龙 YL-36A 型可编程控制器系统应用实训考核装置上电流程；
2. 博途软件创建项目方法；
3. 组态硬件设备及网络方法；
4. PLC 程序输入方法；
5. PLC 程序下载方法；
6. PLC 程序在线监测方法。

四、工作过程

姓名：_____   日期：_____

（一）资讯

查阅相关资料，填写表 3-1。

表 3-1　信息一览表

1	三相交流异步电机接入电路有几根动力线？运转的条件是什么？	
2	PLC 能直接驱动三相异步电动机吗？PLC 如何驱动三相异步电机？	
3	电气安装模块的接触器线圈电压是多少？实训台用的 PLC 为西门子 CPU 1215C DC/DC/DC，其输出口能否直接驱动接触器？如果不能，如何处理？	
4	什么是双线圈？请列举梯形图程序说明	
5	辅助继电器 M 在程序编写中起到什么作用？	
6	辅助继电器 M 与输出继电器 Q 有什么异同点？	

(二) 计划

根据任务要求，制订本任务工作方案，填写表3-2。

表 3-2 计划表

1	设计电气原理图
(1)列出所有元器件名称和电气符号	
(2)分配 PLC 输入输出口	
(3)画出电气原理图	
2	编写梯形图程序
(1)写出点动控制梯形图程序	
(2)写出长动控制梯形图程序	
(3)编写点动、长动控制梯形图程序	

(三) 决策

小组讨论后（经培训教师确认），优化确定本任务工作方案和完成本次任务可实施的完整工作计划（任务尽量细化，让小组成员都能参与），分别填写表3-3和表3-4。

表 3-3 工量具与耗材准备一览表

小组名称			设备台号	
小组成员				
序号	名称	所选规格型号	选型是否合适	
1			是□	否□
2			是□	否□
3			是□	否□
4			是□	否□
5			是□	否□
6			是□	否□

表 3-4　三相异步电机控制任务实施安排表

小组名称			设备台号		
小组成员					
序号	方案名称	工作内容	注意事项	负责人	用时/min
1					
2					
3					
4					
5					
6					

（四）实施

各小组按照确定的实施方案完成三相异步电机控制任务，由记录员对实施过程进行记录，如表 3-5 和表 3-6 所示。

表 3-5　三相异步电机控制任务实施基本情况表

序号	工作内容	实施人	实施评价
1			
2			
3			
4			
5			
6			

实施评价选项：①工具使用规范；②工具使用不规范；③接线工艺规范；④接线工艺不规范；⑤通电前,电气线路检查流程和方法正确；⑥通电前,电气线路检查流程和方法有问题；⑦博途软件设备组态方法正确；⑧博途软件设备组态方法不正确；⑨能够正确输入梯形图程序；⑩不能够正确输入梯形图程序；⑪梯形图程序正确导入 PLC；⑫梯形图程序不能正确导入 PLC；⑬能够正确进行程序在线监测；⑭不能够正确进行程序在线监测。

表 3-6　三相异步电机控制任务实施问题/解决情况记录表

序号	问题（状况）描述	解决过程	实施人员
1			
2			
3			
4			
5			
6			

（五）检查

调试完毕后，小组互相检查，教师抽查核准评分，并填写表 3-7。

表 3-7　三相异步电机控制任务调试检查结果记录表

序号	检查项目	配分	得分	评分人	核准分数
1	走线正确规范、整洁、牢固				
2	电机能够正确按照任务要求正常运转				
3	小组成员配合良好				
4	场地整理整顿良好				
5	回答问题正确得当				
6	有创新点				
	结果				

（六）评价

1. 小组成果分享和自我评价（选派1~2组，一般由记录人负责）。
2. 任务完成情况及他组评价（选派1~2组，一般由评分人负责）。
3. 成绩统计，完成表3-8。

表 3-8　三相异步电机控制任务成绩统计表

序号	评价项目	评价结果	权重系数	单项得分
1	资讯		0.2	
2	计划		0.2	
3	决策		0.2	
4	实施		0.2	
5	检查		0.1	
6	评价		0.1	
	总得分			

五、总结与提高

总结自己在本次任务完成过程中存在的问题，分析原因并提出改进措施，完成表3-9。

表 3-9　自我评价与分析

存在问题	原因分析	改进措施

任务4 指示灯延时开关控制

一、任务描述

指示灯是一种用灯光监视电路和电气设备工作或位置状态的器件。指示灯通常用于反映电路的工作状态（有电或无电）、电气设备的工作状态（运行、停运或试验）和位置状态（闭合或断开）等。

指示灯一般装设在高、低压配电装置的屏、盘、台、柜的面板上，反映设备位置状态的指示灯，通常以灯亮表示设备带电，灯灭表示设备失电；反映电路工作状态的指示灯，通常红灯亮表示带电，绿灯亮表示无电。为避免误判断，运行中要经常或定期检查灯泡或发光二极管的完好情况。

指示灯的额定工作电压有220V、110V、48V、36V、12V、6V、3V等。

某直流规格指示灯延时开关控制要求为：

① 按下启动按钮 SB1，指示灯 HL1 延时 5s 后通电并保持。
② 按下停止按钮 SB2，指示灯 HL1 延时 5s 后熄灭。

请尝试设计电气原理图，根据电气原理图完成硬件接线。然后，完成 PLC 梯形图程序设计，在博途软件中输入梯形图程序并下载至 PLC 进行调试。最后，通过简单操作实现指示灯延时开关控制。

二、任务目标

（一）知识目标

1. 掌握梯形图编程特点；
2. 了解梯形图编程注意事项；
3. 熟悉 S7-1200 定时器指令及其应用。

（二）能力目标

1. 能够设计指示灯延时开关 PLC 控制电气原理图；
2. 能够根据电气原理图，完成指示灯延时开关 PLC 控制硬件接线；
3. 能够正确编写指示灯延时开关 PLC 控制梯形图程序；
4. 能够利用博途软件完成指示灯延时开关 PLC 控制梯形图程序的输入和下载；
5. 能够利用博途软件在线监测功能，完成程序调试工作。

（三）素质目标

1. 养成规范的操作习惯；
2. 养成绿色安全生产意识；
3. 养成主动思考问题的习惯；
4. 养成团队协作及有效沟通的精神；
5. 养成吃苦耐劳的职业精神。

三、任务提示

（一）知识库

1. 梯形图编程特点；
2. 梯形图编程注意事项；
3. S7-1200 定时器指令及其主要应用；
4. PLC 数字量输入接线规范（无源触点）；
5. PLC 数字量输出接线规范。

（二）技能库

1. 亚龙 YL-36A 型可编程控制器系统应用实训考核装置上电流程；
2. 博途软件创建项目方法；
3. 组态硬件设备及网络方法；
4. PLC 程序输入方法；
5. PLC 程序下载方法；
6. PLC 程序在线监测方法。

四、工作过程

姓名：_____   日期：_____

（一）资讯

查阅相关资料，填写表 4-1。

表 4-1 信息一览表

1	定时器是什么？S7-1200 中有几种定时器？
2	画出接通延时定时器 TON，并对其针脚加以说明
3	画出关断延时定时器 TOF，并对其针脚加以说明
4	画出时间累加器 TONR，并对其针脚加以说明
5	画出生成脉冲 TP，并对其针脚加以说明
6	在博途软件中如何调用定时器？

（二）计划

根据任务要求，制订本任务工作方案，填写表4-2。

表 4-2 计划表

1	设计电气原理图
(1)列出所有元器件名称和电气符号	
(2)分配PLC输入输出口	
(3)画出电气原理图	
2	编写梯形图程序
(1)写出启保停控制功能梯形图程序	
(2)写出改成延时启动的梯形图程序	
(3)写出再加入延时停止功能的梯形图程序	

（三）决策

小组讨论后（经培训教师确认），优化确定本任务工作方案和完成本次任务可实施的完整工作计划（任务尽量细化，让小组成员都能参与），分别填写表4-3和表4-4。

表 4-3 工量具与耗材准备一览表

小组名称			设备台号	
小组成员				
序号	名称	所选规格型号	选型是否合适	
1			是□	否□
2			是□	否□
3			是□	否□
4			是□	否□
5			是□	否□
6			是□	否□

表 4-4　指示灯延时开关控制任务实施安排表

小组名称			设备台号		
小组成员					
序号	任务名称	工作内容	注意事项	负责人	用时/min
1					
2					
3					
4					
5					
6					

（四）实施

各小组按照确定的实施方案完成指示灯延时开关控制任务，由记录员对实施过程进行记录，如表 4-5 和表 4-6 所示。

表 4-5　指示灯延时开关控制任务实施基本情况表

序号	任务名称	实施人	实施评价
1			
2			
3			
4			
5			
6			

实施评价选项：①工具使用规范；②工具使用不规范；③接线工艺规范；④接线工艺不规范；⑤通电前,电气线路检查流程和方法正确；⑥通电前,电气线路检查流程和方法有问题；⑦博途软件设备组态方法正确；⑧博途软件设备组态方法不正确；⑨能够正确输入梯形图程序；⑩不能够正确输入梯形图程序；⑪梯形图程序正确导入 PLC；⑫梯形图程序不能正确导入 PLC；⑬能够正确进行程序在线监测；⑭不能够正确进行程序在线监测

表 4-6　指示灯延时开关控制任务实施问题/解决情况记录表

序号	问题（状况）描述	解决过程	实施人员
1			
2			
3			
4			
5			
6			

（五）检查

调试完毕后，小组互相检查，教师抽查核准评分，并填写表 4-7。

表 4-7　指示灯延时开关控制任务调试检查结果记录表

序号	检查项目	配分	得分	评分人	核准分数
1	走线正确规范、整洁、牢固				
2	电机能够正确按照任务要求正常运转				
3	小组成员配合良好				
4	场地整理整顿良好				
5	回答问题正确得当				
6	有创新点				
	结果				

（六）评价

1. 小组成果分享和自我评价（选派1～2组，一般由记录人负责）。
2. 任务完成情况及他组评价（选派1～2组，一般由评分人负责）。
3. 成绩统计，完成表4-8。

表 4-8　指示灯延时开关控制任务成绩统计表

序号	评价项目	评价结果	权重系数	单项得分
1	资讯		0.2	
2	计划		0.2	
3	决策		0.2	
4	实施		0.2	
5	检查		0.1	
6	评价		0.1	
	总得分			

五、总结与提高

总结自己在本次任务完成过程中存在的问题，分析原因并提出改进措施，完成表4-9。

表 4-9　自我评价与分析

存在问题	原因分析	改进措施

任务5 设备三色灯控制

一、任务描述

大多机电设备常配置三色灯,用来显示设备当前状态。设备空闲且状态良好时,亮黄灯。运行过程中,亮绿灯。按下急停按钮或设备出现故障时,则红灯闪烁。

三色灯控制要求为:按下启动按钮 SB1,黄灯 HL2 亮;按下运行按钮 SB2,绿灯 HL1 亮,黄灯灭;按下停止按钮 SB3,黄灯和绿灯熄灭;任何时候按下急停按钮 SB4,红灯 HL3 闪烁(亮 0.5s,灭 0.5s),旋开急停按钮 SB4,黄灯 HL2 亮。

请尝试设计电气原理图,根据电气原理图完成硬件接线,然后完成 PLC 梯形图程序设计,在博途软件中输入梯形图程序并下载至 PLC 进行调试。最后通过简单操作实现设备三色灯控制。

二、任务目标

(一) 知识目标

1. 掌握梯形图编程特点;
2. 掌握辅助继电器 M 及其应用;
3. 熟悉 S7-1200 置位、复位指令;
4. 熟悉 PLC 闪烁电路;
5. 熟悉急停按钮特性及接线方法;
6. 熟悉时序图阅读和描绘方法。

(二) 能力目标

1. 能够设计设备三色灯控制电气原理图;
2. 能够根据电气原理图,完成设备三色灯控制硬件接线;
3. 能够理解梯形图程序对应时序图;
4. 能够理解 PLC 闪烁电路的几种实现方法;
5. 能够正确编写设备三色灯控制梯形图程序;
6. 能够利用博途软件完成设备三色灯控制梯形图程序的输入和下载;
7. 能够利用博途软件在线监测功能,完成程序调试工作。

(三) 素质目标

1. 养成规范的操作习惯;
2. 养成绿色安全生产意识;
3. 养成主动思考问题的习惯;
4. 养成团队协作及有效沟通的精神;
5. 养成吃苦耐劳的职业精神。

三、任务提示

(一) 知识库

1. 梯形图编程特点;

2. 梯形图编程注意事项；
3. 置位、复位指令及其主要应用；
4. 辅助继电器 M 及其应用；
5. 时序图；
6. PLC 闪烁电路。

（二）技能库

1. 亚龙 YL-36A 型可编程控制器系统应用实训考核装置上电流程；
2. 博途软件创建项目方法；
3. 组态硬件设备及网络方法；
4. PLC 程序输入方法；
5. PLC 程序下载方法；
6. PLC 程序在线监测方法。

四、工作过程

姓名：_____ 日期：_____

（一）资讯

查阅相关资料，填写表 5-1。

表 5-1 信息一览表

1	急停按钮和普通按钮有什么区别？其接线有什么特殊要求？	
2	在博途软件中如何启用和调用时钟存储器？	
3	什么是置位指令？举例说明其应用	
4	什么是复位指令？举例说明其应用	
5	在一个博途程序中，置位指令或者复位指令能够多次出现吗？	
6	梯形图中,闪烁电路的实现方法有几种?	

(二) 计划

根据任务要求，制订本任务工作方案，填写表5-2。

表 5-2 计划表

1	设计电气原理图
(1)列出所有元器件名称和电气符号	
(2)分配 PLC 输入输出口	
(3)画出电气原理图	
2	编写梯形图程序
(1)编写设备状态梯形图程序(提示:使用辅助继电器 M 暂存设备的空闲、运行、急停三种状态)	
(2)编写黄灯和绿灯控制梯形图程序	
(3)编写红灯梯形图程序(提示:使用闪烁电路)	

(三) 决策

小组讨论后（经培训教师确认），优化确定任务工作方案和完成本次任务可实施的完整工作计划（任务尽量细化，让小组成员都能参与），分别填写表5-3和表5-4。

表 5-3 工量具与耗材准备一览表

小组名称			设备台号	
小组成员				
序号	名称	所选规格型号	选型是否合适	
1			是☐	否☐
2			是☐	否☐
3			是☐	否☐
4			是☐	否☐
5			是☐	否☐
6			是☐	否☐

表 5-4 设备三色灯控制任务实施安排表

小组名称			设备台号		
小组成员					
序号	方案名称	工作内容	注意事项	负责人	用时/min
1					
2					
3					
4					
5					
6					

（四）实施

各小组按照确定的实施方案完成设备三色灯控制任务，由记录员对实施过程进行记录，如表 5-5 和表 5-6 所示。

表 5-5 设备三色灯控制任务实施基本情况表

序号	工作内容	实施人	实施评价
1			
2			
3			
4			
5			
6			
7			
8			

实施评价选项：①工具使用规范；②工具使用不规范；③接线工艺规范；④接线工艺不规范；⑤通电前,电气线路检查流程和方法正确；⑥通电前,电气线路检查流程和方法有问题；⑦博途软件设备组态方法正确；⑧博途软件设备组态方法不正确；⑨能够正确输入梯形图程序；⑩不能正确输入梯形图程序；⑪梯形图程序正确导入PLC；⑫梯形图程序不能正确导入PLC；⑬能够正确进行程序在线监测；⑭不能够正确进行程序在线监测

表 5-6 设备三色灯控制任务实施问题/解决情况记录表

序号	问题(状况)描述	解决过程	实施人员
1			
2			
3			
4			
5			
6			

（五）检查

调试完毕后，小组互相检查，教师抽查核准评分，并填写表 5-7。

表 5-7　设备三色灯控制任务调试检查结果记录表

序号	检查项目	配分	得分	评分人	核准分数
1	走线正确规范、整洁、牢固				
2	电机能够正确按照任务要求正常运转				
3	小组成员配合良好				
4	场地整理整顿良好				
5	回答问题正确得当				
6	有创新点				
	结果				

（六）评价

1. 小组成果分享和自我评价（选派1~2组，一般由记录人负责）。
2. 任务完成情况及他组评价（选派1~2组，一般由评分人负责）。
3. 成绩统计，完成表5-8。

表 5-8　设备三色灯控制任务成绩统计表

序号	评价项目	评价结果	权重系数	单项得分
1	资讯		0.2	
2	计划		0.2	
3	决策		0.2	
4	实施		0.2	
5	检查		0.1	
6	评价		0.1	
	总得分			

五、总结与提高

总结自己在本次任务完成过程中存在的问题，分析原因并提出改进措施，完成表5-9。

表 5-9　自我评价与分析

存在问题	原因分析	改进措施

任务6 指示灯状态单按钮控制

一、任务描述

工控系统中,有时需要单按钮控制设备的运行状态,例如按下按钮设备运行,再次按下设备停止。运行过程中,指示灯会随着设备运行情况切换闪烁或长亮等状态。

某指示灯状态单按钮控制要求为:

① 第一次按下按钮 SB,指示灯长亮;
② 第二次按下按钮 SB,指示灯闪烁亮(亮 1s,灭 1s);
③ 第三次按下按钮 SB,指示灯灭;
④ 第四次按下按钮 SB,指示灯长亮,一直循环。

请尝试设计电气原理图,根据电气原理图完成硬件接线。然后,完成 PLC 梯形图程序设计,在博途软件中输入梯形图程序并下载至 PLC 进行调试。最后,通过简单操作实现指示灯状态单按钮控制。

二、任务目标

(一)知识目标

1. 掌握梯形图编程特点;
2. 了解梯形图编程注意事项;
3. 熟悉 S7-1200 计数器指令。

(二)能力目标

1. 能够设计指示灯状态单按钮控制电气原理图;
2. 能够根据电气原理图,完成指示灯状态单按钮控制硬件接线;
3. 能够正确编写指示灯状态单按钮控制梯形图程序;
4. 能够利用博途软件完成指示灯状态单按钮控制梯形图程序的输入和下载;
5. 能够利用博途软件在线监测功能,完成程序调试工作;
6. 能够利用博途软件完成仿真功能。

(三)素质目标

1. 养成规范的操作习惯;
2. 养成绿色安全生产意识;
3. 养成主动思考问题的习惯;
4. 养成团队协作及有效沟通的精神;
5. 养成吃苦耐劳的职业精神。

三、任务提示

(一)知识库

1. 梯形图编程特点;

2. 梯形图编程注意事项;
3. 熟悉 S7-1200 计数器指令及其主要应用;
4. PLC 数字量输入接线规范(无源触点);
5. PLC 数字量输出接线规范。

(二)技能库

1. 亚龙 YL-36A 型可编程控制器系统应用实训考核装置上电流程;
2. 博途软件创建项目方法;
3. 组态硬件设备及网络方法;
4. PLC 程序输入方法;
5. PLC 程序下载方法;
6. PLC 程序在线监测方法;
7. PLC 程序仿真方法。

四、工作过程

姓名:_____   日期:_____

(一)资讯

查阅相关资料,填写表 6-1。

表 6-1 信息一览表

1	系统时钟存储器有几个?	
2	系统时钟存储器与普通 M 寄存器区别是什么?	
3	指示灯长亮与闪烁一般用于指示设备运行于什么状态?	
4	计数器指令有几种,有什么区别?	
5	在一段程序中,计数器指令如何复位?	
6	计数器指令的使能端始终有信号会导致计数器自动计数吗?	

(二) 计划

根据任务要求，制订任务工作方案，填写表6-2。

表6-2 计划表

1	设计电气原理图
(1)列出所有元器件名称和电气符号	
(2)分配PLC输入输出口	
(3)画出电气原理图	
2	编写梯形图程序
(1)写出单按钮实现启停控制指示灯的梯形图程序	
(2)写出计数器控制指示灯的梯形图程序	

(三) 决策

小组讨论后（经培训教师确认），优化确定本任务工作方案和完成本次任务可实施的完整工作计划（任务尽量细化，让小组成员都能参与），分别填写表6-3和表6-4。

表6-3 工量具与耗材准备一览表

小组名称			设备台号	
小组成员				
序号	名称	所选规格型号	选型是否合适	
1			是□	否□
2			是□	否□
3			是□	否□
4			是□	否□
5			是□	否□
6			是□	否□

表 6-4 指示灯状态单按钮控制任务实施安排表

小组名称			设备台号		
小组成员					
序号	方案名称	工作内容	注意事项	负责人	用时/min
1					
2					
3					
4					
5					

(四) 实施

各小组按照确定的实施方案完成指示灯状态单按钮控制任务,由记录员对实施过程进行记录,如表 6-5 和表 6-6 所示。

表 6-5 指示灯状态单按钮控制任务实施基本情况表

序号	工作内容	实施人	实施评价
1			
2			
3			
4			
5			

实施评价选项:①工具使用规范;②工具使用不规范;③接线工艺规范;④接线工艺不规范;⑤通电前,电气线路检查流程和方法正确;⑥通电前,电气线路检查流程和方法有问题;⑦博途软件设备组态方法正确;⑧博途软件设备组态方法不正确;⑨能够正确输入梯形图程序;⑩不能够正确输入梯形图程序;⑪梯形图程序正确导入PLC;⑫梯形图程序不能正确导入PLC;⑬能够正确进行程序在线监测;⑭不能够正确进行程序在线监测

表 6-6 指示灯状态单按钮控制任务实施问题/解决情况记录表

序号	问题(状况)描述	解决过程	实施人员
1			
2			
3			
4			
5			

(五) 检查

任务调试完毕后,小组互相检查,教师抽查核准评分,并填写表 6-7。

表 6-7 指示灯状态单按钮控制任务调试检查结果记录表

序号	检查项目	配分	得分	评分人	核准分数
1	走线正确规范、整洁、牢固				
2	电机能够正确按照任务要求正常运转				

续表

序号	检查项目	配分	得分	评分人	核准分数
3	小组成员配合良好				
4	场地整理整顿良好				
5	回答问题正确得当				
6	有创新点				
	结果				

（六）评价

1. 小组成果分享和自我评价（选派1~2组，一般由记录人负责）。
2. 任务完成情况及他组评价（选派1~2组，一般由评分人负责）。
3. 成绩统计，完成表6-8。

表6-8 指示灯状态单按钮控制任务成绩统计表

序号	评价	评价结果	权重系数	单项得分
1	资讯		0.2	
2	计划		0.2	
3	决策		0.2	
4	实施		0.2	
5	检查		0.1	
6	评价		0.1	
	总得分			

五、总结与提高

总结自己在本次任务完成过程中存在的问题，分析原因并提出改进措施，完成表6-9。

表6-9 自我评价与分析

存在问题	原因分析	改进措施

任务7 抢答器控制

一、任务描述

某抢答器控制要求为：

① 在答题过程中，主持人按下开始答题按钮SB1后，4位选手开始抢答，抢先按下按钮的选手抢答成功，同时对应工作指示灯（HL1~HL4）亮，其他选手按钮不起作用；

② 如果主持人未按下开始抢答按钮就有选手抢先答题，则认为犯规，犯规选手的对应指示灯（HL1~HL4）闪烁；

③ 主持人按下复位按钮SB6，系统进行复位，所有灯熄灭，重新准备开始抢答。

请尝试设计电气原理图，根据电气原理图完成硬件接线。然后完成PLC梯形图程序设计，在博途软件中输入梯形图程序并下载至PLC进行调试。最后通过简单操作实现抢答器控制。

二、任务目标

（一）知识目标

1. 掌握梯形图编程特点；
2. 了解梯形图编程注意事项；
3. 熟悉S7-1200中SR复位优先触发器/RS置位优先触发器指令。

（二）能力目标

1. 能够设计抢答器控制电气原理图；
2. 能够根据电气原理图，完成抢答器控制硬件接线；
3. 能够正确编写抢答器控制梯形图程序；
4. 能够利用博途软件完成抢答器控制梯形图程序的输入和下载；
5. 能够利用博途软件在线监测功能，完成程序调试工作。

（三）素质目标

1. 养成规范的操作习惯；
2. 养成绿色安全生产意识；
3. 养成主动思考问题的习惯；
4. 养成团队协作及有效沟通的精神；
5. 养成吃苦耐劳的职业精神。

三、任务提示

（一）知识库

1. 梯形图编程特点；
2. 梯形图编程注意事项；

3. 熟悉 S7-1200 中 SR 和 RS 指令及其主要应用；
4. PLC 数字量输入接线规范（无源触点）；
5. PLC 数字量输出接线规范。

（二）技能库

1. 亚龙 YL-36A 型可编程控制器系统应用实训考核装置上电流程；
2. 博途软件创建项目方法；
3. 组态硬件设备及网络方法；
4. PLC 程序输入方法；
5. PLC 程序下载方法；
6. PLC 程序在线监测方法。

四、工作过程

姓名：_____   日期：_____

（一）资讯

查阅相关资料，填写表 7-1。

表 7-1 信息一览表

1	置位指令有哪些，主要作用是什么？	
2	复位指令有哪些，主要作用是什么？	
3	置位指令与赋值(线圈输出)指令有何区别？	
4	在程序 Main(OB1)中，同一个位的置位指令和赋值指令能够同时出现吗？	
5	在一段程序中，置位指令和复位指令可以出现几次？	
6	如何实现一位选手抢答成功后，其他选手无法抢答？	

(二）计划

根据任务要求，制订任务工作方案，填写表 7-2。

表 7-2 计划表

1	设计电气原理图
(1)列出所有元器件名称和电气符号	
(2)分配 PLC 输入输出口	
(3)画出电气原理图	
2	编写梯形图程序
(1)写出开始抢答和复位抢答梯形图程序	
(2)写出选手抢答互锁梯形图程序	

（三）决策

小组讨论后（经培训教师确认），优化确定本任务工作方案和完成本次任务可实施的完整工作计划（任务尽量细化，让小组成员都能参与），分别填写表 7-3 和表 7-4。

表 7-3 工量具与耗材准备一览表

小组名称			设备台号	
小组成员				
序号	名称	所选规格型号	选型是否合适	
1			是□	否□
2			是□	否□
3			是□	否□
4			是□	否□
5			是□	否□
6			是□	否□
7			是□	否□

表 7-4 抢答器控制任务实施安排表

小组名称			设备台号		
小组成员					
序号	方案名称	工作内容	注意事项	负责人	用时/min
1					
2					
3					
4					
5					

（四）实施

各小组按照确定的实施方案完成抢答器控制任务，由记录员对实施过程进行记录，如表 7-5 和表 7-6 所示。

表 7-5 抢答器控制任务实施基本情况表

序号	工作内容	实施人	实施评价
1			
2			
3			
4			
5			

实施评价选项：①工具使用规范；②工具使用不规范；③接线工艺规范；④接线工艺不规范；⑤通电前，电气线路检查流程和方法正确；⑥通电前，电气线路检查流程和方法有问题；⑦博途软件设备组态方法正确；⑧博途软件设备组态方法不正确；⑨能够正确输入梯形图程序；⑩不能够正确输入梯形图程序；⑪梯形图程序正确导入 PLC；⑫梯形图程序不能正确导入 PLC；⑬能够正确进行程序在线监测；⑭不能够正确进行程序在线监测

表 7-6 抢答器控制任务实施问题/解决情况记录表

序号	问题（状况）描述	解决过程	实施人员
1			
2			
3			

（五）检查

调试完毕后，小组互相检查，教师抽查核准评分，并填写抢答器控制任务调试检查结果记录表 7-7。

表 7-7 抢答器控制任务调试检查结果记录表

序号	检查项目	配分	得分	评分人	核准分数
1	走线正确规范、整洁、牢固				
2	电机能够正确按照任务要求正常运转				
3	小组成员配合良好				

续表

序号	检查项目	配分	得分	评分人	核准分数
4	场地整理整顿良好				
5	回答问题正确得当				
6	有创新点				
	结果				

（六）评价

1. 小组成果分享和自我评价（选派1~2组，一般由记录人负责）。
2. 任务完成情况及他组评价（选派1~2组，一般由评分人负责）。
3. 成绩统计，完成表7-8。

表7-8 抢答器控制任务成绩统计表

序号	评价项目	评价结果	权重系数	单项得分
1	资讯		0.2	
2	计划		0.2	
3	决策		0.2	
4	实施		0.2	
5	检查		0.1	
6	评价		0.1	
	总得分			

五、总结与提高

总结自己在本次任务完成过程中存在的问题，分析原因并提出改进措施，完成表7-9。

表7-9 自我评价与分析

存在问题	原因分析	改进措施

任务8 跑马灯控制

一、任务描述

某跑马灯控制要求为：有8个彩灯L0～L7，按下启动按钮SB后，彩灯L0～L7每隔1s依次轮流点亮一次，即L0先亮1s，然后L1亮1s，接下来L2亮1s……最后L7亮1s，如此完成一次运行。每按一次启动按钮SB可以执行一次。

请合理规划IO分配，尝试设计电气原理图，根据电气原理图完成硬件接线。然后，完成PLC梯形图程序设计，在博途软件中输入梯形图程序并下载至PLC进行调试。最后，通过简单操作实现跑马灯控制动作。

二、任务目标

（一）知识目标

1. 了解功能指令；
2. 熟悉西门子PLC的数据结构；
3. 掌握左移指令；
4. 掌握右移指令。

（二）能力目标

1. 能够设计跑马灯PLC控制电气原理图；
2. 能够根据电气原理图，完成跑马灯PLC控制硬件接线；
3. 能够正确编写跑马灯PLC控制梯形图程序；
4. 能够利用博途软件完成跑马灯PLC控制梯形图程序的输入和下载；
5. 能够利用博途软件在线监测功能，完成程序调试工作。

（三）素质目标

1. 养成规范的操作习惯；
2. 养成绿色安全生产意识；
3. 养成主动思考问题的习惯；
4. 养成团队协作及有效沟通的精神；
5. 养成吃苦耐劳的职业精神。

三、任务提示

（一）知识库

1. 博图软件的功能指令；
2. 西门子PLC的数据结构；
3. 左移指令；
4. 右移指令；

5. 传送指令。

（二）技能库

1. 亚龙 YL-36A 型可编程控制器系统应用实训考核装置上电流程；
2. 博途软件创建项目方法；
3. 组态硬件设备及网络方法；
4. PLC 程序输入方法；
5. PLC 程序下载方法；
6. PLC 程序在线监测方法。

四、工作过程

姓名：_____　　　日期：_____

（一）资讯

查阅相关资料，填写表 8-1。

表 8-1　信息一览表

1	西门子 PLC 的数据结构包含哪些(位,字节,字,双字)？	
2	如何理解左移指令？	
3	如何理解右移指令？	
4	传送指令的作用是什么？传送指令的操作数可以是 Q0.0 吗？	
5	博途软件中如何设置时钟脉冲？	
6	什么是边沿触发指令？	

（二）计划

根据任务要求，制订本任务工作方案，填写表8-2。

表8-2 计划表

1	设计电气原理图
(1)列出所有元器件名称和电气符号	
(2)分配PLC输入输出口	
(3)画出电气原理图	
2	编写梯形图程序
(1)画出跑马灯的时序图	
(2)编写跑马灯控制梯形图程序	

（三）决策

小组讨论后（经培训教师确认），优化确定各项本工作方案和完成本次任务可实施的完整工作计划（任务尽量细化，让小组成员都能参与），分别填写表8-3和表8-4。

表8-3 工量具与耗材准备一览表

小组名称			设备台号	
小组成员				
序号	名称	所选规格型号	选型是否合适	
1			是□	否□
2			是□	否□
3			是□	否□
4			是□	否□
5			是□	否□
6			是□	否□

表 8-4 跑马灯控制任务实施安排表

小组名称				设备台号		
小组成员						
序号	方案名称	工作内容		注意事项	负责人	用时/min
1						
2						
3						
4						
5						
6						

(四) 实施

各小组按照确定的实施方案完成跑马灯控制任务，由记录员对实施过程进行记录，如表 8-5 和表 8-6 所示。

表 8-5 跑马灯控制任务实施基本情况表

序号	工作内容	实施人	实施评价
1			
2			
3			
4			
5			
6			

实施评价选项：①工具使用规范；②工具使用不规范；③接线工艺规范；④接线工艺不规范；⑤通电前，电气线路检查流程和方法正确；⑥通电前，电气线路检查流程和方法有问题；⑦博途软件设备组态方法正确；⑧博途软件设备组态方法不正确；⑨能够正确输入梯形图程序；⑩不能够正确输入梯形图程序；⑪梯形图程序正确导入 PLC；⑫梯形图程序不能正确导入 PLC；⑬能够正确进行程序在线监测；⑭不能够正确进行程序在线监测

表 8-6 跑马灯控制任务实施问题/解决情况记录表

序号	问题(状况)描述	解决过程	实施人员
1			
2			
3			

(五) 检查

任务调试完毕后，小组互相检查，教师抽查核准评分，并填写表 8-7。

表 8-7　跑马灯控制任务调试检查结果记录表

序号	检查项目	配分	得分	评分人	核准分数
1	走线正确规范、整洁、牢固				
2	电机能够正确按照任务要求正常运转				
3	小组成员配合良好				
4	场地整理整顿良好				
5	回答问题正确得当				
6	有创新点				
	结果				

（六）评价

1. 小组成果分享和自我评价（选派1~2组，一般由记录人负责）。
2. 任务完成情况及他组评价（选派1~2组，一般由评分人负责）。
3. 成绩统计，完成表8-8。

表 8-8　跑马灯控制任务成绩统计表

序号	评价项目	评价结果	权重系数	单项得分
1	资讯		0.2	
2	计划		0.2	
3	决策		0.2	
4	实施		0.2	
5	检查		0.1	
6	评价		0.1	
	总得分			

五、总结与提高

总结自己在本次任务完成过程中存在的问题，分析原因并提出改进措施，完成表8-9。

表 8-9　自我评价与分析

存在问题	原因分析	改进措施

任务9 红绿灯控制

一、任务描述

某十字路口交通灯的控制要求为:
1. 按下启动按钮 SB1,东西方向绿灯亮,并维持 15s;
2. 15s 后,东西绿灯闪亮,闪亮 3s 后熄灭,东西绿灯熄灭时,东西黄灯亮;
3. 2s 后,东西黄灯熄灭,东西红灯亮,保持 15s;
4. 然后东西红灯灭,东西绿灯亮,并维持 15s,周而复始。

请尝试设计电气原理图,根据电气原理图完成硬件接线。然后,完成两种思路的 PLC 梯形图程序设计,在博途软件中输入梯形图程序并下载至 PLC 进行调试。最后,通过简单操作实现红绿灯控制。

二、任务目标

(一)知识目标
1. 掌握梯形图编程特点;
2. 了解梯形图编程注意事项;
3. 熟悉 S7-1200 中比较和定时器指令。

(二)能力目标
1. 能够设计红绿灯控制电气原理图;
2. 能够根据电气原理图,完成红绿灯控制硬件接线;
3. 能够正确编写红绿灯控制梯形图程序;
4. 能够利用博途软件完成红绿灯控制梯形图程序的输入和下载;
5. 能够利用博途软件在线监测功能,完成程序调试工作。

(三)素质目标
1. 养成规范的操作习惯;
2. 养成绿色安全生产意识;
3. 养成主动思考问题的习惯;
4. 养成团队协作及有效沟通的精神;
5. 养成吃苦耐劳的职业精神。

三、任务提示

(一)知识库
1. 梯形图编程特点;
2. 梯形图编程注意事项;
3. 熟悉 S7-1200 中比较指令和定时器指令及其主要应用;

4. PLC 数字量输入接线规范（无源触点）；
5. PLC 数字量输出接线规范。

（二）技能库

1. 亚龙 YL-36A 型可编程控制器系统应用实训考核装置上电流程；
2. 博途软件创建项目方法；
3. 组态硬件设备及网络方法；
4. PLC 程序输入方法；
5. PLC 程序下载方法；
6. PLC 程序在线监测方法。

四、工作过程

姓名：_____   日期：_____

（一）资讯

查阅相关资料，填写表 9-1。

表 9-1　信息一览表

1	四路红绿灯用定时器实现，至少需要几个定时器？（不用比较指令）	
2	根据任务书，画出南北向交通灯运行时序图与流程图	
3	定时器复位有几种方法？	
4	比较指令有几种类型？	
5	如果就只用一个定时器，应该如何进行不同时段的控制？	
6	比较指令可以比较带小数点的数吗？	

(二)计划

根据任务要求,制订本任务工作方案,填写表 9-2。

表 9-2 计划表

1	设计电气原理图
(1)列出所有元器件名称和电气符号	
(2)分配 PLC 输入输出口	
(3)画出电气原理图	
2	编写梯形图程序
(1)画出红绿灯的时序图	
(2)编写红绿灯控制梯形图程序	

(三)决策

小组讨论后(经培训教师确认),优化确定本任务工作方案和完成本次任务可实施的完整工作计划(任务尽量细化,让小组成员都能参与),分别填写表 9-3 和表 9-4。

表 9-3 工量具与耗材准备一览表

小组名称			设备台号	
小组成员				
序号	名称	所选规格型号	选型是否合适	
1			是□	否□
2			是□	否□
3			是□	否□
4			是□	否□
5			是□	否□
6			是□	否□

表 9-4　红绿灯控制任务实施安排表

小组名称			设备台号		
小组成员					
序号	方案名称	工作内容	注意事项	负责人	用时/min
1					
2					
3					
4					
5					

（四）实施

各小组按照确定的实施方案完成红绿灯控制任务，由记录员对实施过程进行记录，如表 9-5 和表 9-6 所示。

表 9-5　红绿灯控制任务实施基本情况表

序号	任务名称	实施人	实施评价
1			
2			
3			
4			
5			

实施评价选项：①工具使用规范；②工具使用不规范；③接线工艺规范；④接线工艺不规范；⑤通电前，电气线路检查流程和方法正确；⑥通电前，电气线路检查流程和方法有问题；⑦博途软件设备组态方法正确；⑧博途软件设备组态方法不正确；⑨能够正确输入梯形图程序；⑩不能够正确输入梯形图程序；⑪梯形图程序正确导入 PLC；⑫梯形图程序不能正确导入 PLC；⑬能够正确进行程序在线监测；⑭不能够正确进行程序在线监测

表 9-6　红绿灯控制任务实施问题/解决情况记录表

序号	问题（状况）描述	解决过程	实施人员
1			
2			
3			

（五）检查

任务调试完毕后，小组互相检查，教师抽查核准评分，并填写表 9-7。

表 9-7　红绿灯控制任务调试检查结果记录表

序号	检查项目	配分	得分	评分人	核准分数
1	走线正确规范、整洁、牢固				
2	电机能够正确按照任务要求正常运转				
3	小组成员配合良好				
4	场地整理整顿良好				

续表

序号	检查项目	配分	得分	评分人	核准分数
5	回答问题正确得当				
6	有创新点				
	结果				

（六）评价

1. 小组成果分享和自我评价（选派1~2组，一般由记录人负责）。
2. 任务完成情况及他组评价（选派1~2组，一般由评分人负责）。
3. 成绩统计，完成表9-8。

表9-8 跑马灯控制任务成绩统计表

序号	评价项目	评价结果	权重系数	单项得分
1	资讯		0.2	
2	计划		0.2	
3	决策		0.2	
4	实施		0.2	
5	检查		0.1	
6	评价		0.1	
	总得分			

五、总结与提高

总结自己在本次任务完成过程中存在的问题，分析原因并提出改进措施，完成表9-9。

表9-9 自我评价与分析

存在问题	原因分析	改进措施

任务10 霓虹灯控制

一、任务描述

某霓虹灯控制要求为：利用触摸屏实现16个彩灯的循环点亮控制。16个彩灯排成一排，按下触摸屏上启动按钮SB1，彩灯L1、L2、…、L15、L16依次亮1s，一直循环。彩灯灭的时候以灰色表示，亮的时候以绿色显示。按下触摸屏上停止按钮SB2，霓虹灯全部熄灭。请尝试设计电气原理图，根据电气原理图完成硬件接线。然后，完成两种思路的PLC梯形图程序设计，在博途软件中输入梯形图程序并下载至PLC进行调试。最后，通过简单操作实现霓虹灯控制。

二、任务目标

（一）知识目标

1. 掌握梯形图编程特点；
2. 了解梯形图编程注意事项；
3. 掌握信捷触屏软件的基本操作和应用；

（二）能力目标

1. 能够设计霓虹灯控制电气原理图；
2. 能够根据电气原理图，完成霓虹灯控制硬件接线；
3. 能够正确编写霓虹灯控制梯形图程序；
4. 能够利用博途软件完成霓虹灯控制梯形图程序的输入和下载；
5. 能够利用触屏软件完成霓虹灯控制触屏界面，并下载调试；
6. 能够利用博途软件在线监测功能，完成程序调试工作。

（三）素质目标

1. 养成规范的操作习惯；
2. 养成绿色安全生产意识；
3. 养成主动思考问题的习惯；
4. 养成团队协作及有效沟通的精神；
5. 养成吃苦耐劳的职业精神。

三、任务提示

（一）知识库

1. 梯形图编程特点；
2. 梯形图编程注意事项；
3. 信捷触屏软件的基本操作；
4. PLC数字量输入接线规范（无源触点）。

（二）技能库

1. 亚龙 YL-36A 型可编程控制器系统应用实训考核装置上电流程；
2. 博途软件创建项目方法；
3. 组态硬件设备及网络方法；
4. 触屏软件创建工程、建立窗口及下载方法；
5. PLC 程序输入方法；
6. PLC 程序下载方法；
7. PLC 程序在线监测方法。

四、工作过程

姓　名：_____　　　　日　期：_____

（一）资讯

查阅相关资料，填写表 10-1。

表 10-1　信息一览表

1	QW0 中包含哪些输出位元件 Q？从高位到低位依次是什么位元件？	
2	SWAP 指令的作用是什么？	
3	移位指令有哪些？	
4	如果 MW10 的初始状态为 1001000011110000，每次移 2 位，循环左移 3 次后，值是多少？	
5	循环移位指令一次可以移动几位？	
6	循环移位指令的执行逻辑是什么？	

(二) 计划

根据任务要求，制订本任务工作方案，填写表 10-2。

表 10-2 计划表

1	设计电气原理图
(1) 列出所有元器件名称和电气符号	
(2) 分配 PLC 输入输出口	
(3) 画出电气原理图	
2	编写梯形图程序
(1) 写出 8 个灯顺次点亮梯形图程序	
(2) 写出 16 个灯顺次点亮梯形图程序	

(三) 决策

小组讨论后（经培训教师确认），优化确定本任务工作方案和完成本次任务可实施的完整工作计划（任务尽量细化，让小组成员都能参与），分别填写表 10-3 和表 10-4。

表 10-3 工量具与耗材准备一览表

小组名称			设备台号	
小组成员				
序号	名称	所选规格型号	选型是否合适	
1			是□	否□
2			是□	否□
3			是□	否□
4			是□	否□
5			是□	否□
6			是□	否□

表 10-4 霓虹灯控制任务实施安排表

小组名称			设备台号		
小组成员					
序号	方案名称	工作内容	注意事项	负责人	用时/min
1					
2					
3					
4					
5					
6					

(四) 实施

各小组按照确定的实施方案完成霓虹灯控制任务,由记录员对实施过程进行记录,见表 10-5 和表 10-6。

表 10-5 霓虹灯控制任务实施基本情况表

序号	工作内容	实施人	实施评价
1			
2			
3			
4			
5			
6			
7			

实施评价选项:①工具使用规范;②工具使用不规范;③接线工艺规范;④接线工艺不规范;⑤通电前,电气线路检查流程和方法正确;⑥通电前,电气线路检查流程和方法有问题;⑦博途软件设备组态方法正确;⑧博途软件设备组态方法不正确;⑨能够正确输入梯形图程序;⑩不能够正确输入梯形图程序;⑪梯形图程序正确导入 PLC;⑫梯形图程序不能正确导入 PLC;⑬能够正确进行程序在线监测;⑭不能够正确进行程序在线监测

表 10-6 霓虹灯控制任务实施问题/解决情况记录表

序号	问题(状况)描述	解决过程	实施人员
1			
2			
3			
4			
5			
6			
7			

(五) 检查

调试完毕后,小组互相检查,教师抽查核准评分,并填写表 10-7。

表 10-7 霓虹灯控制任务调试检查结果记录表

序号	检查项目	配分	得分	评分人	核准分数
1	走线正确规范、整洁、牢固				
2	电机能够正确按照任务要求正常运转				
3	小组成员配合良好				
4	场地整理整顿良好				
5	回答问题正确得当				
6	有创新点				
结果					

(六) 评价

1. 小组成果分享和自我评价（选派1~2组，一般由记录人负责）。
2. 任务完成情况及他组评价（选派1~2组，一般由评分人负责）。
3. 成绩统计，完成表10-8。

表 10-8 霓虹灯控制任务成绩统计表

序号	评价项目	评价结果	权重系数	单项得分
1	资讯		0.2	
2	计划		0.2	
3	决策		0.2	
4	实施		0.2	
5	检查		0.1	
6	评价		0.1	
总得分				

五、总结与提高

总结自己在本次任务完成过程中存在的问题，分析原因并提出改进措施，完成表10-9。

表 10-9 自我评价与分析

存在问题	原因分析	改进措施

任务11 桁架机械手控制

一、任务描述

某桁架机械手控制要求为：按下启动按钮 SB1，桁架机械手夹爪松开，然后下降；到位后夹紧物料瓶后上升；上升到位后运动到右边；右移到位后下降；下降到位后松开夹爪；松开夹爪后上升；上升到位后左行；左行到位后停止。请尝试设计电气原理图，根据电气原理图完成硬件接线。然后，完成 PLC 梯形图程序设计，在博途软件中输入梯形图程序并下载至 PLC 进行调试。最后，通过简单操作实现桁架机械手控制。

二、任务目标

（一）知识目标

1. 掌握梯形图编程特点；
2. 了解梯形图编程注意事项；
3. 熟悉 S7-1200 中顺序控制逻辑。

（二）能力目标

1. 能够设计桁架机械手控制电气原理图；
2. 能够根据电气原理图，完成桁架机械手控制硬件接线；
3. 能够正确编写桁架机械手控制梯形图程序；
4. 能够利用博途软件完成桁架机械手控制梯形图程序的输入和下载；
5. 能够利用博途软件在线监测功能，完成程序调试工作。

（三）素质目标

1. 养成规范的操作习惯；
2. 养成绿色安全生产意识；
3. 养成主动思考问题的习惯；
4. 养成团队协作及有效沟通的精神；
5. 养成吃苦耐劳的职业精神。

三、任务提示

（一）知识库

1. 梯形图编程特点；
2. 梯形图编程注意事项；
3. 熟悉 S7-1200 中顺序控制逻辑方法；
4. PLC 数字量输入接线规范（无源触点）；
5. PLC 数字量输出接线规范。

（二）技能库

1. 亚龙 YL-36A 型可编程控制器系统应用实训考核装置上电流程；

2. 博途软件创建项目方法；
3. 组态硬件设备及网络方法；
4. PLC 程序输入方法；
5. PLC 程序下载方法；
6. PLC 程序在线监测方法。

四、工作过程

姓名：_____　　　　日期：_____

（一）资讯

查阅相关资料，填写表 11-1。

表 11-1　信息一览表

1	PLC 如何知道机械手是否移动到位？	
2	本模块用到了什么类型的传感器？	
3	机械手移动到位后，传感器输出高电平还是低电平？	
4	机械手的夹紧与松开是通过什么实现的？	
5	实现本任务,讲桁架机械手的控制分成了几步？	
6	步和步之间的切换,以什么为标志？	

(二) 计划

根据任务要求,制订本任务工作方案,填写表 11-2。

表 11-2 计划表

1	设计电气原理图
(1)列出所有元器件名称和电气符号	
(2)分配 PLC 输入输出口	
(3)画出电气原理图	
2	编写梯形图程序
(1)画出顺序控制功能图	
(2)写出梯形图程序	

(三) 决策

小组讨论后(经培训教师确认),优化确定本任务工作方案和完成本次任务可实施的完整工作计划(任务尽量细化,让小组成员都能参与),分别填写表 11-3 和表 11-4。

表 11-3 工量具与耗材准备一览表

小组名称			设备台号	
小组成员				
序号	名称	所选规格型号	选型是否合适	
1			是□	否□
2			是□	否□
3			是□	否□
4			是□	否□
5			是□	否□
6			是□	否□

表 11-4　桁架机械手控制任务实施安排表

小组名称			设备台号		
小组成员					
序号	方案名称	工作内容	注意事项	负责人	用时/min
1					
2					
3					
4					
5					

（四）实施

各小组按照确定的实施方案完成桁架机械手控制任务，由记录员对实施过程进行记录，如表 11-5 和表 11-6 所示。

表 11-5　桁架机械手控制任务实施基本情况表

序号	工作内容	实施人	实施评价
1			
2			
3			
4			
5			

实施评价选项：①工具使用规范；②工具使用不规范；③接线工艺规范；④接线工艺不规范；⑤通电前，电气线路检查流程和方法正确；⑥通电前，电气线路检查流程和方法有问题；⑦博途软件设备组态方法正确；⑧博途软件设备组态方法不正确；⑨能够正确输入梯形图程序；⑩不能够正确输入梯形图程序；⑪梯形图程序正确导入 PLC；⑫梯形图程序不能正确导入 PLC；⑬能够正确进行程序在线监测；⑭不能够正确进行程序在线监测

表 11-6　桁架机械手控制任务实施问题/解决情况记录表

序号	问题（状况）描述	解决过程	实施人员
1			
2			
3			

（五）检查

任务调试完毕后，小组互相检查，教师抽查核准评分，并填写表 11-7。

表 11-7　桁架机械手控制任务调试检查结果记录表

序号	检查项目	配分	得分	评分人	核准分数
1	走线正确规范、整洁、牢固				
2	电机能够正确按照任务要求正常运转				
3	小组成员配合良好				
4	场地整理整顿良好				

续表

序号	检查项目	配分	得分	评分人	核准分数
5	回答问题正确得当				
6	有创新点				
	结果				

(六) 评价

1. 小组成果分享和自我评价（选派1~2组，一般由记录人负责）。
2. 任务完成情况及他组评价（选派1~2组，一般由评分人负责）。
3. 成绩统计，完成表11-8。

表11-8　桁架机械手控制任务成绩统计表

序号	评价项目	评价结果	权重系数	单项得分
1	资讯		0.2	
2	计划		0.2	
3	决策		0.2	
4	实施		0.2	
5	检查		0.1	
6	评价		0.1	
	总得分			

五、总结与提高

总结自己在本次任务完成过程中存在的问题，分析原因并提出改进措施，完成表11-9。

表11-9　自我评价与分析

存在问题	原因分析	改进措施

任务12 旋转供料模块控制

一、任务描述

旋转供料模块的控制要求是：按下按钮 SB1，物料台顺时针旋转；按下按钮 SB2，物料台逆时针旋转。请合理规划 I/O 分配，绘制设计电气原理图，完成步进驱动器和 PLC 硬件接线，并完成程序的编写、下载与调试任务。

二、任务目标

（一）知识目标

1. 掌握梯形图编程特点；
2. 了解梯形图编程注意事项；
3. 熟悉 S7-1200 中运动控制指令。

（二）能力目标

1. 能够设计旋转供料模块控制电气原理图；
2. 能够根据电气原理图，完成旋转供料模块控制硬件接线；
3. 能够正确编写旋转供料模块控制梯形图程序；
4. 能够利用博途软件完成旋转供料模块控制梯形图程序的输入和下载；
5. 能够利用博途软件在线监测功能，完成程序调试工作。

（三）素质目标

1. 养成规范的操作习惯；
2. 养成绿色安全生产意识；
3. 养成主动思考问题的习惯；
4. 养成团队协作及有效沟通的精神；
5. 养成吃苦耐劳的职业精神。

三、任务提示

（一）知识库

1. 梯形图编程特点；
2. 梯形图编程注意事项；
3. 熟悉 S7-1200 中运动控制指令及其主要应用；
4. PLC 数字量输入接线规范（无源触点）；
5. PLC 数字量输出接线规范。

（二）技能库

1. 亚龙 YL-36A 型可编程控制器系统应用实训考核装置上电流程；
2. 博途软件创建项目方法；

3. 组态硬件设备及网络方法；
4. PLC 程序输入方法；
5. PLC 程序下载方法；
6. PLC 程序在线监测方法。

四、工作过程

姓名：_____ 日期：_____

（一）资讯

查阅相关资料，填写表12-1。

表 12-1 信息一览表

1	驱动旋转供料模块的是什么电机？
2	什么是步进电机？
3	PLC 是通过脉冲还是通信的方式控制步进电机？
4	PLC 发出多少个脉冲电机转一圈？
5	控制步进电机用了哪一对高速脉冲？
6	S7-1200 型 PLC 一共有多少个高速脉冲输出点？

（二）计划

根据任务要求，制订本任务工作方案，填写表12-2。

表12-2　计划表

1	设计电气原理图
(1)列出所有元器件名称和电气符号	
(2)分配PLC输入输出口	
(3)画出电气原理图	
2	编写梯形图程序
(1)简要写出组态工艺对象的步骤	
(2)写出梯形图程序	

（三）决策

小组讨论后（经培训教师确认），优化确定本任务工作方案和完成本次任务可实施的完整工作计划（任务尽量细化，让小组成员都能参与），分别填写表12-3和表12-4。

表12-3　工量具与耗材准备一览表

小组名称			设备台号	
小组成员				
序号	名称	所选规格型号	选型是否合适	
1			是□	否□
2			是□	否□
3			是□	否□
4			是□	否□
5			是□	否□

表 12-4 旋转供料模块控制任务实施安排表

小组名称			设备台号		
小组成员					
序号	任务名称	工作内容	注意事项	负责人	用时/min
1					
2					
3					
4					
5					

(四) 实施

各小组按照确定的实施方案完成旋转供料模块控制任务,由记录员对实施过程进行记录,如表 12-5 和表 12-6 所示。

表 12-5 旋转供料模块控制任务实施基本情况表

序号	工作内容	实施人	实施评价
1			
2			
3			
4			
5			
6			

实施评价选项:①工具使用规范;②工具使用不规范;③接线工艺规范;④接线工艺不规范;⑤通电前,电气线路检查流程和方法正确;⑥通电前,电气线路检查流程和方法有问题;⑦博途软件设备组态方法正确;⑧博途软件设备组态方法不正确;⑨能够正确输入梯形图程序;⑩不能够正确输入梯形图程序;⑪梯形图程序正确导入PLC;⑫梯形图程序不能正确导入PLC;⑬能够正确进行程序在线监测;⑭不能够正确进行程序在线监测

表 12-6 旋转供料模块控制任务实施问题/解决情况记录表

序号	问题(状况)描述	解决过程	实施人员
1			
2			
3			

(五) 检查

任务调试完毕后,小组互相检查,教师抽查核准评分,并填写表 12-7。

表 12-7 旋转供料模块控制任务调试检查结果记录表

序号	检查项目	配分	得分	评分人	核准分数
1	走线正确规范、整洁、牢固				
2	电机能够正确按照任务要求正常运转				
3	小组成员配合良好				

续表

序号	检查项目	配分	得分	评分人	核准分数
4	场地整理整顿良好				
5	回答问题正确得当				
6	有创新点				
	结果				

（六）评价

1. 小组成果分享和自我评价（选派 1~2 组，一般由记录人负责）。
2. 任务完成情况及他组评价（选派 1~2 组，一般由评分人负责）。
3. 成绩统计，完成表 12-8。

表 12-8　旋转供料模块控制任务成绩统计表

序号	评价项目	评价结果	权重系数	单项得分
1	资讯		0.2	
2	计划		0.2	
3	决策		0.2	
4	实施		0.2	
5	检查		0.1	
6	评价		0.1	
		总得分		

五、总结与提高

总结自己在本次任务完成过程中存在的问题，分析原因并提出改进措施，完成表 12-9。

表 12-9　自我评价与分析

存在问题	原因分析	改进措施

任务13 立体仓库单仓位取料控制

一、任务描述

某立体仓库单仓位取料控制要求为:按下复位按钮 SB1,直线模组回到参考点,所有气缸恢复初始位置。初始状态下,按下启动按钮 SB2,机械手将物料瓶从仓位 1 放置分拣单元皮带上,并回到初始位置。立体仓库共 6 个仓位,分为三行两列,从左上至右下依次标记为仓位 1~6。请尝试设计电气原理图,根据电气原理图完成硬件接线。然后,完成 PLC 梯形图程序设计,在博途软件中输入梯形图程序并下载至 PLC 进行调试。最后,通过简单操作实现立体仓库单仓位取料控制动作。

二、任务目标

(一)知识目标

1. 熟悉 S7-1200 运动控制组态步骤;
2. 掌握步进电机回参考点指令和自动定位指令;
3. 熟悉开关量传感器的种类和基本特性;
4. 掌握开关量传感器的接线和应用;
5. 熟悉状态编程方法。

(二)能力目标

1. 能够设计步进电机 PLC 控制电气原理图;
2. 能够根据电气原理图,完成步进电机 PLC 控制硬件接线;
3. 能够正确编写步进电机 PLC 控制梯形图程序;
4. 能够利用博途软件完成步进电机 PLC 控制梯形图程序的输入和下载;
5. 能够利用博途软件在线监测功能,完成程序调试工作。

(三)素质目标

1. 养成规范的操作习惯;
2. 养成绿色安全生产意识;
3. 养成主动思考问题的习惯;
4. 养成团队协作及有效沟通的精神;
5. 养成吃苦耐劳的职业精神。

三、任务提示

(一)知识库

1. S7-1200 运动控制中的组态轴;
2. 博途软件中的运动控制指令;
3. 传感器的概念、接线;

4. 以转换为中心的状态编程方法（MB 表示）；
5. 数据块 DB。

（二）技能库

1. 亚龙 YL-36A 型可编程控制器系统应用实训考核装置上电流程；
2. 博途软件创建项目方法；
3. 组态硬件设备及网络方法；
4. PLC 程序输入方法；
5. PLC 程序下载方法；
6. PLC 程序在线监测方法。

四、工作过程

姓　名：_____　　　日　期：_____

（一）资讯

查阅相关资料，填写表 13-1。

表 13-1　信息一览表

1	步进电机输出的旋转运动通过什么转换成直线运动的？	
2	步进电机转一圈,直线运动多少距离？	
3	立体仓库模块用到了哪几种传感器？	
4	立体仓库模块用到的传感器如何接线？	
5	S7-1200 运动控制中常用工艺命令有哪些？	
6	简述数据块 DB 的使用方法	

(二) 计划

根据任务要求，制订本任务工作方案，填写表 13-2。

表 13-2 计划表

1	设计电气原理图
(1) 列出所有元器件名称和电气符号	
(2) 分配 PLC 输入输出口	
(3) 画出电气原理图	
2	编写梯形图程序
(1) 简要写出组态工艺对象的步骤	
(2) 画出顺序控制功能图	

(三) 决策

小组讨论后（经培训教师确认），优化确定本任务工作方案和完成本次任务可实施的完整工作计划（任务尽量细化，让小组成员都能参与），分别填写表 13-3 和表 13-4。

表 13-3 工量具与耗材准备一览表

小组名称		设备台号	
小组成员			
序号	名称	所选规格型号	选型是否合适
1			是□ 否□
2			是□ 否□
3			是□ 否□
4			是□ 否□
5			是□ 否□
6			是□ 否□

表 13-4 立体仓库单仓位取料控制任务实施安排表

	小组名称			设备台号		
	小组成员					
序号	方案名称	工作内容		注意事项	负责人	用时/min
1						
2						
3						
4						
5						

（四）实施

各小组按照确定的实施方案完成立体仓库单仓位取料控制任务，由记录员对实施过程进行记录，如表 13-5 和表 13-6 所示。

表 13-5 立体仓库单仓位取料控制任务实施基本情况表

序号	工作内容	实施人	实施评价	实施时间
1				
2				
3				
4				
5				

实施评价选项：①工具使用规范；②工具使用不规范；③接线工艺规范；④接线工艺不规范；⑤通电前，电气线路检查流程和方法正确；⑥通电前，电气线路检查流程和方法有问题；⑦博途软件设备组态方法正确；⑧博途软件设备组态方法不正确；⑨能够正确输入梯形图程序；⑩不能够正确输入梯形图程序；⑪梯形图程序正确导入 PLC；⑫梯形图程序不能正确导入 PLC；⑬能够正确进行程序在线监测；⑭不能够正确进行程序在线监测

表 13-6 立体仓库单仓位取料控制任务实施问题/解决情况记录表

序号	问题（状况）描述	解决过程	实施人员
1			
2			
3			

（五）检查

任务调试完毕后，小组互相检查，教师抽查核准评分，并填写表 13-7。

表 13-7 立体仓库单仓位取料控制任务调试检查结果记录表

序号	检查项目	配分	得分	评分人	核准分数
1	走线正确规范、整洁、牢固				
2	电机能够正确按照任务要求正常运转				
3	小组成员配合良好				
4	场地整理整顿良好				

续表

序号	检查项目	配分	得分	评分人	核准分数
5	回答问题正确得当				
6	有创新点				
	结果				

(六) 评价

1. 小组成果分享和自我评价（选派1～2组，一般由记录人负责）。
2. 任务完成情况及他组评价（选派1～2组，一般由评分人负责）。
3. 成绩统计，完成表13-8。

表13-8 立体仓库单仓位取料控制任务成绩统计表

序号	评价项目	评价结果	权重系数	单项得分
1	资讯		0.2	
2	计划		0.2	
3	决策		0.2	
4	实施		0.2	
5	检查		0.1	
6	评价		0.1	
	总得分			

五、总结与提高

总结自己在本次任务完成过程中存在的问题，分析原因并提出改进措施，完成表13-9。

表13-9 自我评价与分析

存在问题	原因分析	改进措施

任务14 立体仓库指定仓位取料控制

一、任务描述

某立体仓库指定仓位取料控制要求为：按下触摸屏复位按钮 SB1，直线模组回到参考点，所有气缸回复初始位置，数据清零。输入框中输入料仓号，按下取料按钮 SB2，机械手将物料瓶从对应仓位放置到分拣单元皮带上，并回到初始位置。输出框中显示已取料个数。立体仓库共 6 个仓位，分为三行两列，从左上至右下依次标记为仓位 1~6。请尝试设计电气原理图，根据电气原理图完成硬件接线。然后，完成 PLC 梯形图程序设计，完成人机界面设计并下载，在博途软件中输入梯形图程序并下载至 PLC 进行调试。最后，通过简单操作实现立体仓库指定仓位取料控制动作。

二、任务目标

（一）知识目标

1. 熟悉触摸屏软件操作步骤；
2. 掌握基本数学运算指令；
3. 熟悉边沿脉冲指令；
4. 掌握西门子 S7-1200 PLC 和信捷触摸屏之间的通信。

（二）能力目标

1. 能够正确建立 S7-1200 和信捷触摸屏之间的通信；
2. 能够正确编写结合触摸屏软件的步进电机 PLC 控制梯形图程序；
3. 能够利用触摸屏软件完成触摸屏工程的建立，并下载；
4. 能够利用博途软件完成步进电机 PLC 控制梯形图程序的输入和下载；
5. 能够利用博途软件在线监测功能，完成程序调试工作。

（三）素质目标

1. 养成规范的操作习惯；
2. 养成绿色安全生产意识；
3. 养成主动思考问题的习惯；
4. 养成团队协作及有效沟通的精神；
5. 养成吃苦耐劳的职业精神。

三、任务提示

（一）知识库

1. S7-1200 运动控制命令；
2. 基本数学运算命令；
3. 边沿脉冲指令；

4. 信捷触摸屏软件的使用；

5. S7-1200PLC 和信捷触摸屏软件的通信。

（二）技能库

1. 亚龙 YL-36A 型可编程控制器系统应用实训考核装置上电流程；
2. 博途软件创建项目方法；
3. 组态硬件设备及网络方法；
4. PLC 程序输入方法；
5. PLC 程序下载方法；
6. PLC 程序在线监测方法；
7. 信捷触摸屏的使用方法；
8. 信捷触摸屏软件的正确使用。

四、工作过程

姓名：_____   日期：_____

（一）资讯

查阅相关资料，填写表 14-1。

表 14-1 信息一览表

1	新建一个信捷触摸屏工程的步骤是什么？	
2	信捷触摸屏软件和西门子 S7-1200 的通信设置步骤是什么？	
3	简述信捷触摸屏的界面制作	
4	S7-1200PLC 的基本数学运算指令有哪些？	
5	边沿脉冲指令有哪些？	
6	函数 FC 如何建立和调用？	

(二) 计划

根据任务要求，制订本任务工作方案，填写表 14-2。

表 14-2 计划表

1	设计电气原理图
(1)列出所有元器件名称和电气符号	
(2)分配 PLC 输入输出口	
(3)画出电气原理图	
2	编写梯形图程序
(1)设计并制作完成触摸屏界面	
(2)画出顺序控制功能图	

(三) 决策

小组讨论后（经培训教师确认），优化确定本任务工作方案和完成本次任务可实施的完整工作计划（任务尽量细化，让小组成员都能参与），分别填写表 14-3 和表 14-4。

表 14-3 工量具与耗材准备一览表

小组名称			设备台号	
小组成员				
序号	名称	所选规格型号	选型是否合适	
1			是□	否□
2			是□	否□
3			是□	否□
4			是□	否□
5			是□	否□
6			是□	否□

表 14-4 立体仓库指定仓位取料控制任务实施安排表

小组名称			设备台号		
小组成员					
序号	方案名称	工作内容	注意事项	负责人	用时/min
1					
2					
3					
4					
5					
6					

（四）实施

各小组按照确定的实施方案完成立体仓库指定仓位取料控制任务，由记录员对实施过程进行记录，如表 14-5 和表 14-6 所示。

表 14-5 立体仓库指定仓位取料控制任务实施基本情况表

序号	任务名称	实施人	实施评价
1			
2			
3			
4			
5			
6			

实施评价选项：①工具使用规范；②工具使用不规范；③接线工艺规范；④接线工艺不规范；⑤通电前，电气线路检查流程和方法正确；⑥通电前，电气线路检查流程和方法有问题；⑦博途软件设备组态方法正确；⑧博途软件设备组态方法不正确；⑨能够正确输入梯形图程序；⑩不能够正确输入梯形图程序；⑪梯形图程序正确导入 PLC；⑫梯形图程序不能正确导入 PLC；⑬能够正确进行程序在线监测；⑭不能够正确进行程序在线监测

表 14-6 立体仓库指定仓位取料控制任务实施问题/解决情况记录表

序号	问题（状况）描述	解决过程	实施人员
1			
2			
3			

（五）检查

任务调试完毕后，小组互相检查，教师抽查核准评分，并填写表 14-7。

表 14-7 立体仓库指定仓位取料控制任务调试检查结果记录表

序号	检查项目	配分	得分	评分人	核准分数
1	走线正确规范、整洁、牢固				
2	电机能够正确按照任务要求正常运转				

续表

序号	检查项目	配分	得分	评分人	核准分数
3	小组成员配合良好				
4	场地整理整顿良好				
5	回答问题正确得当				
6	有创新点				
	结果				

（六）评价

1. 小组成果分享和自我评价（选派1~2组，一般由记录人负责）。
2. 任务完成情况及他组评价（选派1~2组，一般由评分人负责）。
3. 成绩统计，完成表14-8。

表14-8 立体仓库指定仓位取料控制任务成绩统计表

序号	评价项目	评价结果	权重系数	单项得分
1	资讯		0.2	
2	计划		0.2	
3	决策		0.2	
4	实施		0.2	
5	检查		0.1	
6	评价		0.1	
	总得分			

五、总结与提高

总结自己在本次任务完成过程中存在的问题，分析原因并提出改进措施，完成表14-9。

表14-9 自我评价与分析

存在问题	原因分析	改进措施

任务15 输送单元定位控制

一、任务描述

输送单元主要由伺服电机、机械手、直线模组、底板等组成。其控制要求为：设备上电和气源接通后，若各气缸处于初始位置，机械手装置位于原点，则指示灯 HL1 长亮，表示设备准备好；否则设备没准备好，此时按下复位按钮 SB1，气缸回到初始位置，机械手装置回到原点。如设备已准备好，按下取料按钮 SB2，机械手将分拣单元的物料瓶搬运至皮带传送模块。请设计电气原理图，根据电气原理图完成硬件接线。然后完成 PLC 梯形图程序设计，在博途软件中输入梯形图程序并下载至 PLC 进行调试。最后通过简单操作实现机械手将分拣单元的物料瓶搬运至皮带传送模块的控制动作。

二、任务目标

（一）知识目标

1. 熟悉 S7-1200 运动控制组态步骤；
2. 熟悉 TBEN-S1-8DXP 远程 IO 模块组态及与 PLC 建立通信步骤；
3. 掌握伺服驱动器参数设置；
4. 了解伺服系统特性及其主要应用。

（二）能力目标

1. 能够设计输送单元定位 PLC 控制电气原理图；
2. 能够根据电气原理图，完成输送单元定位 PLC 控制硬件接线；
3. 能够正确编写输送单元定位 PLC 控制梯形图程序；
4. 能够利用博途软件完成输送单元定位 PLC 控制梯形图程序的输入和下载；
5. 能够利用博途软件在线监测功能，完成程序调试工作。

（三）素质目标

1. 养成规范的操作习惯；
2. 养成绿色安全生产意识；
3. 养成主动思考问题的习惯；
4. 养成团队协作及有效沟通的精神；
5. 养成吃苦耐劳的职业精神。

三、任务提示

（一）知识库

1. S7-1200 运动控制命令；
2. 基本数学运算命令；
3. 远程 IO 的组态；

4. 信捷触摸屏软件的使用；
5. S7-1200PLC 和信捷触摸屏软件的通信。

（二）技能库

1. 亚龙 YL-36A 型可编程控制器系统应用实训考核装置上电流程；
2. 博途软件创建项目方法；
3. 组态硬件设备及网络方法；
4. PLC 程序输入方法；
5. PLC 程序下载方法；
6. PLC 程序在线监测方法；
7. 信捷触摸屏的使用方法。

四、工作过程

姓名：_____ 日期：_____

（一）资讯

查阅相关资料，填写表 15-1。

表 15-1 信息一览表

1	PLC 如何驱动伺服电机？	
2	简述伺服控制器的接线	
3	如何设置 TBEN-S1-8DXP 远程 IO 模块的 IP 地址？	
4	怎样在博途软件中添加远程 IO 的 GSD 文件？	
5	远程 IO 的组态步骤是什么？	
6	以绝对/相对方式定位轴指令分别应用在什么情况下？	

(二)计划

根据任务要求,制订本任务工作方案,填写表 15-2。

表 15-2 计划表

1	设计电气原理图
(1)列出所有元器件名称和电气符号	
(2)分配 PLC 输入输出口	
(3)画出电气原理图	
2	编写梯形图程序
(1)列出需要设置的伺服控制器参数	
(2)画出顺序控制功能图	

(三)决策

小组讨论后(经培训教师确认),优化确定本任务工作方案和完成本次任务可实施的完整工作计划(任务尽量细化,让小组成员都能参与),分别填写表 15-3 和表 15-4。

表 15-3 工量具与耗材准备一览表

小组名称		设备台号	
小组成员			
序号	名称	所选规格型号	选型是否合适
1			是□ 否□
2			是□ 否□
3			是□ 否□
4			是□ 否□
5			是□ 否□
6			是□ 否□

表 15-4　输送单元定位控制任务实施安排表

小组名称			设备台号		
小组成员					
序号	方案名称	工作内容	注意事项	负责人	用时/min
1					
2					
3					
4					
5					

(四) 实施

各小组按照确定的实施方案完成输送单元定位控制任务，由记录员对实施过程进行记录，如表 15-5 和表 15-6 所示。

表 15-5　输送单元定位控制任务实施基本情况表

序号	任务名称	实施人	实施评价
1			
2			
3			
4			
5			
6			

实施评价选项：①工具使用规范；②工具使用不规范；③接线工艺规范；④接线工艺不规范；⑤通电前，电气线路检查流程和方法正确；⑥通电前，电气线路检查流程和方法有问题；⑦博途软件设备组态方法正确；⑧博途软件设备组态方法不正确；⑨能够正确输入梯形图程序；⑩不能够正确输入梯形图程序；⑪梯形图程序正确导入PLC；⑫梯形图程序不能正确导入PLC；⑬能够正确进行程序在线监测；⑭不能够正确进行程序在线监测

表 15-6　输送单元定位控制任务实施问题/解决情况记录表

序号	问题(状况)描述	解决过程	实施人员
1			
2			
3			

(五) 检查

任务调试完毕后，小组互相检查，教师抽查核准评分，并填写表 15-7。

表 15-7　输送单元定位控制任务调试检查结果记录表

序号	检查项目	配分	得分	评分人	核准分数
1	走线正确规范、整洁、牢固				
2	电机能够正确按照任务要求正常运转				
3	小组成员配合良好				

续表

序号	检查项目	配分	得分	评分人	核准分数
4	场地整理整顿良好				
5	回答问题正确得当				
6	有创新点				
	结果				

(六)评价

1. 小组成果分享和自我评价（选派1～2组，一般由记录人负责）。
2. 任务完成情况及他组评价（选派1～2组，一般由评分人负责）。
3. 成绩统计，完成表15-8。

表15-8 输送单元定位控制任务成绩统计表

序号	评价项目	评价结果	权重系数	单项得分
1	资讯		0.2	
2	计划		0.2	
3	决策		0.2	
4	实施		0.2	
5	检查		0.1	
6	评价		0.1	
		总得分		

五、总结与提高

总结自己在本次任务完成过程中存在的问题，分析原因并提出改进措施，完成表15-9。

表15-9 自我评价与分析

存在问题	原因分析	改进措施

任务16　仓储单元入库控制

一、任务描述

仓储单元入库控制要求为：按下触摸屏复位按钮 SB1，输送模块直线模组回到参考点，所有气缸回复初始位置，数据清零，指示灯 HL1 长亮，表示设备准备好。否则 HL1 以 1Hz 的频率闪烁亮。输入框中输入料仓号，按下取料按钮 SB2，机械手将物料瓶从输送单元放置到仓储模块对应仓位，如果对应仓位已有料，则在触摸屏上显示"放料仓位已有料"报警，机械手不动作，同时蜂鸣器响。按下报警解除按钮，蜂鸣器消声。报警消除后，输入框中输入新的料仓号，并按下取料按钮 SB2，机械手可执行放料动作。

请尝试设计电气原理图，根据电气原理图完成硬件接线。然后完成 PLC 梯形图程序设计，在博途软件中输入梯形图程序并下载至 PLC 进行调试。最后通过简单操作实现仓储单元入库控制动作。

二、任务目标

（一）知识目标

1. 熟悉 S7-1200 运动控制组态步骤；
2. 熟悉 TBEN-S1-8DXP 远程 IO 模块组态及与 PLC 建立通信步骤；
3. 掌握伺服驱动器参数设置方法；
4. 掌握信捷触摸屏操作方法；
5. 掌握触摸屏与 PLC 通信设置方法。

（二）能力目标

1. 能够设计伺服电机 PLC 控制电气原理图；
2. 能够根据电气原理图，完成伺服电机 PLC 控制硬件接线；
3. 能够正确编写伺服电机 PLC 控制梯形图程序；
4. 能够利用触摸屏完成相关动作控制；
5. 能够利用博途软件完成伺服电机 PLC 控制梯形图程序的输入和下载；
6. 能够利用触摸屏及博途软件在线监测功能，完成程序调试工作。

（三）素质目标

1. 养成规范的操作习惯；
2. 养成绿色安全生产意识；
3. 养成主动思考问题的习惯；
4. 养成团队协作及有效沟通的精神；
5. 养成吃苦耐劳的职业精神。

三、任务提示

（一）知识库

1. S7-1200 运动控制指令；

2. 比较指令和边沿触发指令；
3. 远程 IO 的组态；
4. 信捷触摸屏软件的使用；
5. S7-1200PLC 和信捷触摸屏软件的通信。

（二）技能库

1. 亚龙 YL-36A 型可编程控制器系统应用实训考核装置上电流程；
2. 博途软件创建项目方法；
3. 组态硬件设备及网络方法；
4. PLC 程序输入方法；
5. PLC 程序下载方法；
6. PLC 程序在线监测方法；
7. 信捷触摸屏的使用方法。

四、工作过程

姓名：_____ 日期：_____

（一）资讯

查阅相关资料，填写信息表 16-1。

表 16-1 信息一览表

1	触摸屏下载程序的方式有哪几种？	
2	触摸屏工程如何强制下载？	
3	常用的比较指令有哪些？	
4	什么时候使用边沿触发指令？	
5	怎样判断仓位上有没有物料？	
6	触摸屏怎么制作弹出报警页面？	

（二）计划

根据任务要求，制订本任务工作方案，填写表16-2。

表16-2 计划表

1	设计电气原理图
(1)列出所有元器件名称和电气符号	
(2)分配PLC输入输出口	
(3)画出电气原理图	
2	编写梯形图程序
(1)列出需要设置的伺服控制器参数	
(2)画出顺序控制功能图	

（三）决策

小组讨论后（经培训教师确认），优化确定本任务工作方案和完成本次任务可实施的完整工作计划（任务尽量细化，让小组成员都能参与），分别填写表16-3和表16-4。

表16-3 工量具与耗材准备一览表

小组名称			设备台号	
小组成员				
序号	名称	所选规格型号	选型是否合适	
1			是□	否□
2			是□	否□
3			是□	否□
4			是□	否□
5			是□	否□
6			是□	否□

表 16-4 仓储单元入库控制任务实施安排表

小组名称			设备台号		
小组成员					
序号	方案名称	工作内容	注意事项	负责人	用时/min
1					
2					
3					
4					
5					

（四）实施

各小组按照确定的实施方案完成仓储单元入库控制任务，由记录员对实施过程进行记录，如表 16-5 和表 16-6 所示。

表 16-5 仓储单元入库控制任务实施基本情况表

序号	任务名称	实施人	实施评价
1			
2			
3			
4			
5			
6			

实施评价选项：①工具使用规范；②工具使用不规范；③接线工艺规范；④接线工艺不规范；⑤通电前，电气线路检查流程和方法正确；⑥通电前，电气线路检查流程和方法有问题；⑦博途软件设备组态方法正确；⑧博途软件设备组态方法不正确；⑨能够正确输入梯形图程序；⑩不能够正确输入梯形图程序；⑪梯形图程序正确导入 PLC；⑫梯形图程序不能正确导入 PLC；⑬能够正确进行程序在线监测；⑭不能够正确进行程序在线监测

表 16-6 仓储单元入库控制任务实施问题/解决情况记录表

序号	问题（状况）描述	解决过程	实施人员
1			
2			
3			

（五）检查

任务调试完毕后，小组互相检查，教师抽查核准评分，并填写表 16-7。

表 16-7 仓储单元入库控制任务调试检查结果记录表

序号	检查项目	配分	得分	评分人	核准分数
1	走线正确规范、整洁、牢固				
2	电机能够正确按照任务要求正常运转				
3	小组成员配合良好				

续表

序号	检查项目	配分	得分	评分人	核准分数
4	场地整理整顿良好				
5	回答问题正确得当				
6	有创新点				
	结果				

（六）评价

1. 小组成果分享和自我评价（选派1~2组，一般由记录人负责）。
2. 任务完成情况及他组评价（选派1~2组，一般由评分人负责）。
3. 成绩统计，完成表16-8。

表16-8 仓储单元入库控制任务成绩统计表

序号	评价项目	结果	权重系数	单项得分
1	资讯		0.2	
2	计划		0.2	
3	决策		0.2	
4	实施		0.2	
5	检查		0.1	
6	评价		0.1	
	总得分			

五、总结与提高

总结自己在本次任务完成过程中存在的问题，分析原因并提出改进措施，完成表16-9。

表16-9 自我评价与分析

存在问题	原因分析	改进措施

任务17 分拣模块多段速控制

一、任务描述

分拣模块控制要求为：按下启动按钮 SB1，分拣单元入料口检测到物料瓶后，延时 3s。皮带以 50 Hz 的频率向前运行 1s，然后以 30 Hz 的频率向前运行 2s，然后以 10 Hz 的频率向前运行，分拣单元尾端传感器感应到物料后，皮带停止运行，一个流程结束。

请尝试设计电气原理图，根据电气原理图完成硬件接线。然后完成 PLC 梯形图程序设计，在博途软件中输入梯形图程序并下载至 PLC 进行调试。最后通过简单操作实现分拣模块多段速控制动作。

二、任务目标

（一）知识目标

1. 了解 S7-1200 模拟模块接线方法；
2. 掌握模拟模块属性设置（电流、电压和 IO 分配等）；
3. 熟悉西门子模拟模块编程方法；
4. 掌握变频器模拟信号控制编程思路；
5. 了解变频器模拟信号控制电气原理图。

（二）能力目标

1. 能够设计分拣模块多段速 PLC 控制电气原理图；
2. 能够根据电气原理图，完成分拣模块多段速 PLC 控制硬件接线；
3. 能够正确编写分拣模块多段速 PLC 控制梯形图程序；
4. 能够利用博途软件完成分拣模块多段速 PLC 控制梯形图程序的输入和下载；
5. 能够利用博途软件在线监测功能，完成程序调试工作。

（三）素质目标

1. 养成规范的操作习惯；
2. 养成绿色安全生产意识；
3. 养成主动思考问题的习惯；
4. 养成团队协作及有效沟通的精神；
5. 养成吃苦耐劳的职业精神。

三、任务提示

（一）知识库

1. 变频器的使用；
2. 变频器的多段速参数设置；
3. 延时控制；

4. S7-1200 PLC 模拟模块组态方法。

（二）技能库

1. 亚龙 YL-36A 型可编程控制器系统应用实训考核装置上电流程；
2. 博途软件创建项目方法；
3. 组态硬件设备及网络方法；
4. 变频器的接线方法；
5. PLC 程序输入方法；
6. PLC 程序下载方法；
7. PLC 程序在线监测方法。

四、工作过程

姓名：_____   日期：_____

（一）资讯

查阅相关资料，填写表 17-1。

表 17-1 信息一览表

1	简述光电式接近开关的工作原理及分类	
2	光纤传感器有哪些优点？	
3	如何调节 GTB6-N1211 型放大器内置型光电开关的检测距离？	
4	如何通过数字量端子控制 VB5N 变频器七段速运行？	

(二)计划

根据任务要求,制订本任务工作方案,填写表17-2。

表17-2 计划表

1	设计电气原理图
(1)列出所有元器件名称和电气符号	
(2)分配PLC输入输出口	
(3)画出电气原理图	
2	编写梯形图程序
(1)列出需要设置的变频器参数	
(2)画出顺序控制功能图	

(三)决策

小组讨论后(经培训教师确认),优化确定本任务工作方案和完成本次任务可实施的完整工作计划(任务尽量细化,让小组成员都能参与),分别填写表17-3和表17-4。

表17-3 工量具与耗材准备一览表

小组名称			设备台号	
小组成员				
序号	名称	所选规格型号	选型是否合适	
1			是□	否□
2			是□	否□
3			是□	否□
4			是□	否□
5			是□	否□
6			是□	否□

表 17-4　分拣模块多段速控制任务实施安排表

小组名称			设备台号		
小组成员					
序号	方案名称	工作内容	注意事项	负责人	用时/min
1					
2					
3					
4					
5					

（四）实施

各小组按照确定的实施方案完成分拣模块多段速控制任务，由记录员对实施过程进行记录，如表 17-5 和表 17-6 所示。

表 17-5　分拣模块多段速控制任务实施基本情况表

序号	工作内容	实施人	实施评价
1			
2			
3			
4			
5			
6			

实施评价选项：①工具使用规范；②工具使用不规范；③接线工艺规范；④接线工艺不规范；⑤通电前，电气线路检查流程和方法正确；⑥通电前，电气线路检查流程和方法有问题；⑦博途软件设备组态方法正确；⑧博途软件设备组态方法不正确；⑨能够正确输入梯形图程序；⑩不能正确输入梯形图程序；⑪梯形图程序正确导入PLC；⑫梯形图程序不能正确导入PLC；⑬能够正确进行程序在线监测；⑭不能够正确进行程序在线监测

表 17-6　分拣模块多段速控制任务实施问题/解决情况记录表

序号	问题（状况）描述	解决过程	实施人员
1			
2			
3			

（五）检查

任务调试完毕后，小组互相检查，教师抽查核准评分，并填写表 17-7。

表 17-7　分拣模块多段速控制任务调试检查结果记录表

序号	检查项目	配分	得分	评分人	核准分数
1	走线正确规范、整洁、牢固				
2	电机能够正确按照任务要求正常运转				
3	小组成员配合良好				

续表

序号	检查项目	配分	得分	评分人	核准分数
4	场地整理整顿良好				
5	回答问题正确得当				
6	有创新点				
	结果				

（六）评价

1. 小组成果分享和自我评价（选派1~2组，一般由记录人负责）。
2. 任务完成情况及他组评价（选派1~2组，一般由评分人负责）。
3. 成绩统计，完成表17-8。

表17-8 分拣模块多段速控制任务成绩统计表

序号	评价项目	评价结果	权重系数	单项得分
1	资讯		0.2	
2	计划		0.2	
3	决策		0.2	
4	实施		0.2	
5	检查		0.1	
6	评价		0.1	
	总得分			

五、总结与提高

总结自己在本次任务完成过程中存在的问题，分析原因并提出改进措施，完成表17-9。

表17-9 自我评价与分析

存在问题	原因分析	改进措施

任务18 皮带输送模块无级变速控制

一、任务描述

皮带输送模块控制要求为：在触摸屏输入框输入电机运行频率，按电机正转按钮，电机按照输入频率正转运行，按电机反转按钮，电机按照输入频率反转运行。

请尝试设计电气原理图，根据电气原理图完成硬件接线。然后完成 PLC 梯形图程序设计，在博途软件中输入梯形图程序并下载至 PLC 进行调试。最后通过简单操作实现皮带传送模块无极变速控制动作。

二、任务目标

（一）知识目标

1. 了解 S7-1200 模拟模块接线方法；
2. 掌握模拟模块属性设置（电流、电压和 IO 分配等）；
3. 熟悉西门子模拟模块编程方法；
4. 掌握变频器模拟信号控制编程思路；
5. 了解变频器模拟信号控制电气原理图。

（二）能力目标

1. 能够设计皮带无极变速 PLC 控制电气原理图；
2. 能够根据电气原理图，完成皮带无级变速 PLC 控制硬件接线；
3. 能够正确编写皮带无级变速 PLC 控制梯形图程序；
4. 能够利用博途软件完成皮带无级变速 PLC 控制梯形图程序的输入和下载；
5. 能够利用博途软件在线监测功能，完成程序调试工作。

（三）素质目标

1. 养成规范的操作习惯；
2. 养成绿色安全生产意识；
3. 养成主动思考问题的习惯；
4. 养成团队协作及有效沟通的精神；
5. 养成吃苦耐劳的职业精神。

三、任务提示

（一）知识库

1. 标准化指令；
2. 缩放指令；
3. 变频器模拟量控制参数设置；
4. S7-1200PLC 模拟模块组态方法。

(二) 技能库

1. 亚龙 YL-36A 型可编程控制器系统应用实训考核装置上电流程；
2. 博途软件创建项目方法；
3. 组态硬件设备及网络方法；
4. 变频器的接线方法；
5. PLC 程序输入方法；
6. PLC 程序下载方法；
7. PLC 程序在线监测方法。

四、工作过程

姓名：_____ 日期：_____

(一) 资讯

查阅相关资料，填写表 18-1。

表 18-1 信息一览表

1	VH3 变频器如何进行点动运行操作？	
2	列出标准化指令	
3	列出缩放指令	
4	如何通过模拟量端子控制 VB3 变频器？	

(二）计划

根据任务要求，制订本任务工作方案，填写表18-2。

表 18-2　计划表

1	设计电气原理图
(1)列出所有元器件名称和电气符号	
(2)分配 PLC 输入输出口	
(3)画出电气原理图	
2	编写梯形图程序
(1)列出需要设置的变频器参数	
(2)画出顺序控制功能图	

（三）决策

小组讨论后（经培训教师确认），优化确定本任务工作方案和完成本次任务可实施的完整工作计划（任务尽量细化，让小组成员都能参与），分别填写表18-3和表18-4。

表 18-3　工量具与耗材准备一览表

小组名称			设备台号	
小组成员				
序号	名称	所选规格型号	选型是否合适	
1			是□	否□
2			是□	否□
3			是□	否□
4			是□	否□
5			是□	否□

表 18-4 皮带输送模块无级变速控制任务实施安排表

小组名称			设备台号		
小组成员					
序号	方案名称	工作内容	注意事项	负责人	用时/min
1					
2					
3					
4					

（四）实施

各小组按照确定的实施方案完成皮带输送模块无级变速控制任务，由记录员对实施过程进行记录，如表 18-5 和表 18-6 所示。

表 18-5 皮带输送模块无级变速控制任务实施基本情况表

序号	工作内容	实施人	实施评价
1			
2			
3			
4			
5			

实施评价选项：①工具使用规范；②工具使用不规范；③接线工艺规范；④接线工艺不规范；⑤通电前，电气线路检查流程和方法正确；⑥通电前，电气线路检查流程和方法有问题；⑦博途软件设备组态方法正确；⑧博途软件设备组态方法不正确；⑨能够正确输入梯形图程序；⑩不能够正确输入梯形图程序；⑪梯形图程序正确导入 PLC；⑫梯形图程序不能正确导入 PLC；⑬能够正确进行程序在线监测；⑭不能够正确进行程序在线监测

表 18-6 皮带输送模块无级变速控制任务实施问题/解决情况记录表

序号	问题(状况)描述	解决过程	实施人员
1			
2			
3			

（五）检查

任务调试完毕后，小组互相检查，教师抽查核准评分，并填写表 18-7。

表 18-7 皮带输送模块无级变速控制任务调试检查结果记录表

序号	检查项目	配分	得分	评分人	核准分数
1	走线正确规范、整洁、牢固				
2	电机能够正确按照任务要求正常运转				
3	小组成员配合良好				

续表

序号	检查项目	配分	得分	评分人	核准分数
4	场地整理整顿良好				
5	回答问题正确得当				
6	有创新点				
	结果				

（六）评价

1. 小组成果分享和自我评价（选派1~2组，一般由记录人负责）。
2. 任务完成情况及他组评价（选派1~2组，一般由评分人负责）。
3. 成绩统计，完成表18-8。

表18-8 皮带输送模块无级变速控制任务成绩统计表

序号	评价项目	评价结果	权重系数	单项得分
1	资讯		0.2	
2	计划		0.2	
3	决策		0.2	
4	实施		0.2	
5	检查		0.1	
6	评价		0.1	
		总得分		

五、总结与提高

总结自己在本次任务完成过程中存在的问题，分析原因并提出改进措施，完成表18-9。

表18-9 自我评价与分析

存在问题	原因分析	改进措施

任务19 分拣模块物料瓶推出控制

一、任务描述

某分拣单元物料瓶分拣推出控制要求为：①在进料口中心放置物料瓶，按下触摸屏测试按钮 SB1，皮带以一定速度向前运行，在恰当的时候松开测试按钮 SB1，让物料瓶准确停在推料气缸前方，在触摸屏上显示编码器当前计数。②在进料口中心放置一个物料瓶，按下推料按钮 SB2，物料瓶以一定速度向前运行，准确停在推料气缸前方，推料气缸将物料瓶推入分拣槽，然后缩回。

请尝试设计电气原理图，根据电气原理图完成硬件接线。然后完成 PLC 梯形图程序设计，在博途软件中输入梯形图程序并下载至 PLC 进行调试。最后通过简单操作实现分拣单元物料瓶分拣推出控制动作。

二、任务目标

（一）知识目标

1. 熟悉触屏软件操作步骤；
2. 掌握高速计数器组态；
3. 了解旋转编码器的作用；
4. 了解变频器接线、通信方式及参数设置；
5. 掌握西门子 S7-1200PLC 和信捷触屏之间的通信。

（二）能力目标

1. 能够设计分拣单元物料瓶分拣推出 PLC 控制电气原理图；
2. 能够根据电气原理图，完成分拣单元物料瓶分拣推出 PLC 控制硬件接线；
3. 能够正确编写分拣单元物料瓶分拣推出 PLC 控制梯形图程序；
4. 能够利用博途软件完成分拣单元物料瓶分拣推出 PLC 控制梯形图程序的输入和下载；
5. 能够利用博途软件在线监测功能，完成程序调试工作。

（三）素质目标

1. 养成规范的操作习惯；
2. 养成绿色安全生产意识；
3. 养成主动思考问题的习惯；
4. 养成团队协作及有效沟通的精神；
5. 养成吃苦耐劳的职业精神。

三、任务提示

（一）知识库

1. 高速计数器组态；

2. 变频器接线、通信方式及参数设置；
3. 梯形图编程注意事项；
4. 信捷触屏软件的使用；
5. S7-1200PLC 和信捷触屏软件的通信。

(二) 技能库

1. 亚龙 YL-36A 型可编程控制器系统应用实训考核装置上电流程；
2. 博途软件创建项目方法；
3. 组态硬件设备及网络方法；
4. PLC 程序输入方法；
5. PLC 程序下载方法；
6. PLC 程序在线监测方法。

四、工作过程

姓名：_____   日期：_____

(一) 资讯

查阅相关资料，填写表 19-1。

表 19-1 信息一览表

1	简述旋转编码器的工作原理及应用
2	高速计数器指令有哪些？
3	如何判断物料瓶停在推料气缸前方位置？
4	高速计数器中的数值如何清零？

（二）计划

根据任务要求，制订本任务工作方案，填写表 19-2。

表 19-2　计划表

1	设计电气原理图
(1)列出所有元器件名称和电气符号	
(2)分配 PLC 输入输出口	
(3)画出电气原理图	
2	编写梯形图程序
(1)高速计数器的组态步骤	
(2)画出顺序控制功能图	

（三）决策

小组讨论后（经培训教师确认），优化确定本任务工作方案和完成本次任务可实施的完整工作计划（任务尽量细化，让小组成员都能参与），分别填写表 19-3 和表 19-4。

表 19-3　工量具与耗材准备一览表

小组名称			设备台号	
小组成员				
序号	名称	所选规格型号	选型是否合适	
1			是□	否□
2			是□	否□
3			是□	否□
4			是□	否□
5			是□	否□
6			是□	否□

表 19-4　分拣模块物料瓶推出控制任务实施安排表

小组名称			设备台号		
小组成员					
序号	方案名称	工作内容	注意事项	负责人	用时/min
1					
2					
3					
4					
5					

（四）实施

各小组按照确定的实施方案完成分拣模块物料瓶推出控制任务，由记录员对实施过程进行记录。如表 19-5 和表 19-6 所示。

表 19-5　分拣模块物料瓶推出控制任务实施基本情况表

序号	任务名称	实施人	实施评价
1			
2			
3			
4			
5			

实施评价选项：①工具使用规范；②工具使用不规范；③接线工艺规范；④接线工艺不规范；⑤通电前，电气线路检查流程和方法正确；⑥通电前，电气线路检查流程和方法有问题；⑦博途软件设备组态方法正确；⑧博途软件设备组态方法不正确；⑨能够正确输入梯形图程序；⑩不能够正确输入梯形图程序；⑪梯形图程序正确导入PLC；⑫梯形图程序不能正确导入PLC；⑬能够正确进行程序在线监测；⑭不能够正确进行程序在线监测

表 19-6　分拣模块物料瓶推出控制任务实施问题/解决情况记录表

序号	问题（状况）描述	解决过程	实施人员
1			
2			
3			

（五）检查

任务调试完毕后，小组互相检查，教师抽查核准评分，并填写表 19-7。

表 19-7　分拣模块物料瓶推出控制任务调试检查结果记录表

序号	检查项目	配分	得分	评分人	核准分数
1	走线正确规范、整洁、牢固				
2	电机能够正确按照任务要求正常运转				
3	小组成员配合良好				
4	场地整理整顿良好				

续表

序号	检查项目	配分	得分	评分人	核准分数
5	回答问题正确得当				
6	有创新点				
	结果				

（六）评价

1. 小组成果分享和自我评价（选派1~2组，一般由记录人负责）。
2. 任务完成情况及他组评价（选派1~2组，一般由评分人负责）。
3. 成绩统计，完成表19-8。

表 19-8　分拣模块物料瓶推出控制任务成绩统计表

序号	评价项目	评价结果	权重系数	单项得分
1	资讯		0.2	
2	计划		0.2	
3	决策		0.2	
4	实施		0.2	
5	检查		0.1	
6	评价		0.1	
	总得分			

五、总结与提高

总结自己在本次任务完成过程中存在的问题，分析原因并提出改进措施，完成表19-9。

表 19-9　自我评价与分析

存在问题	原因分析	改进措施

任务20 分拣模块视觉分拣控制

一、任务描述

某分拣模块视觉分拣控制要求为：一物料瓶放置于分拣单元入口，按下启动按钮 SB1，皮带以一定速度向前运动，运动到视觉相机下方，皮带停止，延时 5s 获取视觉检测结果，如果是黑色物料，则皮带以一定速度运行至推料气缸处，推入分拣槽，如果是白色料，则电机以 50Hz 频率拖动皮带向前运动，运动 5s 后，电机以 10Hz 频率拖动皮带继续运动，分拣单元尾端传感器感应到物料后，皮带停止运行，一个流程结束。

请尝试设计电气原理图，根据电气原理图完成硬件接线。然后完成 PLC 梯形图程序设计，在博途软件中输入梯形图程序并下载至 PLC 进行调试。最后通过简单操作实现分拣模块视觉分拣控制动作。

二、任务目标

（一）知识目标

1. 掌握工业视觉颜色识别编程方法；
2. 掌握西门子 S7-1200PLC 和视觉系统之间的通信；
3. 掌握高速计数器组态；
4. 掌握变频器接线、通信方式及参数设置。

（二）能力目标

1. 能够设计分拣模块视觉分拣 PLC 控制电气原理图；
2. 能够根据电气原理图，完成分拣模块视觉分拣 PLC 控制硬件接线；
3. 能够正确编写分拣模块视觉分拣 PLC 控制梯形图程序；
4. 能够利用博途软件完成步进电机 PLC 控制梯形图程序的输入和下载；
5. 能够利用博途软件在线监测功能，完成程序调试工作。

（三）素质目标

1. 养成规范的操作习惯；
2. 养成绿色安全生产意识；
3. 养成主动思考问题的习惯；
4. 养成团队协作及有效沟通的精神；
5. 养成吃苦耐劳的职业精神。

三、任务提示

（一）知识库

1. 视觉编程软件 X-SIGHT VISION STUDIO Edu；
2. 西门子 S7-1200 PLC 和视觉系统之间的通信；

3. 数据块 DB；
4. 高速计数器组态；
5. 标准化指令、缩放指令。

(二) 技能库

1. 亚龙 YL-36A 型可编程控制器系统应用实训考核装置上电流程；
2. 博途软件创建项目方法；
3. 组态硬件设备及网络方法；
4. PLC 程序输入方法；
5. PLC 程序下载方法；
6. PLC 程序在线监测方法。

四、工作过程

姓名：_____   日期：_____

(一) 资讯

查阅相关资料，填写表 20-1。

表 20-1 信息一览表

1	简述视觉软件和西门子 S7-1200 PLC 的通信设置	
2	标准数据块 DB 和优化数据库 DB 的区别是什么？	
3	如何判断物料瓶停在相机下方？	
4	如何查找 PLC 中某一硬件标识符？	

(二) 计划

根据任务要求,制订各项任务工作方案,填写表20-2。

表 20-2 计划表

1	设计电气原理图
(1)列出所有元器件名称和电气符号	
(2)分配 PLC 输入输出口	
(3)画出电气原理图	
2	编写梯形图程序
(1)视觉软件操作流程	
(2)画出顺序控制功能图	

(三) 决策

小组讨论后(经培训教师确认),优化确定本任务工作方案和完成本次任务可实施的完整工作计划(任务尽量细化,让小组成员都能参与),分别填写表20-3和表20-4。

表 20-3 工量具与耗材准备一览表

小组名称			设备台号	
小组成员				
序号	名称	所选规格型号	选型是否合适	
1			是□	否□
2			是□	否□
3			是□	否□
4			是□	否□
5			是□	否□
6			是□	否□

表 20-4 分拣模块视觉分拣控制任务实施安排表

小组名称			设备台号		
小组成员					
序号	方案名称	工作内容	注意事项	负责人	用时/min
1					
2					
3					
4					
5					

（四）实施

各小组按照确定的实施方案完成分拣模块视觉分拣控制任务，由记录员对实施过程进行记录，如表 20-5 和表 20-6 所示。

表 20-5 分拣模块视觉分拣控制任务实施基本情况表

序号	任务名称	实施人	实施评价
1			
2			
3			
4			
5			

实施评价选项：①工具使用规范；②工具使用不规范；③接线工艺规范；④接线工艺不规范；⑤通电前,电气线路检查流程和方法正确；⑥通电前,电气线路检查流程和方法有问题；⑦博途软件设备组态方法正确；⑧博途软件设备组态方法不正确；⑨能够正确输入梯形图程序；⑩不能够正确输入梯形图程序；⑪梯形图程序正确导入PLC；⑫梯形图程序不能正确导入PLC；⑬能够正确进行程序在线监测；⑭不能够正确进行程序在线监测

表20-6 分拣模块视觉分拣控制任务实施问题/解决情况记录表

序号	问题(状况)描述	解决过程	实施人员
1			
2			
3			

(五) 检查

任务调试完毕后,小组互相检查,教师抽查核准评分,并填写表20-7。

表20-7 分拣模块视觉分拣控制任务调试检查结果记录表

序号	检查项目	配分	得分	评分人	核准分数
1	走线正确规范、整洁、牢固				
2	电机能够正确按照任务要求正常运转				
3	小组成员配合良好				
4	场地整理整顿良好				
5	回答问题正确得当				
6	有创新点				
	结果				

(六) 评价

1. 小组成果分享和自我评价(选派1~2组,一般由记录人负责)。
2. 任务完成情况及他组评价(选派1~2组,一般由评分人负责)。
3. 成绩统计,完成表20-8。

表20-8 分拣模块视觉分拣控制任务成绩统计表

序号	评价项目	评价结果	权重系数	单项得分
1	资讯		0.2	
2	计划		0.2	
3	决策		0.2	
4	实施		0.2	
5	检查		0.1	
6	评价		0.1	
	总得分			

五、总结与提高

总结自己在本次任务完成过程中存在的问题,分析原因并提出改进措施,完成表20-9。

表 20-9　自我评价与分析

存在问题	原因分析	改进措施